人生格局

见识

宋犀堃
编著

成都地图出版社

图书在版编目（CIP）数据

人生格局. 见识／宋犀堃编著. -- 成都：成都地图
出版社有限公司，2021.3（2023.8 重印）

ISBN 978-7-5557-1675-4

Ⅰ．①人… Ⅱ．①宋… Ⅲ．①成功心理－通俗读物
Ⅳ．①B848.4-49

中国版本图书馆 CIP 数据核字（2021）第 032610 号

人生格局　见识
RENSHENG GEJU　JIANSHI

编　　著：宋犀堃
责任编辑：高　敏
封面设计：松　雪
出版发行：成都地图出版社有限公司
地　　址：成都市龙泉驿区建设路 2 号
邮政编码：610100
电　　话：028-84884648　028-84884826（营销部）
传　　真：028-84884820
印　　刷：三河市众誉天成印务有限公司
开　　本：880mm×1270mm　1/32
印　　张：15
字　　数：390 千字
版　　次：2021 年 3 月第 1 版
印　　次：2023 年 8 月第 2 次印刷
定　　价：108.00 元（全三册）
书　　号：ISBN 978-7-5557-1675-4

前　言

　　曾国藩在给弟弟们的信中曾写道"有识则知学问无尽，不敢以一得自足，如河伯之观海，如井蛙之窥天，皆无见识也"。

　　识，是指一个人对自身和自身之外世界的了解和看法。"识"是以所知为基础的，所知即知识，"识"的最终落脚点在于对事物的认知和判断，这个认知的准确度与判断的正确度，在于"见"，它并不完全取决于知识，而往往与人们的思维力、领悟力有关系。人们常常将"见"与"识"连用，称之为"见识"。

　　鲁迅曾说"一碗酸辣汤，耳闻口讲的，总不如亲口呷一口明白的。"经历得越多，见识也就越丰富。有见识的人，心中有路，做人做事自信大方；没有见识的人，心中只有脚下的方寸之地，每走一步都要四处张望。

　　见识多了，内心充实了，精神世界更加丰富，就不会把自己当成衡量万物的尺度，也不会把自己当成世界的中心，会看得更远了。

曾国藩在给弟弟们的信中除了提到"识"，还提到"志"与"恒"，他将这三点并称为人生的关键。志，是一种目标与决心。"人无志，非人也"，人只有有志向有目标，生活才有动力，日子才有奔头。

　　恒，是指有恒心，能坚持。老话说"天下无难事，只怕有心人"，只要有恒心、能坚持，人生就没有过不去的坎，没有实现不了的目标。

　　人生像是一场旅行，先要有志向、有目标，旅途过程就是一个不断经历、不断增长见识的过程，在这个过程中眼界不断变宽，眼里心里能容下更多人、更多事，但要想到达最终的目的地，还要有恒心，不能在中途放弃。

　　本书通过丰富的案例，结合古今中外的名人经历，阐述了如何树立目标、坚定信心、坚持不懈地通过学习来增长自己的见识，从而在人生的道路上越走越远。

2021 年 2 月

目 录
CONTENTS

第一章

目标：事因志立，志立则事成

人伟大，是因为目标伟大

古希腊哲学家亚里士多德曾一针见血地将人分为两类：一种是"吃饭是为了活着"的人，另一种是"活着就是为了吃饭"的人。

这种看似简单的分类，却折射出了一个真理：一个人之所以伟大，首先在于他的目标伟大。

同样是有目标的人，有人取得了成功，有人遭遇了失败；有人取得的是大成功，有人收获的却是小成功。之所以有这样的差别，与目标的"大小"有莫大的关系。目标大，显示出一个人胸怀大，做事看得远，自然收获得多；而目标小，显示出一个人眼光较为短浅，只关心解决眼前问题。做事只看眼前，收获自然不会多。正所谓伟人心中有志向，凡人心中只有愿望。

一位诗人曾说过："执着于高尚的目标，就是正在从事高尚的事业。"大目标就是教人干事业，小目标只是教人过日子。

相信每个人都曾有过这样的体会：当你只需要走1万米的路时，走到8千米处，你便会松懈下来，而且感觉特别劳累，因为目标即将到达，而你心中就会懈怠；但如果你需要走2万米，那么在8千米处只是一个开始而已，那时你的精神也将处于饱满的状态。大目标不可缺少，如果你设定了一个远大的目标，你就能激发出自己更大的潜能。

一个建筑工地上，有三个建筑工人在烈日下干活，挥汗如雨。一个哲学家来到他们身边，问这三个人："你们在干什么？"第一个工人连头都没抬，不耐烦地说："你没看见我在砌砖吗？"第二位工人抬起头说："我正在砌一面墙。"第三位工人站直了身体，望着远方，充满激情地说："我在建设世界上最漂亮的教堂。"

听完这三个人的回答，哲学家立刻就判断出了这三人的未来：第一个工人眼中只有砖，可以说，他一生能把砖砌好，就算是干得不错了；第二个工人眼中有墙，如果努力拼搏一下，或许能成为一位技术人员；只有第三位工人会有大出息，因为他的目标最伟大，他的眼光看得最远，并且他的心中有一座殿堂。

目光短浅的人只能看见眼前，也就只能得到手头的东西；相反，一个人目光长远，他心中装着整个世界，得到的自然就多了。

古语有云："取法于上，仅得其中，取法于中，仅得其下。"树立一个伟大的目标，实现的也可能是一个打了折扣的目标。 如果树立的是小目标呢？ 结果可想而知。

　　一个伟大的目标，会让一个人做大事，为更多的人和事费心出力，解决更多、更艰难的问题。 例如，成为一个社会活动家或政治家，就要为人类的和平与发展而努力拼搏；作为一个法律工作者，就要为国家的法制建设、公平和正义而奋斗；做一个企业家，就得对企业的众多工人以及社会负责……这些都需要你解决很多问题。 要解决这些问题，你必须得有很多知识和专业的技能，有时你甚至要不计个人得失，为公共利益而牺牲自己的利益。 在这个过程中，你会渐渐地获得丰富的知识，提升自己的能力，你甚至能变成胸襟开阔、大公无私的人，以你自己的方式为他人、为社会服务。而此时的你，自然也会得到他人和社会的认可。 你会因为目标伟大，并且不断提升自我，最终成为一个不平凡的人。

从最近目标开始，一步步走向成功

成功离不开目标，但不是不切实际的目标。很多时候我们无法实现远大的目标，这是因为有些条件还没有完全具备，但是只要踏踏实实地从最小的目标做起，就能最终到达成功的彼岸。

成功离不开目标，但成功的最佳目标往往不是最有价值的那个，而是最有可能实现的那个。在制定目标时，我们不能贪大求多，而要根据自身的条件，尽量合理地制定最符合实际的目标，也就是说，目标要和自身情况相匹配，否则，不但不会成功，还会让过高的目标压得自己喘不过气。

一位青年懊恼地去找一位智者。

他大学毕业后，曾豪情万丈地为自己树立了许多目标，可是几年下来，一事无成。他找到智者时，智者正在河边的小屋里读书。

智者微笑着听完青年的倾诉，对他说："来，你先帮我烧一壶开水。"青年看见墙角放着一把极大的水壶，旁边是一个小火灶，可是没有柴，便出去找。他在外面拾了一些枯枝回来，然后将满满一壶水放在灶台上，在灶内放了一些柴便烧了起来，可是由于壶太大，那些柴烧尽了，水也没烧开。

于是他跑出去继续找柴，回来时那壶水已经凉得差不多了。

这回他学聪明了，没有急于点火，而是再次出去找了些柴。由于柴准备得足，水不一会儿就烧开了。

这时，智者问他："如果没有足够的柴，你该怎样把水烧开呢?"青年想了一会儿，摇摇头。

智者说："如果那样，就把水壶里的水倒掉一些。"青年若有所思地点了点头。

智者接着说："你一开始踌躇满志，树立了太多的目标，就像这个大水壶装的水太多一样，而你又没有足够的柴，所以不能把水烧开。要想把水烧开，你或者倒出一些水，或者先去准备足够的柴。"青年顿时大悟。

回去后，他把计划中所列的目标划掉了许多，只留下几个，同时利用业余时间学习各种专业知识。

几年后，他的目标基本上都实现了。

由此可见，目标不在高远，而在切合实际，只有从最近的目标开始，才会一步步走向成功。

维斯卡亚公司是美国 20 世纪 80 年代著名的机械制造

公司，其重型机械制造水平在当时世界领先，其产品销往全世界。许多人毕业后到该公司求职都遭到拒绝，原因很简单，该公司的高等技术人员爆满，不再需要各种高技术人才。但是令人垂涎的待遇和足以炫耀的地位仍然向那些有志的求职者闪烁着诱人的光环。

詹姆斯是某知名大学机械制造业的高才生，和许多人的命运一样，在该公司每年一次的招聘会上，他的申请被拒绝了。但詹姆斯并没有死心，他发誓一定要进入维斯卡亚重型机械制造公司。于是，他采取了一个特殊的策略。

他先找到公司的人事部，提出为该公司提供无偿劳动力。承诺公司分派给他任何工作，他都会不计任何报酬地来完成。公司起初觉得这简直不可思议，但考虑到不用任何花费，也用不着操心，便分派他去打扫车间里的废铁屑。一年来，詹姆斯勤勤恳恳地重复着这项单调而劳累的工作。为了糊口，下班后他还要去酒吧打工。这样虽然得到老板和工人们的好感，但是仍然没有一个人提出录用他。

1990 年年初，公司的许多订单被退回，理由均是产品质量有问题，公司为此将蒙受巨大的损失。公司董事会为了挽救颓势，紧急召开会议商议解决办法。当会议进行一大半却尚未见眉目时，詹姆斯闯入会议室，对问题出现的原因作了令人信服的解释，并且就工程技术上的问题提出了自己的看法，随后拿出了自己对产品的改造设计图。

这个设计非常先进，恰到好处地保留了原来机械的优点，同时克服了已出现的弊病。总经理及董事会的成员见到这个清洁工如此精明在行，便询问他的背景和现状。詹姆斯面对公司的最高决策者们，将自己的意图和盘托出。经董事会举手表决，詹姆斯当即被聘为公司负责生产技术问题的副总经理。

原来，詹姆斯在做清扫工时到处走动，细心观察了整个公司各部门的生产情况，并一一作了详细记录，发现了所存在的技术性问题并想出了解决的办法。为此，他花了近一年的时间搞设计，作了大量的数据统计，为最后实现目标奠定了基础。

作为年轻人，志存高远绝对没错，但是我们一定要在高远的目标与当前的现实之间找到一条切实可行的最佳路径。这条路径也许不能直接实现目标，但却是最快的。而这条路径上的每一个点，对于我们来说都应该是可能实现的。通过这条路径，我们可以一步步地实现自己的目标。

在每一个阶段，都要有新的目标

你今天站在哪个位置并不重要，但你下一步迈向哪里却很关键。 不断升级自己的目标并努力为之奋斗，你会发现成功已经离你不远了。

对于每个有志于成功的人来说，不管现在他多么贫穷或笨拙，只要他有着积极进取的心态和更上一层楼的决心，就值得鼓励。 对于一个渴望成就一番事业的人来说，任何东西都不是他前进的障碍。 不管他所处的环境是多么恶劣，也不管他面临怎样的艰难险阻，他总是能通过内心的力量驱使自己脱颖而出，勇往直前。

路易斯和卡德治都是学计算机的，他们同年毕业于同一所大学。工作之后，两人都不安于现状，常常发出怀才不遇的感叹。

路易斯常说，他的唯一目标就是成为第二个比尔·盖茨。他买来所有有关比尔·盖茨的书籍，阅读所有有关比尔·盖茨的报道。他早出晚归，寻找着所有可能变成第二个比尔·盖茨的机遇。他常跟家人和朋友说，为了实现这个人生目标，他可以抛弃一切。

相比之下，卡德治的目标则低很多。他所就职的公司对面有一家很小的电脑店，他说，能开这样一间店，他就满足了。一年后，他真的辞职了，开了一间这样的小店。由于善于经营，他的生意很是红火。

过了一年，当二人再凑在一起聊天时，路易斯仍然要不顾一切地变成第二个比尔·盖茨，卡德治则把目标变得稍高了一些。他说，如果能把这个小店变成一家小的公司，他就真的满足了。

又一年过去，路易斯已经被成为第二个比尔·盖茨这个宏伟的目标压得透不过气来，而卡德治果真把那家小店变成了一家公司。

现在，路易斯仍然在以前的公司里打工，仍然看有关比尔·盖茨的书，听有关比尔·盖茨的消息，寻找成为第二个比尔·盖茨的捷径，而卡德治已经开始考虑他的连锁店了。

显然，路易斯的目标定得过高了。当然，这并不是说他不可能变成第二个比尔·盖茨，而是当一个目标太过遥远时他就觉察不到自己的进步。或许终有一天，他会无奈地放弃。而卡德治无疑是聪明的。他的目标就在不远的前方，可以感觉到自己迈出的最微小的一步，都在向目标靠拢。

音乐教室里，一个学生坐在钢琴前，在他的面前，摆着一份新的有难度的琴谱。他翻动着，感觉自己弹奏的信心似乎跌到了谷底。已经三个月了，自从跟了这位新的指导教授之后，他不知道为什么教授要用这种方式对他。

他勉强打起精神，开始用十根手指奋战。琴音盖住了练习室外教授的脚步声。教授是个极有名的钢琴大师，授课第一天，他就给自己的新学生一份乐谱："试试看吧!"。乐谱难度很高，学生弹得生涩僵滞、错误百出。

"还不熟，回去好好练习!"教授在下课时，又叮嘱学生。学生练了一个星期，没想到第二周上课时教授又给了他一份难度更高的乐谱，上个星期的功课，教授提也没提。学生不得不再次挑战更高难度的技巧。

第三周，更难的乐谱又出现了。同样的情形持续着，学生每周在课堂上都会接到一份新的乐谱，然后把它带回去练习，接着再回到课堂上，重新面临难上两倍的乐谱，却怎么样都追不上进度，一点儿也没有因为上周的练习而有驾轻就熟的感觉。时间久了，学生感到越来越沮丧。

学生再也忍不住了，他要向教授问个清楚，然而教授没开口，他抽出了最早的第一份乐谱，交给学生："弹奏吧!"他以坚定的眼神望着学生。

结果，不可思议的事发生了，连学生自己都惊讶万分，他居然可以将这首曲子弹奏得如此美妙动听。

接着，教授又让学生试了第二堂课的乐谱，学生依然有着高水准的表现。演奏结束后。学生怔怔地看着老师，说不出话来。"如果我任由你表现最擅长的部分，可能你还在练习最早的那份乐谱，不可能有现在这样的水准。"教授慢慢地说着。

越是遥远和高不可攀的目标，越容易摧毁一个人的信心。而把目标定得低一些，你会发现，成功不过是必然的事。当然，前提是在你的内心，在每一个阶段，都要有一个新的目标。

　　球王贝利在 20 多年的足球生涯里，参加过 1364 场比赛，共踢进 1282 个球，并创造了一个队员在一场比赛中射进 8 个球的记录。他超凡的技艺不仅令万千观众佩服，还常使球场上的对手拍手称绝。
　　他不仅球艺高超，而且谈吐不凡。当他个人进球记录满 1000 个时，有人问他："你哪个球踢得最好？"
　　贝利笑了，意味深长地说："下一个。"

贝利的回答含蓄幽默、耐人寻味，就像他的球艺一样精彩。
虽然说人往往习惯于表现自己所熟悉、擅长的领域，但是如果我们愿意回首、细细检视，将会恍然大悟，我们在看似紧锣密鼓的工作挑战以及难度渐升的环境压力下，个人的能力早已在不知不觉间得到了提升。

不要经常转换航向

纵观世人，成功者是少数，而不成功者可以分为两种，一种是本来就没有志向的人，他们没有了成功的欲望，当然无所谓成功了；第二种就是见异思迁、理想很多的人，花费了无限的精力致力于改变自己的航向。今天想学唱歌，明天又想练跳舞，换来换去时间空自流，人到老却一事无成。三十几岁的你，正处于人生的十字路口，内心也没有那么坚定的力量，所以很容易受到外界的影响而改变自己的方向，这是错误的。

大草原上住着猎人和他的3个儿子。这一天，老猎人要带上3个儿子去草原上猎野兔。一切准备得当，4个人来到了草原上，这时老猎人问3个儿子："你们看到了什么呢？"

老大回答道："我看到了我们手里的猎枪、草原上奔跑的野兔，还有一望无垠的草原。"

父亲摇摇头说："不对。"

老二的回答是："我看到了爸爸、大哥、弟弟、猎枪、野兔，还有广阔无垠的草原。"

父亲又摇摇头说："不对。"

而老三的回答却是："我只看到了野兔。"

这时父亲才说："你答对了。"

果然，老三打到的猎物最多。

目标要专一，不能游移不定。 眼中只有猎物的老三能猎到最多的猎物就是最好的佐证。 但事实证明，大多数的人都有一个共同的错误——目标游移不定。 没有明确的目标，又怎么去着手准备工作呢？ 最后只能一事无成。

葡萄园内葡萄熟了。一只狐狸来到葡萄架下，馋得直流口水，于是它使劲儿地往上跳，想吃一串葡萄一饱口福，但葡萄架太高了，狐狸连续两次跳跃都没有够着葡萄。它有点儿累了，蹲下来"呼哧呼哧"地喘气。它心想："这时候要是有个教练能递给我一瓶水，再给我讲讲动作要领，布置一下战术，那该有多好啊！一生能有几回搏？让我最后再跳一次，我就不信够不着这个破葡萄。"狐狸转动着狡猾的眼睛，四下寻找，终于找到了一根长竹竿，它借助竹竿成功地跃过了高高的葡萄架，安全地落到了松软的草地上。"啊！姿势真优美，动作真漂亮！"旁边树上的乌鸦们大声夸奖狐狸。狐狸一脸的成功喜悦之情。但短暂的喜悦过后，冷静下来想：我是来吃葡萄的，葡萄没吃着，跳得再高又怎样！

很多时候我们在努力奋斗时，不知不觉间会偏离自己的目标。当我们在一条道路上努力奋斗并有所成就的时候，更应该停下来反思一下：我到底想要什么？这样也许会少走一些弯路，少一些遗憾。

早晨，一只山羊在栅栏外徘徊，想吃栅栏内的白菜，可就是进不去。它看见了自己的影子，因为太阳是斜着照射的，影子拖得很长很长。

"我如此高大，一定能吃到树上的果子，不吃这白菜又有什么关系呢？"它对自己说。

它奔向很远处的一片果园。还没达到果园，已是正午，太阳照在了头上。这时，山羊的影子变成了很小的一团。"唉，我这么矮小，是吃不到树上的果子的，还是去吃白菜吧。"它失望地对自己说。过了一会儿它又十分自信地说："凭我这身材，钻进栅栏是没有问题的。"

于是，它又往回跑。跑到栅栏时，太阳已经偏西了，它的影子重新变得很长很长。"我干吗回来呢？"山羊很惊讶，"凭我这么高的个子，吃树上的果子是一点问题都没有！"

山羊又返回去，就这样直到黑夜来临，它仍旧饿着肚子。

在现实生活中，有很多人像这只山羊一样，目标不专一，没有坚定的信念，这种人永远实现不了自己的目标。

虽然每个人都有成大器的可能，也有成大器的意愿，但最终心想事成者却只是少数人。 这是为什么？ 因为多数人不能坚定目标，持之以恒。 在这个世界上，值得追求的东西很多，如果什么都想要，就可能什么也得不到。 只能选定一个目标，盯紧它，全力追赶它，不受其他目标的诱惑，才可能达成心愿。

　　这个道理，好比狮子追赶猎物。 狮子会盯紧前面的目标穷追不舍，即使身边出现其他更近猎物，它也不会改换目标。这是为什么呢？ 因为狮子追赶猎物，不仅是速度的较量，也是体能的较量。 只要盯紧前面的目标，当猎物跑累了，十有八九会成为狮子的美餐。 如果狮子改换目标，新猎物体能充沛，跑得会更快，更持久，捕捉到的可能性更小。 干事业也是如此，人的精力有限，能办成的事毕竟很少。 如果精力分散，到头来只会两手空空。 必须对一个目标穷追不舍，才可能有所收获。

毫不动摇，全身心投入目标

一位著名艺术家的一位朋友问他："你为什么要去过如此孤独的生活呢？"这位艺术家回答道："艺术是一个嫉妒心强的情人，它要求你必须全身心地投入。"

如今，一个想要成功的人必须把自己所有的精力都集中在一个绝不动摇的目标上，并且还要具有不成功毋宁死般的决心。任何诱惑他放弃自己目标的心理都要坚决压制。

亚伯拉罕·林肯的注意力非常集中，他能非常准确地记起自己孩童时代听到的全部内容；雨果在1830年革命的时候写成了《巴黎圣母院》，当时子弹经常从他家的花园呼啸而过。他把自己关在一间房子里，把自己所有的衣服都锁在另一间房子里，以此来抑制那些衣服引起的想出门的欲望。整个冬天他把自己包裹在一条灰色的大羊毛围巾里面，他将整个生命倾注在了工作里面。

如果一个人能专心于一个明确的目标，他就能获得更大的成就。　一个坚定的决心是逐渐形成的，而且就像一块大磁铁，它能吸引在生命的过程中一切与之类似的东西。　世界上最弱小的生物，如果能将自己所有的力量都集中于一个地方，也能有所作为。　就算是最强大的生物，若将自己的力量分散在许多地方，最终它也会什么都做不了。　只有那些专一的人，那些观察力敏锐的人，那些有着独一无二但又非常强烈决心的人，那些思想单纯的人，才能突破道路上的障碍，稳步走在队伍的最前列。

一位旅行者告诉我们，位于维也纳皇家墓地的那个失望心碎的国王——约瑟夫二世的墓碑上刻着这样的墓志铭："这里沉睡的是一位有着最伟大目标的君王，但是他却从来没有完成过自己的计划。"

詹姆斯·马金托什爵士是一个拥有杰出能力的人。他的伟大设想让无数人兴奋不已。很多人都关心着他的事业，希望有朝一日他的光芒能照亮整个世界。但是他性格中致命的缺陷让他在各种矛盾的冲突中徘徊不前，就这样把自己的一生都浪费掉了。他凭着一时冲动去做事，但是他的热忱在自己决定到底做什么之前就消失得无影无踪了。他缺乏选定一个目标并为之坚持到底的能力，缺乏消除各种影响目标实现的因素的能力。比如，他曾经因为不知道在他的文章中到底应该用"功用"还是"效用"，而犹豫了好几个星期。

集中在一个方向使用的某项才能，要比分散使用的十项才能更有用。 步枪的枪管就像我们的决心一样，能为火药指引方向。 如果没有枪管，不管点燃的火药质量有多么好，都是没有用的。 有的在学校和学院里成绩最差劲的学生，在某些情况下会比一些成绩好的学生拥有更大的成就，因为他们把自己有限的才能放在了一个明确的目标上面。 而那些成绩好的学生仰仗着自己出色的综合能力和"光明"的前景，无法集中自己的力量。

人们往往会去嘲笑那些做事一心一意的人，然而那些站在世界最前列改变了整个世界的人都是只有一个明确目标的人。 在如今这个时代，一个人一心一意，保持一贯的态度，保持一贯的热情，他才可能成功。 一个人要想取得瞩目的成就，就必须突破现代文明中坚固的保守主义，把自己所有的目标集中在一点上。 经常改变目标，不断动摇决心的人，很难在这个世界立足，只有一心一意的人才能胜利。 有着众多野心的人很少在历史上留名，因为他们没有足够持久地集中自己的力量干出一番伟大的事业，无法在名人录里面刻下自己的名字。

伏尔泰把法国人拉哈普比喻为一个永远都在燃烧的炉子，但是这个炉子从来没有用来煮过任何东西。哈特利·科尔里奇天生有着过人的天赋，但是他有一个致命的缺陷——他没有明确的目标，因此他的一生都伴随着失败。科尔里奇的叔叔索西评论他说："科尔里奇有两只左手。"他一直独自生活在自己的梦境当中，因此对外界有一种病态的畏缩。甚至是在自己打开一封别人写给他的信的时候，他都没法控制自己的双手不抖。他也曾经努力从毫无目标的生活中脱离出来，决心摆脱从镜子里面看到自己的脸的时候大脑里一片空白的困境，但都失败了。他一直到自己的生命终结时都仅仅是个有天赋、没成就的人。

歌德曾说，如果我们不可能精通使用自己的一种才能直至完美，那么我们就不应该使用它。 如果非要去加强这种才能，我们会发现，我们会因为在这种无聊的事情上面浪费了时间与精力而可惜。 有句老话说得好："精通一项生意的人能养活一个妻子和七个孩子，而精通七项生意的人连他自己都难养活。"

成功的人都有自己的计划，他能找到自己的目标，并为之坚持到底。 每当他前进的道路上出现了困难，他都会坚定自己的目标，不轻易放弃。 如果他不能克服这个困难的话，他就会停下来好好审视眼前的困难。 持续地把自己的才能集中在一个中心目标上，会给自己带来巨大的力量。 反之，如果没有目标地滥用自己的才能，只会削弱自己的力量。 一个人的思想必须集中在一个明确的目标上面，否则就会像一盘散沙。

这个追求集中注意力的年代，需要那些天赋异禀的人，但更需要那些受过训练能够集中精力去完成一件事情的人。坚持自己的目标，才能取得最终的成功。

一个年轻人做了五六年的纺织品生意之后，他觉得自己还是应该做食品杂货店的生意。于是他将自己五六年宝贵的经验完全抛弃了，因为这些经验对于他的新工作一点帮助都没有。他生命中的大部分光阴都浪费在从这个行业换到那个行业上，每一样都学得不精。他忘记了经验对他来说远远比金钱更有价值，而且忘记了他花费那么多年的时间来学习做生意有多么的宝贵。半途而废的事业，很难给他带来好的生活。

有多少年轻人在达到对自己的工作非常精通的程度之前，就因为一点阻碍而放弃了自己的工作，转而从事别的行业！要看清自己工作里面的"玫瑰花"与别人工作里面的"刺"是多么的不容易啊。

一个做生意的年轻人看见了一位坐着马车的大夫，他就认为大夫是个轻松而理想的职业。然后他想到自己今后要从事的工作会多么困难。他没有想到那位大夫经历了多少年枯燥、无聊的学习，必须记忆那些纷繁复杂的药名和专有名词，那位大夫也曾用好几年的时间来等待患者上门，面临不被认可的危机。

当一个人对自己所从事的行业非常精通之后，就会有一种力量强大的感觉：他会发现自己的工作效率大大提高了，他的技术也开始给他带来收益了。在达到这种状态之前，当他还在自己的行业里处于学习阶段的时候，他也许会觉得自己以前付出的时间都白费了。但是他已经积累了大量的知识，打好了基础，建立了良好的人际关系，获得了诚实、可靠、正直的名声。当他达到这个状态之后，会很快发现他所付出的看上去白费了的那段光阴里面所有的知识、技巧、性格、影响以及声望都能带给他莫大的帮助。那种声望、自信、正直、友谊，在他开始奋斗走上成功之路的时候，就是一笔巨大的财富。年轻人如果在从业伊始便轻言放弃，在达到精通的状态之前就被困难吓得停滞不前，就永远不会成功，因为他走得不够远。

为一个漫无目的的生命指出一条正确的道路，这不是一项简单的任务，那些没有明确目标的生命肯定会被浪费在空虚和没有意义的美梦中。"碌碌无为的纨绔子弟""匆忙的懒人"和"没有目标的好事者"随处可见。一个正确而清晰的目标对于一千个没有目的的生命是治病的良方。在明确的目标面前，不满和牢骚都会消失。要是我们没有目标，满腹牢骚地去做一件事，其结果就会成为别人的笑柄。如果不是满怀着热情去做一件事，那么这件事肯定不能顺利地或者很好地完成。

目标能赋予生活的意义。它能将我们所有的力量都集中起来，让这些力量拧成一股绳，从而让弱小的、分散的力量变得强大。一个没有目标的人，永远都无所作为。

圣保罗力量大的决窍就是他自己有坚定的目标。没有什么东西能够胁迫他，没有什么东西能够吓倒他。罗马的皇帝没有办法压制他的言论，地牢不能让他惊恐失措，监狱也不能够制服他，任何障碍都不能使他沮丧。让你的眼睛向你的前方看。回顾你脚下走过的路，再建立起你自己的路。不要左顾也不要右盼。 在他的作品中经常出现"我唯一的事业"的字样。 在他坚强的意志中，那种无法熄灭的热情在以后的几个世纪仍然闪烁着光芒，这种精神至今对我们还有深刻的影响。

　　年轻人为了一个伟大的目标和毫不动摇的信念而努力奋斗，世界上再没有比这更为壮观的景象了。 年轻人朝着自己的目标前进，在各种困难中艰苦奋斗，克服那些吓倒别人的障碍，把这些障碍当成通往成功的铺路石，这是多么令人敬佩啊。 失败对他们来说就像健身房，只会给他们带来新的力量；阻挠，只会让他们加倍地努力；危险，只能增加他们的勇气。 这样的人一定会取得最后的胜利，因为无论在他们身上发生了什么事情——疾病、贫穷、灾祸，他们都会一直朝着自己既定的目标前行。 在他们强大的意志力面前，再多问题都将迎刃而解。

周密计划，全面规划你的人生

　　哈佛大学的一个行为问题调查组曾经对100名学生进行了一次抽样调查，向每个人提出了同一个问题："10年以后，你希望在什么地方，从事什么工作？"这些学生都回答说，他们想得到财富、荣誉，希望去大公司工作，或者从事能影响和主宰世界的重要工作。

　　在这100个接受调查的年轻人中，有10个人不仅决心征服世界，而且将目标清清楚楚写了出来，并说明他们什么时候将取得何等成就，取得这些成就的理由是什么；而其他人则没有像他们一样有明确的规划。

　　10年过去了，调查人员发现，原来写过目标和计划的那10名学生，所拥有的财产竟占那100名学生总财产的96%。这意味着那10名学生的成功率远远超过他们的同学。

　　一位哲人说得好，最蹩脚的建筑师从一开始比最灵巧的

YD033

蜜蜂高明的地方，是他在用蜂蜡建筑蜂房之前，已经在头脑里把它建成了。

所以说，确立目标与制订规划是两个必不可少的内容。目标是前进的灯塔，规划是行动的方案。没有目标，所有的规划都没有明确的方向，只能是四处乱撞；而没有规划，目标则只是一句空谈，没有任何实际意义。

格莱恩·布兰德曾经说过，目标和规划是通向快乐与成功的魔法钥匙！有了明确的目标和规划，并把它们写下来付诸行动的人，他们将来的成就，是有目标和规划但仅仅停留在脑子里或纸上的人的10至50倍。

在这里，向大家介绍一下兰特，他的个人长期规划是一个很好的范例。

兰特中学毕业时，他的父亲就发现他具有特殊的商业天赋：机敏果敢，敢于创新。但他缺乏社会阅历，尤其重要的是缺乏知识。父亲与他长谈了一次，并和他一起制订了一个能帮助兰特成为一个商界精英的长期规划。这个规划将兰特的学习生涯分为四个阶段。

第一阶段：攻读理工科学士。

通过在哈佛大学攻读最基础、最普通的机械制造专业，兰特具备了做商贸必备的专业知识，了解了产品性能、生产制造情况，培养了知识技能，建立了一套严谨的逻辑思维体系，还形成了脚踏实地的工作态度。

在这4年中，兰特还选修了其他专业课程，如化学、建筑、电子等。这些知识为他后来的商业活动创造了难以估量的价值。

第二阶段：攻读经济学硕士。

通过在哈佛大学3年经济学硕士的学习，他了解了影响商业活动的众多因素，懂得了商业的社会地位和作用，掌握了经济学的基本知识。在这3年的学习中，他还认真学习了经济法，并将主要精力放在管理知识的学习上。

第三阶段：积累社会阅历。

离开哈佛后，兰特并没有急着去经商，而是先做了5年公务员。5年的时间，使兰特从一个稚嫩的青年成长为一个熟悉社会情况的工作人员，他深入了解了民众的日常生活与诉求，掌握了如何让机构良性运转的方法。

第四阶段：掌握商情，熟悉业务。

兰特辞去之前的工作，应聘到了一家国际性的大公司。通过在这里两年的锻炼，在掌握了丰富的商情与商务技巧之后，他谢绝了公司的高薪挽留，自己开办了一家商贸公司，开始了梦寐以求的经商生涯。

兰特的这四个学习阶段共用了14年的时间，每个阶段目标明确，任务具体。由于他在制订规划之前，对自己将来发展目标定位准确，每个阶段的学习，都是以总的目标所需要具备的素质作为出发点，科学规划，合理安排。因此，当规划完成后，兰特已经具备了成功商人所应具备的所有条件，他的公司经营得非常出色。

1976年的冬天，当时的迈克尔19岁，在休斯敦大学主修电脑。他是一个狂热的音乐爱好者，同时也具有一副天生的好嗓子，对于他来说，成为一个音乐家是他一生中最大的目标。因此，只要有多余的一分钟，他也要把它用在音乐创作上。

迈克尔知道写歌词不是自己的专长，所以又找了一个名叫凡内芮的年轻人来合作。凡内芮了解迈克尔对音乐的执着。然而，面对那遥远的音乐界及陌生的整个美国唱片市场，他们一点渠道都没有。

在一次闲聊中，凡内芮突然说了一句话：

"想象你五年后在做什么？"

迈克尔还来不及回答，他又抢着说："别急，你先仔细想想，完全想好，确定了再告诉我。"迈克尔沉思了几分钟，开始说："第一，五年后，我希望能有一张唱片在市场上，而这张唱片很受欢迎，可以得到大家的肯定；第二，五年后，我要住在一个有很多很多音乐的地方，能天天与一些世界一流的音乐家一起工作。"

凡内芮听完后说："好，既然你已经确定了，我们就把这个目标倒过来看。如果第五年，你有一张唱片在市场上，那么你的第四年一定是要跟一家唱片公司签上合约。

"你的第三年一定是要有一个完整的作品，可以拿给很多很多的唱片公司听，对不对？

"你的第二年，一定要有很棒的作品并能进行录音。

"你的第一年，就一定要把你所有要准备录音的作品全部编曲，排练好。

"你的第六个月，就是要把那些没有完成的作品修饰好，然后让你自己可以一一筛选。

"你的第一个月，就是要把目前这几首曲子完工。

"你的第一个礼拜，就是要先列出一个清单，排出哪些曲子需要修改，哪些需要完工。"

凡内芮一口气说完了上述的这些话，停顿了一下，然后接着说："你看，一个完整的计划已经有了，现在你所要做的，就是按照这个计划去认真地做每一步，一项一项地去完成，这样到了第五年，你的目标就实现了。"

说来也奇怪，恰好是在第五年，1982年时，迈克尔的唱片开始在北美畅销起来，他一天到晚都忙着与一些顶尖的音乐人一起工作。

这中间的道理大家应该都明白了：不管做什么事情，光有目标还是不够的，必须有一个详细的计划，接下来的事情就很简单了，只要一步一步地去完成就行了，当你把最后一步完成的时候，你就会发现，目标已经实现了。

第二章

信念：信心产生热忱，热忱征服世界

一步之差，便是不一样的人生

在这个世界上，最值得我们信任的不是我们的父母和兄弟姐妹，也不是我们的爱人和朋友，而是我们自己。

在安迪不到 5 岁的时候，就随父母移居到了美国，他的童年生活过得异常悲惨。因为没有钱，清贫的生活让他过早地体验了人生的艰辛。他总是遭受着同龄孩子的欺负和羞辱，因此，他常常觉得在别人面前抬不起头来。

有一天，安迪忍不住大声地质问父亲为什么他们会这么贫穷，而他的父亲则对他说："认命吧，孩子，你这一辈子也只能当个穷小子。"父亲的回答让他无比沮丧，他找不到自己的理想。

直到有一天，他的母亲告诉他："记住，你是独一无二的，世界上没有谁跟你是一样的。"母亲的话，又燃起了安迪内心的希望。从那以后，他就认定，自己就是唯一的，是永远没有人能比得上的。

安迪抱着这个想法一路走来，经历了很多挫折和磨难，但是他始终没有屈服。当他第一次去应聘的时候，他没有递交自己的简历，而是递上了一张黑桃 A。面试人员惊讶地问："难道你叫黑桃 A 吗?"

"没错，我就是黑桃 A。"他注视着老总的眼睛回答。

"为什么你是黑桃 A?"老板问道。

"黑桃 A 是最棒的，而我要做的就是最棒的。"

生活中遭遇不幸是不可避免的，而这些伤痛早晚都会过去。我们绝对不能因为这些不幸而看轻自己，或者自卑。曾经只能说明过去，并不代表将来。所以，未来怎么样，完全掌握在自己的手里。要对自己充满信心，那样，你才会变得足够优秀。

不可否认，有时候我们身边的人会质疑我们的能力，时间长了，连我们自己都认为自己不行，没有能力，是个庸才。这时候，你一定不要自卑，无论别人如何评价你，你都不要轻易怀疑自己的能力。一个人如果连自己都看不起自己，别人怎么可能看得起你呢?

如果你希望自己变成更加自信的人，那么你就要经常对自己说："我是最棒的，我是最好的，我是第一。"当你不停地重复自己能行的时候，你就会发现自己真的很自信，你的行为就会配合着你的思维和意识去行动。

在这个世界上，没有什么事情难到无法完成的程度。同样，也没有什么结果是不能改变的。只要你对自己有绝对的信心，基本上已经成功了一半。事实上，在我们前进的道路上，往往就差自信这一步，一步之差，便是不一样的人生。

　　一个著名的广告公司招聘企业策划文案，要求应聘者必须具有硕士以上的学历，而且要有两年以上的工作经验。刘盈原本并不符合要求，但是她已经失业好几个月了，再不工作的话，连衣食住行都成问题。无奈之下，她只好抱着一大堆应聘材料和证书前去应聘。但是不巧的是，面试那天早上，她起晚了，等她赶到公司的时候，面试已经结束了。刘盈说了一大堆好话，可是，负责面试的人还是把她给打发走了。

　　她不甘心就这么放弃，回到家后，她四处查找资料，最后找到了这家公司总经理的电话。她很客气地打了过去，说明了情况，总经理让她第二天去找人事主管。

　　第二天，人事主管亲自对她进行了面试。之后，主管遗憾地告诉她："对不起，你不符合我们的要求，我们要求的不仅仅是要有硕士学历，还要有两年的工作经验，你不符合我们的要求。"

　　刘盈有些气馁，但是并没有放弃。她对人事主管说："文凭只能说明一个人的受教育程度，并不能说明一个人处理问题的能力，规矩是人定的，我相信贵公司要的是能为公司创造财富的人，而不是硕士文凭。"

　　人事经理想了想，说："你稍等一下。"随后走进了总经理的办公室，几分钟之后，人事经理出来了，对她说："恭喜你，你被录用了。"

不妨把自己看高一些，这个世界没有什么位置是你没有资格去占有的，也没有什么东西是你不配享有的。

做事情要有自信，可自信是从哪来的呢？自信不是天生的，而是在后天的实践中积累起来的。自信是需要特别培养才能拥有和保持的。那我们该如何培养、保持我们的自信呢？下面就介绍几种小技巧来帮助大家树立自信。

首先，把自己想象成完美的化身，集合了全部的优点和魅力。这种方法是一种心理暗示，电视上许多名模走秀时，她们的表情举止都带着强大的自信，其实是因为她们反复在心里默念："我是最美的，我是最好的。"想得多了，在表情动作上就会表现出那种自信。

再次，就是效仿自己所崇拜的人的举手投足，一心模仿，练就气质，继而树立强大自信。

最后，就是在自己的言谈、衣着、行为举止、办事态度等方面严加控制、注意细节，塑造自信的气质。我们在说话的时候语气要坚定，让自己的话流利顺畅，表达清晰，以肯定的语气结束，表现出一种强大无比的力量。要衣着得体，因为好的装扮才能给人留下好的印象。在穿衣着装时要选择适合自己的服装、发型，以便充分展现出自己的形象魅力。还要控制自己的动作，不要做出一些有损形象的小动作，面带微笑，身体笔直，行如风，坐如钟，这样才能拥有好的外在形象。

信心是心灵的第一号化学家

保持自信和争取高尚的名誉一样重要，自信是我们走向成功最有力的保障。确立自信心，就是要正确评价自己，发现自己的长处，肯定自己的能力，并以一种高昂的斗志、充沛的精力，去迎接生活和工作中的挑战。

一位成功学家曾说过："你成就的大小，往往不会超出你自信心的大小。假如你对自己的能力没有足够的自信，你也就不能成就伟大的事业。不期待成功而能取得成功的先决条件就是自信。"

古希腊著名演说家德摩斯梯尼幼年时患有口吃，演说时常被人喝倒彩，可是他却始终对自己信心百倍。为了克服疾病，他每天清晨口含小石子，练习呼喊。经过坚持不懈的努力，他终于成为了口若悬河的著名演说家。

如果德摩斯梯尼没有自信，根本不可能成为著名的演说家。不论是生活上还是工作上，只有"我能"才能让一切变得皆有可能。

俄国著名作家屠格涅夫说："先相信你自己，然后别人才会相信你。"一个人无论处在什么样的环境之中，只要不丢失自信就会有成功的希望。

有一个饱受苦难的孤儿向一位智者请教如何获得幸福。智者指着一块不起眼的石头对他说："你把它拿到集市上去卖。但是，无论谁买，你都不要卖。"孤儿按照智者的话去做，开始两天无人问津。第三天有人来询问。第四天，石头已经能卖一个好价钱了。智者又对孤儿说："你再把石头拿到珠宝市场上去卖。"结果石头的价格被抬得跟珠宝一样高了。

人际关系学家戴尔·卡耐基曾说："自信是成功的第一秘诀。"一个人只有把潜藏的自信挖掘出来，时刻保持强烈的自信心，才有可能获得成功。

伟人无一例外地都对自己拥有超乎常人的信心。英国诗人华兹华斯毫不怀疑自己在历史上的地位，但丁也预见到自己将来的名声会永垂不朽。恺撒有一次在船上遭遇到暴风雨，艄公非常担心，恺撒说："担心什么？你是和恺撒在一起。"可见，一个人的自信正预示着他将来的大有作为。

自信能够产生强大的力量，能帮助我们创造奇迹。

一名马拉松选手第一个冲过终点，记者们围上去采访，问他获得冠军采用了什么战术。这名选手说："我并没有采用什么战术，我只是相信自己能够获得冠军，所以我只管一路跑下去，就第一个冲过了终点。"

正如成功学家拿破仑·希尔所说的："信心是心灵的第一号化学家。当信心融合在思想里时，潜意识会立即拾起这种振动，并把它变成等量的精神力量，再转送到无限智慧的领域里，促进成功思想的物理化。"

赞美自己，我们也需要鼓励

我们常常赞美他人，却忘了赞美自己。 其实，我们也是需要鼓励的，不管他人怎么看待自己，只要自己怀有信心，怀有对自己的期望，就能让自己做得更好。

拿破仑·希尔说："自我欣赏或自我赞美，其本质正是对自我成功的一种最直接的暗示。 如果一个奋斗者不断地告诉自己'我是最优秀的，我一定会成功！'那么他就会像得到神助一般，必将取得成功。 能常常赞美自己的人，实质上正是他敢于向命运宣告'我是不可战胜的！'这种对自我的赞美，正是一颗深深地植根于自己灵魂的种子，最后一定会在现实生活中结出无数颗能展示生命之美的果实。"

凯恩公司在五周年庆典时，举行了一场酒会，全体员工都出席了。趁着酒兴，大家向老板提出了一个问题："为什么你一天那么清闲，却能当老板挣大钱，而我们一整天辛辛苦苦，却只能给你打工，挣一些小钱？"

"那是因为我善于赞美，我天天赞美！"老板说。

员工们不解，因为他们也是天天赞美老板的。

老板笑道："我的赞美跟你们的赞美截然不同，你们天天违心地赞美别人，而我却天天真诚地赞美自己！"

自我赞美，往往会成为创造奇迹的动力。

当年拿破仑在奥辛威茨，面临着与比自己强大好几倍的敌人。在战前的总动员会上，拿破仑对即将投入战斗的将士们说："我的兄弟们，请你们记住，我们法兰西的战士是世界上最优秀的战士，是永远都不可战胜的英雄！当你冲向敌人的时候，我希望你们能高喊着：'我是最优秀的战士，我是不可战胜的英雄！'"接着，他听到了全军将士排山倒海般的回音："我是最优秀的战士，我是不可战胜的英雄！"

战斗中，法国将士都高喊着"我是最优秀的战士，我是不可战胜的英雄"的口号，他们以一抵十打败了奥、俄等国的联军。

是的，学会赞美自己，你会豁然开朗，紧锁的眉头会慢慢舒展。镜子中的你也许同你想象中的自己不一样，但却不失诚实。你没有高高的鼻梁，但你也许有一双富有魅力的眼睛；没有一双闪烁的眼眸，也许上帝会补偿你一张弧线优美的嘴。在外貌上，你也许不够完美，但在智慧和能力上却可能会得高分，因而，不必等着别人来欣赏你，你的自信就是一种美。你会觉得,学会赞美并不是什么难事,而是一种快乐。

　　一个女孩去一家在国内享有盛名的企业应聘。

　　经过多轮角逐之后,只剩下她和另一位男孩争夺这唯一的名额。在决定胜负的时候,并不像想象中的那样各种提问,主考官只淡淡地一笑说:"随便聊聊吧。"

　　男孩洋洋洒洒地说了一大堆,包括经历、个人业绩等。当轮到那女孩时,她只短短说了几句:"我一直都很爱自己,经常赞美自己,觉得自己很重要,有价值而且很出色。我不需要别人来增加我自身的价值,也不需要别人来迁就我、肯定我。"

　　正是这几句话,她被主考官选中。

可以说,让自己自信的最好方法就是不断地赞美自己。赞美自己不需要理由。就像人们常说的一句话:爱,不需要理由。同样,赞美自己也不需要理由。随时随地,你都可以对自己说:"我今天做得真是太棒了!"有人说,人类最大的敌人就是自己,假如你不断用赞美自己的心态来面对所有挑战,那情况又将完全不同。越赞美自己,人就越自信,就越能更好地迈向成功。

可以敬佩别人，但不能忽略自己

无论是谁，如果想让别人对自己有一个良好的评价，首先就必须认定自己是优秀的，然后要敢于并充分展示自己优秀的一面，把事情做到最好。你可以敬佩别人，但绝不能忽略自己。你可以相信别人，但绝不能不相信自己。

一般来说，成功的主要因素是自己。很多人不相信自己的想法，不相信自己的能力，有时就算有了好的想法也不会付诸行动。而当别人去做并取得了成绩时，却又懊悔不已。其实大可不必，因为自己是最好的实践者，只要积极主动地把想法落实到行动中，也许下一个成功的人就是你。

默巴克出生于美国一个贫困家庭，从小饱受歧视。他凭借着不屈的毅力，19 岁时考入美国名校：斯坦福大学。但家庭条件的窘迫容不得他像富家子弟那样悠闲自在，他不得不利用课余时间四处奔波，赚取微薄的收入，缴纳学费和维持基本的生活。

默巴克主动向校方提出勤工俭学，包揽学生公寓的清洁工作。他非常珍惜这份工作，干活一丝不苟。在打扫公寓时，默巴克经常在墙脚和床铺下面清扫出一些硬币来，然后会主动问同学们，这是谁丢失的。可同学们要么不屑一顾，要么就是懒洋洋地告诉他："不就是几枚破硬币吗？谁稀罕。你不嫌弃就拿去好了。"

虽然他们语带讥讽，但默巴克并不尴尬。在同学们怪异的目光下，他默默地捡起了一枚枚带着灰尘的硬币。

一个月下来，默巴克清点捡到的硬币，连他自己也感到吃惊：竟有500美元之多。这令他喜出望外。这些白白捡来的硬币，不仅解决了学费的燃眉之急，而且还让自己的生活质量大为改善。

这份额外收入让默巴克突发奇想。他决定把人们不重视硬币的事情反映给国家有关部门。于是，他分别给国家银行和财政部写了信，建议上述部门应该关注小额硬币被白白扔掉的情况。财政部的回信很快到达，告诉这位贫困的大学生："正如你反映的那样，国家每年有310亿美元的硬币在市场上流通，却有105亿美元的硬币被人随手扔在墙脚和别的地方，虽然国家多次呼吁人们要爱惜硬币，但收效甚微，我们对此也无能为力。"

这样的答复不免让默巴克沮丧，但同时他从中看到了潜在的巨大商机。从此，他便用心收集有关硬币方面的资料。从资料中他得知，一般硬币的使用寿命可达30年，而这些硬币常散落于各家各户的墙脚、沙发缝、床底和抽屉等角落。

默巴克决心从中打开缺口，开创事业。1991年，默巴克大学毕业，他没有像其他同学那样奔波求职，而是根据人们日益增长的换取硬币的需求，成立了一个"硬币之星"公司，并购买了自动换币机，安装在附近的各大超市。顾客每兑换100美元的硬币，他会收取9%的手续费，所得利润与超市按比例分成。

　　开业伊始，默巴克"硬币之星"公司的生意便异常好，他不仅赚取了丰厚的利润，也大大方便了超市和顾客，广受好评。

　　而后，默巴克继续扩大公司的业务，把"硬币之星"燃遍了全美，并取得了巨大成功。1996年，成立不到五年时间，"硬币之星"公司便在全美近万家大型超市设立了一万多个自动换币机。又过了两年，当年那个被人们讥讽为穷小子的默巴克，摇身一变成了亿万富翁，"硬币之星"也成为纳斯达克的上市公司。

　　谈到自己的成功秘诀，默巴克显得从容平静："每个人在这个世界上都是独一无二的，也许你的出身很卑微，也许你在某个方面不如别人，但你要永远记住，没有任何人能够取代你独有的位置。只要坚守自我，自信昂扬地经营生活，你的人生就一定会如你所愿。"

　　有位哲人说得好："人们应谨记一个处世原则，因自我了解而表现出来的举止，就是一般人对自己的观感。"你是想做一个默默无闻的人还是一个有丰功伟绩的人，全在于你对自我的评价，而别人可能因为你的自我评价而同样地评价你。

爱因斯坦小时候是个十分贪玩的孩子。他的母亲常为此而忧心忡忡，可母亲的再三劝诫对他来讲如同耳边风。直到16岁的那年秋天，一天上午，父亲将正要去河边钓鱼的爱因斯坦拦住，并给他讲了一个故事，正是这个故事改变了爱因斯坦的一生。

故事是这样的：

"昨天，"爱因斯坦的父亲说，"我和咱们的邻居杰克大叔清扫南边工厂的一个大烟囱。那烟囱只有踩着里边的钢筋梯才能上去。杰克大叔在前面，我在后面。我们抓着扶手，一阶一阶地爬上去。下来时，杰克大叔依旧走在前面，我还是跟在他的后面。后来，钻出烟囱时，我发现一个奇怪的事情：杰克大叔的后背、脸上全都被烟囱里的烟灰蹭黑了，而我身上竟连一点儿烟灰也没有。"

爱因斯坦的父亲继续微笑着说："我看见杰克大叔的模样，心想我肯定和他一样，脸脏得像个小丑，于是我就到附近的小河里去洗了又洗。而杰克大叔呢，他看见我钻出烟囱时干干净净的，就以为他也和我一样干净呢，于是就草草地洗了洗手就大模大样地上街了。结果，街上的人都笑痛了肚子，还以为他是个疯子呢。"

爱因斯坦听后，忍不住和父亲一起大笑起来。父亲笑完了，郑重地对他说，"其实，谁也不能做你的镜子，只有自己才是自己的镜子。"

爱因斯坦听了，顿时满脸愧色。

从此，爱因斯坦离开了顽皮的孩子们。他时时把自己当作镜子来审视自己，最终获得了成功。

当今社会，一个人要想成就一番大业，仅凭单枪匹马的拼杀是不够的，更需要众多人的支持与合作，这时自信就显得尤为关键。只有先相信自己，才能说服别人也相信你，如果连自己都不相信自己，就意味着失去了最可靠的力量。

凡是有自信的人，都表现出一种强烈的自我意识，这种自我意识使他们充满了激情、意志和战斗力，没有什么困难可以压倒他们，他们的信条就是：我要赢，我会赢。因为他们自信，所以才会相信自己的选择，相信自己的事业有成功的可能，才会坚持到底，直至达到自己的目标。别人怎么看你并不重要，自我评价才最关键。敢于相信自己就能为成功增加筹码，因此，无论什么时候，都要把自己当成最好的。

第三章

勇气：勇者存，怯者亡

勇气是成功的助推器

　　世界上的很多成功者之所以能成就一番事业，都可以归结于他们的勇气。

　　勇气表现在默默地努力和辛勤地耕耘之中，表现在为了真理和正义而敢于忍受和承担一切痛苦。唯有勇气才能造就人们崇高的气概。这种勇气是一种探求和坚持真理的勇气，是一种支持正义的勇气，是一种诚实无欺的勇气，是一种抵制诱惑的勇气，还是一种恪尽职守的勇气。

　　人类历史上所取得的每一项进步，都是在战胜各种艰难险阻的基础上取得的。每一个真理或每一种学说无不是在铺天盖地而来的贬损、诽谤和迫害之中，冲出一条血路，才最终获得普遍认同的。

　　　　苏格拉底因为他崇高的学说违背了他那个时代的原则，被迫在雅典自尽。他被指控败坏雅典青年的道德，因为他激励青年蔑视国家的监护神。他具有非凡的勇气，不但敢面对专制法庭对他的指控，还敢面对那些不能理解他的群氓抑或暴民。临死前他发表了著名的演说，他最后对法官们说："现在是我们分离的时候了——我将慨然赴死，你们仍然留在人间；但是，除了伟大的上帝之外，你们都不知道，我和你们究竟哪一个有更好的命运。"

布鲁诺被活活烧死在罗马，因为他揭露了他那个时代风行而错误的学说。当宗教法庭宣判他的死刑时，布鲁诺却骄傲地说："你们宣判我的死刑时比我慨然接受你们的死刑宣判更害怕吧！"

紧随布鲁诺的则是伽利略，这位科学巨人在科学上的名声与他作为一个殉道者的名声相比，要黯然失色得多。因为他教授的关于地球运转的观点，使他受到教会的强烈谴责。在70高龄的时候，因为他的"异端邪说"，伽利略被羁押到罗马。尽管没有遭到严刑拷打，但他要被终身囚禁在宗教牢狱中。甚至死后，伽利略仍然遭到迫害，因为教皇拒绝将他的尸体安放于坟墓之中。

这就是科学殉道者的勇气。为了问心无愧，许多人在与世隔绝的环境中，甚至在没有一丝一毫鼓励和同情的环境中，能够平静地忍受一切不公正的遭遇。这种勇气要高于在炮火连天、杀声震天的战场上所表现出来的勇气，因为在战场上，即使是最懦弱的人也能感受到战友们的热切鼓励。但是，世界所需要的大部分勇气并非英雄般的那种勇气。勇气既可以表现在重大事件关头，也可以表现在日常生活之中。例如，在日常生活中，需要诚实、正直的勇气，需要表里如一的勇气。

世界上的许多不幸和邪恶都是因意志薄弱和优柔寡断所致。换句话说，是因缺乏勇气所致。人们也许知道什么是对的，但就是缺乏勇气躬行践履；人们也许知道自己有不得不尽的义务，但就是不能鼓起勇气去履行；意志薄弱和不守纪律的人总是让自己被诱惑所奴役、支配，他不能坚决地说"不"，总是奴性十足地拜倒在每一个诱惑的脚下。

我们经常看到一些际遇相同的人，到头来却是完全不同的结局。

李嘉诚是以做塑胶花起家的，当年，与李嘉诚一同搞塑胶花加工的小作坊不下100家，但是，香港真正把塑胶花生意做下来的，只有李嘉诚一家。在香港塑胶花生意受到国际市场冲击的时候，许多同行都失败了，李嘉诚却挺了过来。当时最需要的就是勇气。出身贫寒的李嘉诚没有朋友、没有靠山，就凭借着一股舍我其谁的勇气撑过了艰难的困境，从中获取了成就今后基业的第一桶金。

同样的事情在李嘉诚的身上还出现过。20世纪下半叶，由于受政治、经济因素的影响，香港楼市曾一蹶不振，地产业受到极大打击，身家缩水者大有人在，更有人因此轻生。地产生意占有重要位置的李氏企业也遭受了惨痛的损失。可是，此时的李嘉诚不"空"反"多"，大肆买进地皮与楼盘。这一举动令人咋舌，在那些短视者眼里无异于"找死"。但李嘉诚不为人言与利空形势所动，坚持自己的计划，以极大的勇气将自己的计划推行下去。几年过去了，香港的楼市又火爆起来，李嘉诚的收益当然十分可观，李氏企业由此跃上了一个更高的台阶。此时，那些胆怯者只能羡慕李嘉诚了。

许多人会说李嘉诚的一次次成功是运气好，表面看来如此，其实不然，因为李嘉诚的"好运气"许多人也碰到过。李嘉诚做塑胶花的时候，做这项生意的不止他一家；李嘉诚做地产生意的时候，做这项生意的更是大有人在。李嘉诚成功的因素有多种，胆识是重要因素之一。毫无疑问，李嘉诚的见识是超凡的，同样，他的胆量也是卓尔不群的。

纵观人的一生，一个人的睿智决定着他的努力方向，而他的勇气则决定努力的程度；一个真正值得骄傲的成功，必须是通过诚实的努力和勇敢地面对命运的惊涛骇浪得来的。

勇敢地面对失败

在 2008 年北京奥运会中，中国乒乓球队将男女单打前三名的奖牌都毫无争议地收在囊中。在比赛中，最让人感动的不是金牌获得者的喜悦，而是比赛失败者努力之后敢于面对挫折的宣言。

曾经的"巡回赛之王"——王励勤，他在奥运会乒乓球比赛中铩羽而归，仅收获一枚铜牌。昔日世界第一的排名也被马琳、王皓等纷纷超越，掉到世界第四。但是，他却表示："输球不会影响信心，还是希望做乒坛常青树。"

任何人的一生，都不会是一帆风顺的。所有人都会遇到困难，受到挫折。如果出错了，或又进入了死胡同，这就是生活在告诉你是时候改变了。只有你吸取了教训，才可以继续前进，从而获得成功。

每一个成功者都敢于面对失败，还善于从失败中总结经验教训。 很多时候，努力之后的成功会带给我们荣耀，但是失败会带给我们更多的成长经验，所以，敢于面对失败，就是真诚地面对和承认自己的缺点和问题。

　　史玉柱的故事对所有渴望成功的人来说都是最好的启示。20 世纪 80 年代末，他凭借自己开发的汉卡技术开始创业。1991 年，他注册成立珠海巨人新技术公司的时候对媒体慷慨陈词："IBM（国际商业机器公司）是国际公认的蓝色巨人，我用'巨人'命名公司，就是要做中国的 IBM，东方的巨人！"在史玉柱 31 岁的时候，他作为唯一以高科技起家的民营企业代表，被美国《福布斯》杂志列为中国大陆富豪第 8 位。他只用了短短 5 年时间就完成了这一财富累积，可谓速度惊人。由于集团发展一帆风顺，史玉柱的头脑开始发热，他下令全方位出击，向房地产和生物工程领域进军。同时，他计划到 2000 年，让巨人集团的资产发展到 100 亿元。

　　当时，他还计划建一座号称全国最高的"巨人大厦"，采用世界最流行的"智能型"概念。然而，这座大厦的建设从当初自用改为房地产开发，楼层从原来的 38 层改为 64 层，后又增为 70 层，预算投资飙升至 12 亿元，这已超过了他的资金实力。在 1995 年，史玉柱亲眼目睹了巨人事业从辉煌走向了大溃败。到 1997 年初，有人这样描述"巨人"："跟随债主而来的是记者，跟随记者蜂拥而至的是更多的债主。"在新闻媒体连续的轰炸后，史玉柱将自己封闭在帷幕低垂的总裁办公室内，仿佛陷入一座孤岛之中。他在此到达了事业的顶峰，又从那里跌下来。他体会过极度的辉煌，这才发现自己是如此的孤独。"巨人"垮了以后，他离开了珠海，面对如此的惨败，他却没有打算退隐，并发誓一定要东山再起。

2000年8月，史玉柱依旧单薄的身影，再一次出现在中央电视台的谈话节目中，而谈话的主题就是"跌倒的巨人能否站起来"。史玉柱明确表示自己不会忘记社会责任，一定会还清所欠下的债务。他勇敢地在全国人民面前承认了自己的失败。

他带领着在困境中仍然跟随自己的部下重新从基层开始开拓自己的市场，通过脑白金的销售，在2001年的时候他还清了巨人集团2亿元的债务，从破产到还债他还是只用了5年。有人说从励志创业青年，到全国排名第8的亿万富豪，再到负债两亿多的"全国最穷的人"，再到身家数十亿的商人。史玉柱创业的成功和失败，都是中国商界的一部生动的教科书，他具有一种打不垮的企业家精神，不惧怕失败，所以他能够再次站起来。

失败不过是成功道路上必经的一个关卡，只要经过这个关卡，我们就可以实现自己的理想。那些不敢承认失败或者不敢面对失败的人，最终只能一事无成。

不要丧失跳跃的勇气

跳，还是爬，对于跳蚤而言，是一个问题。 对于我们人类而言，同样是一个问题。

要不要跳？ 能不能跳过这个高度？ 成功的概率有多大？ 这一切问题的答案，并不需要等到最后才明白，只要看看一开始每个人对这些问题是如何思考的，就已经知道答案了。

实验中的跳蚤在经过几番挫折以后，习惯了自己所处的位置，它潜意识里认为，只要自己起跳，就会碰到玻璃罩。所以，当去掉玻璃罩后，它还是没有跳出来的勇气，最终沦为了一只"爬蚤"。

同样，对于我们人类来说，客观条件是会改变的。 如果说当时受困于条件不能有所施展的话，那么当条件变化了，我们就不应该再沉沦下去，而应该振作起来，鼓起勇气"跳"起来。 唯有如此，我们才有可能迎来"柳暗花明又一村"的新景象。

普鲁士国王率军与英格兰军队激战,普军大败,普鲁士国王不得已躲进了一所隐蔽的老宅。国王灰心丧气地往干草上一躺,不由得陷入了极度的悲哀之中。就在他濒临绝望的时候,他看见了一只蜘蛛在那里结网。为了转移一下注意力,他挥手抹掉了那个蜘蛛网。

然而这一人为的破坏,并没有动摇蜘蛛结网的意志,好像那倒霉的事根本就没有发生过一样,蜘蛛又忙碌了起来,没用多长时间就织好了一张新网。普军接连打了6次败仗,普鲁士国王已经准备放弃战斗了。此刻,他扪心自问:"假如我把蜘蛛网破坏6次,不知这只蜘蛛是否会放弃努力。"

一次又一次,普鲁士国王毁掉了6次蜘蛛网。那只蜘蛛又再一次出发,毫不气馁地去织第7张网,并且如愿以偿地完成了。普鲁士国王从这件事中获得了激励,决心重整旗鼓,再次和英格兰人决一死战。他重新聚集起一支军队,经过缜密的部署,终于打赢了一场决定性的战役,从英格兰人手中夺回了失去的领土。

不放弃"跳跃"的勇气,说起来容易,做起来则没那么简单。 别人放弃,自己还在坚持;他人后退,自己照样前进;看不到光明和希望,依然努力奋斗。 做到这些的确不容易,但只有用心去做了,才有机会获得成功。

对每一家有实力、有意愿进行变革和创新的企业来说,同样如此。 碰壁总是在所难免的,相信自己的力量,不断挑战,不断尝试,才能跳出樊篱。 尤其是处于发展瓶颈中的企业，更不应该墨守成规，放弃"跳跃"的勇气。

　　在 20 世纪 30 年代经济大萧条时期，美国大多数企业纷纷采取收缩战略，但著名的杜邦公司却没有减少在技术创新上投资的额度。1930 年 4 月，杜邦公司率先发明了人工合成橡胶。在这一年，杜邦公司的产品价格和销售量虽然分别下降了大约 10% 和 15%，但是杜邦公司仍然加大了研发投入，推进这项新技术的商业应用。截至1939 年，美国制造的每辆汽车、每架飞机都用上了合成橡胶部件。

　　杜邦公司在经过大量的研发后，于 1934 年发明了尼龙，并于 1938 年推出了尼龙产品——这种产品在如今的生活中随处可见。 杜邦公司的国际知名企业地位，正是通过在大萧条时期坚持不懈的"跳跃"奠定的。

进行自我暗示，迅速使自己重新鼓起勇气

思想和理想能塑造强者，如果你不断地肯定自己是极其优秀、极具力量、极富才干的，那么，你的精神动力就会得到惊人的发展。

在这种情况下，相比于总是想着那些不愉快的事情，你肯定能更好地利用和发挥你的脑力。

不管人们能否正确地认识和对待你，你一定要对自己说："我是强者，我不可能和那些极端堕落、卑鄙无耻的小人狼狈为奸，我也不可能只有他们的那种水平和见识。无论他人怎么待我，我都要有个人样儿。生命实在太珍贵了，没有必要让那些无关紧要的小事搅乱我平静的心态或破坏我的生活。我必须真诚地向世人展示我生来就被赋予的品格，展示我与众不同的素质，展示我的本质。其他人拒绝展示自我，他们将时间耗费在那些损害他们的才干和破坏他们表现的事情上去了。我要尽力去展示自我。"

如果你的心绪不佳、混乱，如果你感到烦躁不安，如果你

与每个人都不和，如果一些小事情就使你气恼不已。 那么，你应该多想一想那些美好的、和谐的事。 一定要下定决心，即无论发生什么事，你都要保持欢愉和平静的心情，不会让那些鸡毛蒜皮的小事来愚弄自己，会努力使自己的心态保持平静。

换句话说，如果你想做一个超然于生活琐碎之事的人。你就要不断地对自己说："对一个伟大的强者来说，对一个生来就有主宰世界的力量的人来说，被一些琐碎、愚蠢的小事弄得如此难过、方寸全乱是一件多么荒唐的事啊！"你需要努力使自己以平静的心情回到工作岗位，并善始善终地完成工作。 如果可能的话，不妨到户外去深呼吸几口新鲜空气，你会精神抖擞地继续回到你的工作岗位。

如果想最充分地施展自己的才华，你就应该使一切事情恢复正常，应该严厉对待自己或严格要求自己，应该好好地和自己谈谈。

你一旦开始做一件事情，你不妨对自己说："现在，我做这件事最合适了。 我必定会取得成功。 在这件事情上，我会表现出我的勇气，我没有任何退路。"要不断地对自己说一些催人奋发、鼓舞人心的话语，诸如："有德必有勇，正直的人绝不胆怯。"你就会惊异地发现，这种自我暗示可以迅速地使你重新鼓起勇气，重新振作起来。

卡尔就是通过和自己诚心诚意地探讨自己的行为举止而获益匪浅的。当他感到自己没有完成他应该做的事情时；当他感到自己犯了一些低级、愚蠢的错误时；当他在交易中没有利用好自己的良好经验和敏锐的判断时；当他感到他的精力和抱负日益颓废时，他就会独自一人去乡村，如果可能的话，他会独自一人去森林，然后按照此种方式和自己交流：

"小伙子，现在你需要和自己谈谈，全面地振作起来。你的标准开始下降了，你的理想变得麻木了。最坏的情况便是当你的工作进展不顺的时候，或者对你的着装打扮和行为举止异常一点也不在意，表现出一副无所谓态度的时候，你却不像过去那样感到事态严重了。你没有尽心尽力去工作，如果你不严加警惕，你的懒散、你的惰性、你的这些异常行为表现，将会影响你一生。你正让许多好机会白白地从你的身边溜走，因为你没有那种积极进取、紧跟时代发展潮流的精神。

"你的理想需要擦拭。因为它们已变得灰暗。总之，你开始变得慵懒。你开始喜欢放松自己了。到目前为止，还没有哪个萎靡不振、标准下降、抱负烟消云散的人取得了什么骄人的成就的。小伙子，我打算现在紧跟在你的身后监督你，直到你能正确对待自己为止。这种放松自己的行为绝不可能使你到达目的地。你必须认真地反省你自己，否则，你会成为时代的落伍者。

"你一定能比现在干得更好。从今天开始，你就应该有这种坚定的决心，从今晚开始，你就要对你的工作付出更多的努力，你要比以前更努力地工作。你必定是一个胜利者。振奋起来，清除你头脑中的各种陈腐观念，清除积在你大脑中的思想尘灰。思考你心中的理想吧！不要像这样稀里糊涂、没精打采地过日子。赶紧行动吧!"

年轻的卡尔每天早晨起来,如果他发现自己的标准下降了,或者感觉到自己有点松懈了,为了迫使自己达到一个更高的标准,他就会像他所说的那样"责备自己"。这是他最为关心的一件事情。

他不断地责备自己的慵懒、平庸和缺乏精力。"卡尔,"他对自己说,"现在请振作起来,使今天成为一个重要的日子,不要让任何机会溜走,利用好今天每一种可能的机会。尽管承担责任非常艰难或令人不快,但如果这种责任中有宝贵的知识财富使你能实现自我价值,使你更加自信的话,那么,不要逃避责任,不要逃避任何对你有帮助的事情,不要逃避任何使你变得更为强大的事情。"

他总是迫使自己首先完成最令人不快的任务,他绝不允许自己逃避困难。"现在,你绝不能怯弱,"他对自己说,"如果其他人能做的事,你也能做。"

经过数年的这种严格的训练,卡尔取得了了不起的成就。他开始只不过是一个生活在纽约贫民窟中一户穷苦人家的孩子,没有人对他感兴趣,也没有人鼓励他或抬举他。虽然在孩提时代时他没有多少机会接受学校教育,但是,从他21岁开始,他通过自己的努力接受了良好的教育。多年以来,他利用闲暇的夜晚、假日和零星时间,苦苦钻研一个又一个的问题,并依次弄清了这些问题,解决了这些问题,一直到他成为一个知识渊博的人。

每当你感到恐惧袭上心头时，一定要尽可能迅速地将它排除在心灵之外，并运用无所畏惧和沉着自信这剂良药。 你不妨对自己说："我不是懦夫，我是勇士。 恐惧是一种正常的心理，我不怕它，恐惧不可能影响到我，我将绝不容许恐惧毁了我的一生。"

　　事实上，并没有主宰人们浮浮沉沉的命运。 世界属于能征服它的人。 好事也属于那些能凭借理想的力量和坚定的决心而获得它们的人。 我们并不听从命运的安排，我们只听命于我们自己。 人若败之，必先自败。 承认自己是低人一等的人，自愿充当低等角色的人，往往真的会成为低等的人。 因为他认为所有好事都是属于别人的。 其实，根本不存在什么力量能将好事分配给它喜欢的少数几个人，而将坏事分配给你我，所有人都是平等的。

不要畏惧，避免给自己设限

海伦·凯勒曾说："信心是一种心境，有信心的人不会在转瞬间就消沉、沮丧。如果一个人从他的荫庇所被驱逐出来，他就会去建造一所尘世的风雨不能摧毁的房屋。"的确，生活中那些有信心的人比没有信心的人更容易获得成功和快乐。

一天上午，巴巴拉老师让全班35名学生都拿出一张白纸，并在页眉处用大写字母写下"我不能"，然后叫学生列出所有他们不能做的事：我不能独立完成数学作业，我不能只是吃一个冰激凌蛋卷，我不能做三位数以上的乘法，我不能让卡比拉喜欢我，等等。

在学生们都忙着列出自己的清单的时候，巴巴拉老师也在列举自己不能做的事：我不能让吉米遵守课堂纪律，我不能让威廉的父亲来参加家长会，等等。

写完后，巴巴拉老师让学生们把写好的纸对折起来，放进讲台上的空盒子里。

收完后，巴巴拉把盒子盖好，然后把盒子夹在手臂下和学生们一起走出教室。下楼时，巴巴拉在杂物室里拿了一把大铁铲，然后领着学生们来到操场。

巴巴拉和学生们来到了操场最远处的角落，她面向学生们严肃地宣布："孩子们，今天，在这庄严的时刻，我们在这里集合，我们将把'我不能'全部埋葬。"

然后，她挖下了第一铲，学生们一个一个地接着往下挖，每位学生都掘起了满满一铲土。十分钟过去了，他们挖出一个大约一米深的坑，巴巴拉轻轻地把装满"我不能"的盒子放进去。

巴巴拉转向学生，叫他们绕着"坟墓"围成一圈，手拉手，低下头。接下来，巴巴拉宣读了令每个人都难以忘怀的悼词：

"孩子们，今天我们相聚在这里，一起来悼念'我不能'。昨天它与我们同在，进入每个人的生活，有些人多，有些人少。不幸的是，它的名字无处不在，在每处公共场合都能听到，在学校、在商场、在公司、在政府大厅甚至在总统办公室。

"今天，我们为'我不能'提供一处安息之地，它去了，留下了它的兄弟姐妹们（我行、我会、我马上）。虽然它们不如'我不能'声名远扬、势力强大，但总有一天，在我们的帮助下，它们将写下世界上最壮丽的诗篇。

"愿'我不能'永远安息吧！愿在场的每一位孩子彻底摒弃'我不能'，珍惜生命，勇往直前。阿门！"

最后，巴巴拉和学生们用土将"坟墓"填满，回到教室，祝贺"我不能"从此离他们而去。作为庆祝仪式的一部分，巴巴拉用包装纸叠成一个大墓碑，用大写黑体字写上："我不能"，愿你安息，2002年5月26日。

从那个时候开始，这个纸墓碑一直挂在巴巴拉的教室里。只要有学生一时忘记，说了"我不能"，巴巴拉就会指指墓碑，学生往往马上笑着改口。

生活中，那些喜欢自我设限的人最爱说的话就是"不可能"，在做事情之前，他们习惯告诉自己"不可能完成"，结果便真的没有完成，于是他们更加相信自己一开始给自己设定的高度。

如果一个人经常说"不可能"，这对他来说真的是一件很恐怖的事情，长此以往他本来可能做到的事情由于自己思想的限制，结果变成了不可能的事情。这方面我们可以从心理学的角度上去考虑，每次你在说"不可能"之后去做事，你会感到压力小了很多；而另一方面，当你失败之后，你会告诉自己说"看，我早就说了不可能吧"，于是，你对失败的压力又大大减小了很多。经常说"不可能"会让你逐渐放松对自己的要求，一个人如果对自己放松要求的话，他便不会有太大的作为。

假如你是一个只有19岁的穷大学生，连上学的钱都不够，你能在不从事任何非法的行为，完全凭自己的智慧在短短一年内赚到100万美元吗？

估计大多数人听到这样的问题，都会笑着摇头，说："绝不可能!"

如果再问一句:"你相信有这样的人吗?"可以断定,还是会有不少人会摇一摇头,说:"绝不可能!"

但是在现实生活中,大多数人认为"绝不可能"的事,真的就有人做到了。

这个人名叫孙正义,日本"软银集团"的创始者,一个被誉为"互联网投资皇帝"的人。全世界没有一个人,包括比尔·盖茨能够拥有比他更多的互联网资产。

他19岁时就制定了自己50年的人生规划,其中一条就是要在40岁前至少赚到10亿美元,如今这个梦想早已实现。

看看他是如何利用智慧赚到人生第一个100万美元的。

在制定人生50年规划时,孙正义还是一个留学美国的穷学生,正为父母无法负担他的学费、生活费而发愁。他也有过到快餐店打工的想法,但很快又被自己否定了,因为这与他的梦想差距太大。左思右想之后,他决定向松下学习,通过创造发明赚钱。于是,他逼迫自己不断想各种点子。一段时间后,光他设想的各种发明和点子就记录了整整250页。

最后他选择了其中一种他认为最能产生效益的产品——"多国语言翻译机"。问题又来了,他不是工程师,根本不懂得怎么组装电脑。但这难不住他,他向很多小型电脑领域的著名教授请教,向他们讲述自己的构想，请求他们的帮助。

大多数教授拒绝了他，但最终还是有一位叫摩萨的教授答应帮助他，并为此成立了一个设计小组。这时孙正义又面临着另一个问题：他手上没有钱。

怎么办？这也难不倒他，他想办法征得了教授们的同意，并与他们签订合同，等到他将这项技术销售出去后，再给他们研究费用。

产品研发出来后，他到日本推销。夏普公司购买了这项专利，并委托他再开发具有法语、西班牙语等7种语言翻译功能的翻译机。这笔生意一共让他赚了整整100万美元。

一个人只要开通"脑力机器"去解决问题，就能创造奇迹！而能创造这种奇迹关键在于改变发问方式：将否定式的疑问——"怎么可能"变为了积极性的提问——"怎样才能"。

只有把意识的焦点对准解决问题，这样才能减轻解决问题的焦灼感，让你能沉下心来进行思考和创造，轻装上阵，就能集中心智去解决问题，这样也许会让问题得以很好地解决。

日本索尼公司在20世纪40年代末所生产的录音机每台重36公斤，不仅体积大，而且生产成本也高，价格十分昂贵，市场销售很不景气。井深是这家公司的负责人，他决心缩小录音机的体积，降低成本。

他亲自带领公司里最得力的技术人员住进横滨市的

一个温泉宾馆，之后他向大家宣布了一条"军令状"：限10天之内拿出有效的解决办法来。

大家在开始时都觉得不可能，但是后来，大家根本不考虑可能或不可能，反而夜以继日地全心钻研，只问是不是想尽了一切办法。一个个方案相继提出来了，又一个个地被否定了，接着就产生新的构想。10天的期限到了，有效的解决办法也终于产生了。

不久后，索尼公司推出了畅销全国的产品——磁带录音机。

第四章

学习：少而不学，老而无识

学习能力是核心能力

　　日本学者提出了新学力观，把学力分为两种：一种是显性学力，即读、写、算等能力；另一种是隐性学力，主要是学习的动机、愿望、持久性等品质。 人们一般只顾着显性学力，而忽视隐性学力。 实际上，隐性学力比显性学力更重要。 隐性学力的本质是理想和意志，一个人只有具有远大的理想和坚强的意志力，才能具有强烈的学习动机和学习愿望，才能坚持学习。

　　经研究，人的学习能力有六个要素：一是学习意愿，学习的前提条件是愿意学习；二是发自内心，真正推动个人前进的力量是内心的动力，非常强烈并且可以达到，能在理性指导下逐步变为现实，一个人的行动永远和他的思想与情感相吻合，思想一旦注入情感，便会拥有强大的动力；三是学习热情，要将学习意愿转化为学习动力，热情能推动我们不断思索方法；四是学习选择，依据自身条件，知道学什么，怎么学。 学什么，是战略问题。 怎么学，是战术问题，它能够体现一个人的综合能力；五是学习习惯，即将学习意愿、学习热情及学习选择转化为学习习惯，并落实到具体的安排中；六是学习目的，即学习要明确主题，要突出长项，坚持聚焦法则，就像打井一样，重要的不是打井的数量，而是能够打出水。

我们可以通过积累、思考等途径进行学习。当人们缺乏学习目的、学习意愿和学习热情时，学习就会陷入苦学—厌学—懒学的恶性循环；相反，若拥有确定的学习目的，有了学习意愿和热情，就会进入到乐学—好学—勤学的状态中。此时，学习就成了一种追求，一种快乐，一种享受，一种境界。

懂得怎么学习才是最有价值的

学习的方式有读书、听课、研究等。 学习包括两个方面，一个是"学"，一个是"习（练习）"。 一个人随意翻翻书、读读报纸、翻阅杂志，这些不是严格意义上的学习，只能算是消遣。 那么，我们应该如何学习呢？

1. 培养兴趣，克服学习障碍

"兴趣是最好的老师。"学习的前提是要有一定的兴趣，有了兴趣才能孜孜以求。 培养兴趣，首先，要克服各种学习障碍。 例如，害怕，无计划性，容易受到干扰……只有克服这些障碍才能进入学习状态。 其次，要树立使命感、责任感和紧迫感，不能随着自己的喜好随意学习，要以理智和毅力培养兴趣。 人生只要有了使命感，就会主动、积极地去学习。

2. 设定明确的学习目标

职场学习以增加知识和提高能力为根本目的。 知识是能力的基础，能力是知识的转化。 能力有三个层次：第一个层次是底蕴，包括理想、信念、素质等，这些是精神层次的能力内容，影响着人的思考和行为；第二个层次是扎实的基础知识，这是人们生存于现代社会的基础与根本；第三个层次是精深的专业知识，这是人们在某些方面能够做出突出成就的基础。 设定学习目标要抓住六个环节：确定方向——我要完成哪些目标；研究问题——找出影响自己达成理想状态的障碍；进行设想——我有哪些解决方法及方案；制订方案——明确要达成的目标和衡量的标准；实施步骤——怎样达到目的及其步骤；检讨效果——评估进展、不断修正。

设定学习目标是一项非常重要的学习技术，要清楚学习一门学科的目的，它对自己的成长有什么意义，还要弄清先学习什么，后学习什么，以及如何在日常生活和工作中运用这些知识。 要从现实与未来发展的需要出发研究知识和能力的优化组合问题，通过巧妙组合各个部分以形成一个有机整体，以便从整体上发挥最优化的作用。

3. 有目的地学习

我国著名科普作家叶永烈创作的科普作品颇丰，如《空气漫话》《燃烧以后》《塑料的世界》《化学元素漫话》《化学纤维一家》等等，有些电影就是以他的作品为蓝本的。 他还被中国科协和文化部授予"全国先进科普工作者"的光荣称号。 他取得这些成就的重要原因：一是靠勤奋，一旦进入创作状态，他几乎每天都要工作到深夜；二是有目的地读书。为了创作《电影的秘密》一书，他借阅了数百本关于电影史、摄影、特技、表演等的书籍。 他还常常在上海图书馆、上海科技图书馆以及徐江图书馆里借书、看书。

美国匹斯堡大学语言学教授斯特娜夫人对女儿维尼的早期教育很成功，她女儿4岁就开始写剧本，报刊上不断地发表她写的诗和故事，其中有些作品还被汇编成集出版。 斯特娜夫人在谈到对女儿的教育时说："我培养女儿有目的地读书。无论是读书或工作，无目的性都会不利于身心健康。 她在写《和仙女作圣诞节旅行》一书时，阅读了30多种参考书，以了解各国圣诞节风俗习惯的不同；在写《跟兔子作复活节旅行》一书时，为了研究各国复活节的风俗习惯，她几乎跑遍了匹斯堡的所有图书馆；在写《我在动物园里的朋友们》一书时，除了每天去动物园观察动物，还通过各种途径阅读相关的书籍。"她还说："世界上有这样一种人，读了千万卷的书，便知道了各种各样的事情。 然而仅仅是知道而已，对自己、对社会都无益处。"

俄国著名作家列夫·托尔斯泰说过："知识的质量重于知识的数量。 有些人知道得很多，却不知道最有用的东西。"

上述事例告诉我们，人生只有有目的地读书，才能真正提高自己的能力，推动社会和人类的进步。 一个人一定要系统地研究一些问题，毫无目的地读书是无意义的。 有了一定的专业基础后，就应选择一些自己感兴趣的问题进行专题研究。 只有从事研究，才能将所学的知识运用到实际中去。"书到用时方恨少"，这时就会推动自己探索新知、新法。唐代名医孙思邈曾说："读方三年，便谓天下无病可治；及治病三年，乃知天下无方可用。"这确是切身经验之谈。

4. 制订具体的学习计划

学习计划是学习的保证，有了计划就能督促我们坚持不懈、持之以恒。 要根据自己的实际情况制订长期、中期、短期和近期计划。 长期计划是学习的梦想和动力，职业目标是制订长期计划的基础。 医生、企业家或教师，因为职业目标的不同，知识结构和能力结构是不一样的，所以，职业目标一定要明确。 中期目标可以是三至五年，是长期目标的一环。短期目标是指半年到两年的目标，中期目标可分解为一系列的短期目标。 近期目标是指近期要做的，是短期目标的组成部分，采用各个击破的方法，从而稳步前进。

5. 学会做学习笔记

古人云："不动笔不读书"，即所谓的手到心到。 为了能够牢记学习内容，最重要的就是学会做笔记。 读书时做好笔记，既便于复习又便于知新，还可作为继续钻研的参考。做好笔记的方法：一是按学科或专题做笔记。 如人力资源或市场营销专题，这样便于积累和查找；二是不能一字一句地照抄原文，或在笔记本上随便记，而要经过认真思考，写出自己的总结和想法，记下发现的新观点和看法，根据对所学内容的理解画出简单的示意图；三是处理好笔记内容与其他笔记的联系与区别。 同时，也可以采用札记、卡片、资料剪辑等方法。 特别是一些感悟和灵感，需要立即记下来，否则很快就会忘记。 这样才能"积学以储宝"，不但可以深刻地理解知识，而且在应用时可以得心应手地按程序调出来使用，从而提高学习使用效率。

学习笔记和积累的材料，在达到一定数量时要加以整理，使其形成一定的知识链。整理材料，实际上就是研究问题的开始。通过整理材料，可以对材料进行分析，从而提出自己的观点；可以对材料进行选择和鉴别，以分辨材料的真伪；可以评估材料的意义和作用，补充或删除相应的材料。经过整理，这些材料已成为半成品。零件既备，大器何难！一旦需要，就可以把它们整合成有价值的文章或著作。

　　6. 从严务实，循序渐进

　　学习需要扎扎实实地下功夫，容不得半点虚假和骄傲。只有一丝不苟、全心全意地学习，才能真正掌握知识。学习不能急于求成，必须循序渐进，一步一个脚印地完成，从而不断地进行转变，即从非学习状态向学习状态转变，从单一化学习向立体化学习转变，从阶段性学习向终身学习转变。

　　英国作家赫胥黎说："知道如何读书的人，可以提升自身能力与生存技巧，让生命变得更充实、更有意义。"当一个人掌握了学习的整个过程时，他的学习热情与学习潜能就会得到极大的开发，从而取得最好的学习效果。人生学习的过程，就是一个生理上与心理上逐渐成熟的过程，是一个不断认识自己的过程，是一个积累经验的过程，是一个改变行为和习惯的过程。

未来只垂青于有准备的人

在知识经济时代，你要生存和发展，就必须努力学习，未来只属于那些有准备的学习者。

"今天工作不努力，明天努力找工作"，这就是现实。美国学者凯文·保罗研究认为，要想成为成功人士需要具备以下特征：世界正在改变，变得越来越有利于掌握知识的人；职业资格认证越来越依赖于是否有快速的阅读能力；在绝大部分新兴产业中，都需要信息处理技能；知识型职业需要广泛的阅读能力，而不仅仅是够用而已；任何职业的变化，都需要学历和技能的更新；一个人必须不停地提升自己的学习能力，保持最佳状态。这些特征告诉我们，要想成功，就必须先成为一个成功的学习者。

在现实生活中，根据不同的学习态度可以将人们分为三类人：一是不愿学习者。这种人当一天和尚撞一天钟，拒绝新事物，知识处于停滞状态。当企业转型时便无法适应企业发展，只能被淘汰。二是悠闲学习者。他们只按照老板的要求去做，认为知识够用即可，不愿为将来储蓄知识和技能。只有有学习能力的人才能促进企业的发展。 三是终身学习者。 他们把学习当成自己生存的基本需求，并对学习充满热情，关注未来的发展趋势，希望通过学习重新塑造自己，拓展自己的创造能力，进行有目的的学习和准备，是市场竞争中的佼佼者。 尽管社会上处处都是企业的招聘广告，为什么还有那么多人找不到工作呢？ 关键在于一个人是否具有岗位所要求的能力。 都想当董事长、总经理，但是，请扪心自问：我具备做董事长、总经理的素质和能力吗？

一位科学家曾说过："机遇只偏爱有准备的头脑。"机遇是主观条件和客观条件的结合，如知识分子赶上尊重知识、尊重人才的时代，这是机遇的客观条件；但你能否抓住机遇，则取决于你的主观条件。 从主观条件来说，你必须对未来的竞争做好知识与能力的准备。 机遇面前人人平等，但是，你能否发现机遇，并抓住机遇又是不确定的。 一个没有应聘能力的人无法得到入职的机遇，就算你有一定的能力，在优中选优的竞争环境中，你是最优秀的吗？ 只有具备用人单位需要的能力才能抓住机会，这就是机遇。

从古至今的事例告诉我们，人生成长的规律是"博—专—博"。 首先，是"博"，这是基础，知识是一点点积累起来的，必须先掌握广泛的知识，才能打下人生的根基。 其次，是"专"，就是在"博"的基础上选择一个主攻方向，最重要的是自我提升与名师指导。 自我提升的成败，关键在于能否展现自己的兴趣与特长，并有所突破。 同时，根据对一些成功人士成功原因的分析，名师的指导会让人少走弯路。 最后，是"博"，这是前一个"博"的继续和发展，是不断创造的条件。成功人士除了精通本行以外，大都知识渊博。只懂一门专业，很难在科学上做出重要贡献。

人生成长分为三种状态，即前进、停滞、倒退。要想使人生处于前进状态，唯一的方法就是学习，需要通过各种方式和途径进行学习。学习能力的成熟不是一种标准，而是一种状态，即一个人能否灵活地面对客观现实，进行自觉的、有效的、适应性的学习。学习是为了积蓄能量，从而实现人生的飞跃。

知识是实现人生跨越的桥梁

曾有人说过，"知识是实现人生跨越的桥梁"，这句话充分说明了知识的作用。 的确，在人类历史发展的长河中，知识的洪流总是川流不息。 在信息时代中，知识的更新更是异常快速，它已经深入到社会的各个角落。 由农业经济发展到工业经济，证明了知识的力量，知识不仅促进了人类的进步，而且能改变人的一生，它是我们实现人生跨越的桥梁。

每个人的生命只有一次，究竟应该如何生活，才能使自己的生命有价值、有意义呢？ 爱因斯坦说："人只有献身于社会，才能找出那实际上短暂而有风险的生命的意义。"这就是说，生命的价值和意义完全取决于你是否对社会有贡献。要想为人类与社会做出贡献，就必须有一定的资本——掌握充足的知识。

书籍是知识的载体，我们要想开阔视野和扩展思维，就必须读书。

在封建君主制的古代社会，穷书生想改变命运就只有参加科举考试，而后才能光宗耀祖，实现人生的抱负。　正因为如此，历史上才有了"范进中举"这一悲喜人生之闹剧。

当今是知识经济时代，只有知识才是武装自己的最好装备。　拥有广博深厚的知识视野，并且提高自己的能力，我们才能成为社会和国家的栋梁之才。

有一对夫妇小的时候，由于各种因素的影响，只读到初中便没有继续读书了。工作几年之后，他们由于学历不高双双下岗。但是，两人并没有就此放弃，而是一直在学习，不断扩充自己的知识面。夫妇俩20年来，无论生活多么艰辛，始终坚持学习，从没有放弃"大学梦"。功夫不负有心人，他们终于拿到了法律专业本科毕业证，并在家乡开了一家法律事务所。

他们从初中生成为大学生，从下岗工人转变为法律工作者，是什么改变了他们的人生？　是知识。　尽管人生充满了选择，但是，出生环境、家庭和父母却是我们别无选择的。　一些人有优越的家庭条件和良好的教育环境，他们往往比其他人更容易成功。　对出生于贫困家庭的你，没有幸运光环，也无上天的特殊眷顾，但是，只要你抓住了学习的机会，就可以靠积累知识改变自己的人生。

未来的社会充满机遇和挑战，一个人只要拥有社会需要的技能，不管处在何种环境，都能有一个立足之地。　要献身于祖国和人民的事业，你必须有过硬的本领；要有过硬的本领，你就必须勤奋地汲取知识，热爱学习，始终保持"爱学、勤学、博学、精学、多问、多思"的辩证统一。 知识改变命运，阅读滋养心灵。 "羡慕别人不如重塑自己"。 学习知识，使愚陋者变得聪明，使幼稚者变得成熟，使粗鲁者变得优雅，使自卑者自强，使空虚者内心丰富，使无志者奋发向上。读书是创业成才的进步阶梯，也是改变我们人生的关键。

通过学习知识，我们能够领悟生命的意义，明察世间的沧桑，充实我们的头脑。 人欲成才，士欲济世，获得一定的知识是前提条件。

第五章

思考：真知灼见来自多思善疑

积极的思维改善生活状态

假如真有上帝，世界就会处处洒满阳光。 然而，这个世界上苦难太多，我们的生活压力太大。 谁来拯救自己？ 奇迹该怎样发生？ 无数的人有无数的困惑，无数的追求有无数个答案。 而成功者选择了从灾难中爬起，从废墟中新生。 他们用积极的思维点燃了自己那熊熊的生命之火，辉煌的成功大门就一定会为之打开。 一个成功的智者知道任何一种成功都是从一点一滴积累起来的，没有这种积极的思考态度就不可能取得更大的财富。

卡利莫·士德出生于 1902 年，他家在芝加哥南区，小时候他以贩卖报纸来贴补家用。为贩卖报纸，他必须克服许多困难。曾经有家餐馆把他赶出来好几次，但他一再地溜进去，手里拿着更多的报纸。客人们见到他这种勇气，终于劝说餐馆的主人，不要再把他踢出去了。卡利莫·士德被踢出去的时候，屁股虽跌痛了，但他的口袋却装满了钱，他开始思考这件事。"这件事我做对了吗？"他还会问自己，"我什么地方做错了呢？下次我该如何处理这样的情形呢？"他一生中都在思考这些问题。事实上，他已经有意把他的一生化成一道公式。他想写出一套引导他自己的座右铭，一套简短而有力的指示，使他在生活或工作上碰到难关的时候，可以安全地顺利地渡过。在这个目标上，他成功了，他已经在连续的挫折中找到了一套指示。而他悟出的这一点也正是成功大师拿破仑·希尔所倡导的理论。

卡利莫·士德是家里的独子，由他母亲抚养长大。他很小的时候，父亲就已经过世。他母亲对他的个性有着极大的影响，这位伟大的母亲将他培养成一个具有一种深深的虔诚之情以及一种做生意的冲动本能的人。

卡利莫·士德的母亲替人缝衣服，几年后，攒下一点钱。当士德还只有十几岁的时候，他就把母亲的钱投资在底特律的一家小保险经纪社。这显然是个冒险的举动。这笔投资所得到的回报，也不过是多认识了一些人，建立了一些友好关系罢了。这个保险经纪社，替底特律的美国伤损保险公司推销意外保险和健康保险，每推出一笔保险，它就收到一笔佣金——这是它唯一的收入来源。这个保险经纪社负担所有的费用，包括印制宣传用的保险单和赔偿保险损失等。它仅有的财产就是一间小小的充满灰尘的办公室和几件简陋的办公器材以及推销员的才能罢了。

如果对自己有利而无损就马上去做，这是许多人得以成功的法宝之一。当卡利莫·士德16岁的时候，在他上中学的某一个夏天，也试着去推销保险。他站在一栋大楼外面的人行道上，一边紧张得双腿发抖，一边反复想着他当时为自己所找到的座右铭："如果你做了，没有损失，而且可能有大收获的话，那就下手去做。"还有，"马上就做！"这是拿破仑·希尔的话，他的确做到了。

他走进大楼，他想如果他被赶出来，他准备像当年卖报纸被赶出餐馆一样，他就再试着进去。但他没有被赶出来。每一间办公室，他都去了。他的脑海里一直想着那句话："马上就做！"每一次他走出一间办公室，而没有收获的话，他就担心到下一个办公室会再碰钉子。不过，他还是很坚定地强迫自己走进下一个办公室。

事实上，这天回家以前，他已经找到了一项秘诀：立刻冲进一个办公室，这样就没有时间感到犹豫，也就不会因害怕而放弃。那天，有两个人向他买了保险。以推销数量来说，他显然是失败的，但在了解他自己和推销术方面，他却有了极大的收获。第二天，他卖出了4份保险。第三天他又卖出了6份。这时，他的事业开始了。那个假期以及后来放假的日子，他继续推销健康和意外保险。他有着一天推售出10份保险的成绩，后来提高到一天15份，然后20份。在这段时间里，他一边忙碌，一边分析。为什么这次成功了？他终于发觉，因为他有了"积极向上的思维"。

卡利莫·士德事业成功了，事实证明：成功必须要有积极的人生观。 一位优秀的推销员始终有一股激励自己的神秘力量，在多数同行会胆怯而退下来的时候，他总会有办法急速且全力以赴地尝试。 这种推销员，由于高度的乐观、自信、希望，爆发出单纯的自发力量，终于能够克服对遭受冷眼或拒绝的恐惧，从而走向事业辉煌的顶峰。

"思维定势"是一把"双刃剑"

由两个阿拉伯数字"1"所能组成的最大的数是多少？大家都能很快回答："11"。三个"1"所能组成的最大的数是多少？大家也都能很快回答："111"。由四个"1"所能组成的最大的数是多少？很多人也会很快回答："1111"。

请思考一下：说由四个"1"所能组成的最大的数是"1111"，这对吗？如果不对，是什么妨碍了人们做出正确的回答呢？说"由四个'1'所能组成的最大的数是1111"，这是不对的。正确的回答应当是：由四个"1"所能组成的最大的数是 11^{11}，即"11"的"11"次方。为什么很多人会很快回答"1111"呢？这是由于将两个"1"并列起来是"11"，将三个"1"并列起来是"111"，这种"类推式"的解法将会在人们的思考过程中不断被强化而形成一种思考同类或相似问题的惯性轨道。

我们这里说的思考同类或相似问题的惯性轨道，在思维科学上叫作"思维定势"。所谓思维定势，就是"过去的思维影响当前思维"。

思维定势对人们思考问题显然有很多好处。它能使思考者省去许多摸索、试探的思考步骤，不走或少走弯路，大大缩短思考的时间，提高思考的效率；还能使思考者在思考过程中感到驾轻就熟、轻松愉快。但思维定势却不利于创新思考。

进行创新思考，无论是思考如何解决新碰到的问题，还是思考如何对老一套的问题按某种新的方式解决，都需要有新的思考程序和新的思考步骤，而基于思考以往的同类问题所形成的思维定势必然会阻碍创新思考的产生，使人难以跳出思维定势的无形框框进行新的尝试。

德国生理学家贝尔纳有句名言："构成我们学习最大障碍的，是已知的东西，不是未知的东西。"已知的东西往往使人们产生思维定势，导致人们做出错误的判断。

一次，邻居盗走了华盛顿的马。华盛顿和警察一起在邻居的农场里找到了马，可是邻居硬说马是自己的，不肯把马交出。华盛顿想了一下，用双手将马的双眼捂住说："既然这马是你的，那么，你说出它的哪只眼睛是瞎的？"

"右眼。"邻居回答说。

华盛顿把手从马的右眼移开，马的右眼非常正常。"啊，我弄错了，"邻居纠正说，"是左眼！"华盛顿把左手也移开，马的左眼也是正常的。"糟糕！我又错了。"邻居为自己辩解说。

"够了够了!"警察说,"这已经足以证明这马不属于你!华盛顿先生,我们把马牵走吧!"

　　邻居为什么被识破? 因为华盛顿善于利用思维定势,先使邻居认定马的眼睛有一只是瞎的,这在心理学上被称作"沉锚效应"。 邻居受"它的哪只眼睛是瞎的"的暗示,认定了"马有一只眼睛是瞎的",所以,猜完了右眼猜左眼,就是想不到马的眼睛根本没瞎,华盛顿只不过是要让他当场现原形。

　　可见,"思维定势"是一把"双刃剑",关键在于我们如何把握和利用它。 在生活中,既要善于积累和利用经验,又要勇于打破思维定势。 经验是一个蕴藏丰富宝藏的山洞,它时刻在提醒着你,哪里有智慧;经验又是无处不在的陷阱,它总能用一点小小的诱饵便引你上当。 如果你能够主宰经验,你便会得到智慧;如果你被经验主宰,你便会掉入陷阱!

逆向思维，先声夺人

人们已经习惯了正常的思维方式，即使没有什么成效仍很难改变。这时，逆向思维能给人以新的思路，逆向而往，试着走一着险棋往往可以带来意想不到的胜局。

德国奔驰汽车公司的成功经验同样是如此，他们也是采取了逆向思维的办法。他们走出的险棋是：在巴黎举办汽车赛。

20 世纪最后 20 年，日美汽车大量进入西欧，几乎把欧洲的汽车工业挤到了死亡的边缘。以"车到山前必有路，有路就有丰田车"著称的丰田汽车公司，逐渐以其优质低价的汽车而风靡全球。举办车赛的风险很明显，如果奔驰失败，那就很难想象会有人愿意花买两辆丰田车的价钱去买一辆奔驰车。尽管奔驰车质优耐用又舒适豪华，但这一次一旦失败，奔驰车将毫无疑问地会被挤出强者的行列，被淘汰出局。

著名的汽车品牌无论是日本的丰田、本田，还是美国的雪佛兰、野马，谁都没有优势。奔驰车夹在日美汽车中间，速度丝毫不逊色，然而它也仅能与之并驾齐驱，看不出有什么优势。

5月的巴黎气候宜人，第18届世界汽车大赛就在这里举行。赛场上，依次排列着十几辆世界级品牌的高级汽车，奔驰车以其豪华的造型位居其列。比赛开始了，奔驰公司的总裁埃沙德·路透紧盯着大屏幕，注视着一路烟尘而去的小汽车。

他的心简直提到嗓子眼了，周围的几个助手大气都不敢出一声，一起注视着赛场上奔驰车的表现。赛程过半的时候，路透轻轻吁了一口气，因为奔驰车已显现出了一点微弱的优势。很快，各型汽车都将车速提到最高的限度，开始了最后冲刺……

随着一阵欢呼，路透揉了揉眼睛，脸上终于露出了自信的笑容。奔驰车赢了，超过了它所有的竞争对手。这一胜利不仅保住了欧洲汽车工业的一席之地，而且更加稳固了奔驰汽车在世界汽车工业中的地位。

"奔驰车将以两倍于其他车的价格出售"，这话说起来简单，而做起来难度之大可想而知，路透似乎早下定了决心，他知道如不设法提高奔驰车的质量，在以后越来越激烈的竞争中势必适应不了风云变幻的市场，仅仅靠品牌吃饭是支撑不了多久的，他感到自己有责任为公司开辟新的发展道路。

为了激励全体员工来共同实现新的目标，路透亲自到车间和试验场去体验了一番。他当然知道他的这种尝试，如果成功将给公司带来多么大的荣誉，但他更清楚一旦失败又会造成多么大的损失。他必须鼓起全员的士气走好这一步险棋。

其实早在十年乃至更久以前，奔驰汽车就以其绝对的实力而雄踞世界汽车制造业前列。世界上最早的一辆汽车就叫奔驰，而奔驰公司的创始人卡尔·本茨和哥特里普·戴姆勒正是汽车的缔造者。只是到了埃沙德·路透的时候，这个满怀雄心壮志的德国人决定采取另一种竞争方式来稳固奔驰的地位。

路透和他所率领的公司是不愿停止不前的。在奔驰 P 型高级轿车问世之前，路透便对他的技术专家们说："我最近想出了一则很优秀的汽车广告，当然是为咱们奔驰想的。这则广告是：'当这种奔驰轿车行驶的时候，最大的噪音来自于车内的电子钟。'我准备把这种奔驰车定价为 17 万马克。"专家们当然明白总裁的意思，仍大吃一惊：17 万马克的昂贵价格，可以买好多辆普通轿车！

也许是总裁的表现感染了这些专家，他们废寝忘食地工作，以惊人的速度成功地把新型优质奔驰轿车——梅塞德斯献给了埃沙德·路透。路透从病床上爬起来后的第一道命令便是宣布将奔驰轿车的价格提高一倍。这个命令不仅让整个德国震惊，更是让全世界的汽车工业都惊叹不已。

路透的愿望很快变成了现实，闻名世界的高级豪华型轿车奔驰 600 问世了，它一下子成了当时奔驰轿车家族中最高级的车型，其内部的豪华装饰，外部的美观造型，无与伦比的质量都令人惊叹。很快，世界各国的政府首脑、王公贵族以及知名人士都竞相挑选奔驰600作为自己的交通工具，因为，拥有奔驰，已经不仅仅是财富的象征。

而今，奔驰汽车公司已是德国汽车制造业最大的垄断组织，也是世界商用汽车的最大跨国制造企业之一，奔驰汽车以优质高价著称于世，历时百年而不衰。

当其他企业大多从降低成本、降低自己商品的价格来达到提高竞争力的时候，奔驰公司反其道而行的创新思维却大获成功，这不能不给人某种启示：当很多人在同一条路上拥挤的时候，只要你拥有足够的实力和信心，另谋逆路而取之，也许会收获不一样的惊喜。

保持清醒，理性思维

在当今市场变化日益复杂、竞争日趋激烈的情况下，不了解市场情况，不认真分析研究，就轻率、盲目地作出决断的决策者，没有不摔跟头的。 尤其是有关企业经营方向和重大经营方针的战略决策，更应深思熟虑，绝不能头脑一热就拍板作出决定。

20 世纪 80 年代前期，我国掀起了家电产品生产线的引进热，大家一哄而上，甚至几个企业分别从国外同一厂家引进同一类技术的同一种生产线，造成低水平重复引进，生产能力过剩，设备大量闲置。这使得许多企业的产品竞争力差，市场占有率低，企业濒临倒闭。这固然有多种原因，但与这些企业盲目决策、莽撞行事有直接的关系。

1997 年日本企业界发生了一件大事，电视连续剧《阿信》中主人公的原型与其儿子和田一夫开创的"八佰伴"商业王国宣布破产。由零到亿万，结果又由亿变回零，曾经的企业神话，最终却落得惨淡收场。有人总结和田一夫的失败在于发展太快，没有了其母亲稳打稳扎的平实精神，结果，发展就成为噩梦的先声，企业发展得越大就越难承受风浪。看起来好看，家家八佰伴百货公司面积都那样大，听起来好听，可以告诉人家共有多少家分店。结果都是泡沫经济，一夜之间便化为乌有。

　　有些企业却不同，他们不盲目起哄，而是经过再三考察，分析研究市场的情况，然后作出决断。　众所周知，一个公司没有经营目标，就谈不上经营；经营目标不明确，模糊不清，那么经营效果就不能保证。　对事物内部矛盾的具体分析，是确定经营目标的最基本依据。　这就是说，目标只有建立在一定的客观依据上，才有可能实现。　任何事物都有其自身的发展规律，经营目标的选择不能违背其发展规律。　在求快、求高的发展中保持理性思维非常重要，如果恨不能一口吃个胖子，甚至像成语故事中那位愚蠢的农夫一样拔苗助长，那就没有不失败的。

　　通常情况下，公司在遇到困难、挫折时，往往能对自己的优势、劣势都有着清醒的认识。　但是，公司在发展顺利时，则无法客观、全面地把握现实。　这时就会出现决策常常比较冒进的情况，甚至决策目标超过公司自身能力，执行时，给公司带来很大拖累；或者由于决策目标过于盲目，很多风险没有预测到，在执行过程中，再发现已经很被动，这就会使公司陷入困境，甚至破产。

在商业史上，由于发展过速引起崩溃的事例并不罕见，每一位创业人都要汲取这些教训。

现代社会有一个错误的价值观迷惑了许多创业人。人们在刚开始时，就崇拜那些商业王国的巨子，如比尔·盖茨、李嘉诚等人，立志的时候，便想要取得和他们一样的巨大成就。生意对于每个人来说，规模是越大越好，使名字变成街知巷闻、成功信誉的象征，但这些绝不是一朝一夕能够做到的，要经过数十年的经营，得来不易。如果能够稳守，再循序渐进地发展，就能经受得起风浪。切记不要贪心，否则前功尽弃。还没有开始第一家公司的生意，就不要幻想开分店，即使第一家的生意有钱赚，也不表示已经有条件可以开设分店。

过去，有很多著名的商店都明确表示：只此一家，别无分号。现代的商人却不固守这一套，信誉还没建立，就处处开分店，他们忘了每开一家分店，成本几乎会增加一倍，结果，火头越烧越多，却无法有效应付周转，市场也容纳不下，或者因选址错误，都败了。

只此一家，别无分号，如果把生意做好，稳妥一点，有利可图，就可以继续经营下去，不要急于扩展，待时机成熟，资金充足时，再考虑开另一家；而开设一家新分店时，也应和开设第一家一样谨慎。事实上，有些生意并不一定要开分店，如果具有特色，也有了良好的口碑，生意也会越做越好，因为别人即使离得很远也会跑来光顾。

相反，质量差，就算分店到处皆是，一样开一家关一家，开得越多，败得越惨。创业做生意不能太心急，年轻人创业，有数十年时间可以大展宏图。没有积累起财富时，做生意赚钱是为了谋生计及改善生活，但当生意上了轨道以后，开始赚大钱了，事业便已经成为个人自我实践的过程，这时成功比扩大规模更重要。

一个想要赚大钱的经营者，在创业做生意阶段不要心存浮躁，一味求快求高，更不能拔苗助长、盲目扩张。

拥有成熟的设想，理性的思维才有大胆而智慧的选择，才能在复杂的投资市场占有一席之地。但是首先必须打造出合乎时代发展要求的产品。

做事情要学会变通

解决棘手的问题，跟治理水患是同样的道理。 事情复杂了，就要躲过冲击，用疏导的方法来分流。 对于那些比较容易办的事情，要抓住机会解决掉，就好比修筑堤坝，不让水流走。

想要解开打结的绳子或缠在一起的丝线，只能用手慢慢解开，不能怒气冲冲，紧握拳头去捶打。 排解怨气和纠纷，只能动口耐心地劝说，不能动手参与其中，这样不但解决不了问题，还会越来越乱。 对于自己的对手，应该避实就虚，避其锋芒，迂回前进，攻击对方最薄弱的地方。 使对方受到挫折，受到牵制，让他没有精力来处理正在或即将发生的事情，从而巧妙地打败对手。

解决棘手的问题，要面对不同的形势。 在与对方旗鼓相当或者是对方占据优势的情况下，为了将对方击败，要最大限度地发挥自己的优势。 此外，还要在人际关系上狠下功夫，给对方造成威胁。 在这样的形势之下，对方必须采取补救的措施，这就要付出人力和物力，原来的优势就有可能丧失。双方的力量通过一系列戏剧性的变化，自己的力量不断地增强，对方的力量不断削弱，这就为自己最后的获胜开辟了平坦的道路。

在比利时的一间画廊里，一位美国画商和一位印度画商在激烈地讨价还价。原来，印度画商带来了一批画，每幅画开价在 10～100 美元，唯独对美国画商选中的三幅画，每幅要价达到 250 美元，而且一分不让。

美国画商对这种行为非常不满，激烈地争论着。争吵间，印度画商恼羞成怒，接连烧掉了两幅画，美国画商恳求印度画商不要烧掉这最后的一幅，他愿意买下来。而这个时候，印度画商趁机将最后一幅画提高到 500 美元，美国画商不敢有任何不满，乖乖付了款。

事实上，在商品交易方面，为了使达成协议的双方不反悔，采取一种"这边疏来那边堵"的方法是有必要的，那就是不直接面对，而是采用迂回的战术，直指对方的痛处，等对方接受了条件之后，也就掌握了主动权，可以迫使对方遵守协议，不会中途变卦，以保证交易的顺利进行。

疏堵结合，关键就在于利益的得失。只要抓住对方的利益之所在，使他看到有遭遇损失的可能，对方就会改变主张，作出有利于我们的选择和让步，以达到我们的目的。

晓明从师范大学毕业之后，到一个大企业当文员，几年之后，企业倒闭了，晓明自然也就失去了工作。

那个时候，私立学校刚刚兴起，但是形势非常好，于是晓明想当一名老师。他对本市的私立学校进行了一番考察，最后确定了两所资质相对来说不错的私立学校作为自己应聘的目标单位。

相比之下，第一所学校规模很大，发展前景非常好，但是每个月的工资只有1000元；而第二所学校规模一般，但是每个月可以多拿200块钱的工资。

私立学校的老师大多数是临时聘用的，而是否有本科专职教师是扩大生源的一个重要因素。所以，晓明明确地向第一所学校的校长陈述了自己的优势，提出如果能加薪便可以留下来，如果不行的话，就到第二所学校去。

最后，学校校委会经过研究决定答应晓明的条件。就这样，晓明留在了第一所私立学校，经过几年的努力，现在他已经是这所学校的常务副校长了。

晓明表面上说去第二所私立学校，因为第二所私立学校多出200元工资，又以自己是难得的本科专职教师为暗示，使第一所私立学校同意提高待遇，迂回地达到了在第一所私立学校任教的目的。

在职场中，身怀特长的人才，要想到理想的单位去工作，但这个单位又提出一些限制条件的时候，你可以先答应部分的要求，然后再提出和这个单位存在竞争的单位的用人制度，使目标单位提高待遇，整个聘用过程水到渠成，实则用的是一种"先堵后疏"的高明手法。

大胆想象，比别人多想一点点

　　想象力从某种意义上说就是创造力，是每个人自己的财富，是每个人在这个世界上唯一能够自己绝对控制的东西。财富专家拿破仑·希尔曾对想象力的定义有着独特的诠释。他说，想象力好像橡树从橡实发展成长起来的，小鸟从卵中沉睡的细胞逐渐成长起来的。 你的物质成就也将从你在想象中创造的组合计划中成长。 首先出现的是思想，然后再把这个思想和观念与计划组织起来。 最后，就是把这些计划变成事实。 你将会注意到，一切都是从你的想象开始的。 财富也不例外。

　　每个人都拥有想象的空间，只是有的人从来都不光顾这个尘封的世界，任由思维荒废，久而久之，想象力变得匮乏、僵直、枯涸了。 其实，当你走在大街上，当你在看一部电影；当你处在一个陌生的环境的时候，你的想象力随时可能爆发。 那么，为什么我们不能合理地去运用我们的想象力呢？不去拓展想象力的空间呢？让想象空间拉大、扩充，或许财富就离你不远了。

有一个农民，当地人都说他是个聪明人。因为他爱动脑筋，常常花费比别人更少的力气，获得更大的收益。秋天收获土豆后，为了卖个好价钱，大家都先把土豆按个头分成大、中、小三类，每家都起早摸黑地干，希望快点把土豆运到城里赶早上市。而这个农民却不这样，他根本不做分拣土豆的工作，而是直接把土豆装进麻袋里运走。他在向城里运土豆时，没有走一般人都走的平坦公路，而是载着装土豆的麻袋，开车跑一条颠簸不平的山路。一路下来，因为车子的不断颠簸，小的土豆就落到麻袋的最底部，而大的就留在了上面，卖的时候大小就能够分开了。这样，他的土豆总是最早上市，因此，他每次赚的钱自然比别人家的多。他的创造就来自于他的想象力。

在创新的过程之中，知识的贫穷并不可怕，可怕的是想象力的贫乏。爱因斯坦说："想象力比知识更为重要。可以这样说，人的一切发明与创造都源于想象力。充分展开你的想象，才能够在工作和生活中有与众不同的想法，也才能有与众不同的收获。"

一位年轻人乘火车去某地。火车行驶在一片荒无人烟的山野之中，人们一个个百无聊赖地望着窗外。前面一个拐弯处，火车减速，一座简陋的平房缓缓地进入年轻人的视野。也就在这时，几乎所有乘客都睁大眼睛"欣赏"起寂寞旅途中这道特别的风景，有的乘客开始窃窃议论起这座房子。年轻人的心为之一动，返回时，他中途下了车，不辞劳苦地找到了那座房子。主人告诉他，每天火车都要从门前"隆隆"驶过，噪音实在让他们受不了，房主早想以低价卖掉房屋，但多年来一直无人问津。不久后，这位年轻人用3万元买下了那座平房，他觉得这座房子正好处在列车转弯处，火车一经过这里时都会减速，疲惫的乘客看到这座房子时，精神就会为之一振，那么这所房子用来做广告是再好不过了。很快，他开始和一些大公司联系，推荐房屋正面是一面极好的"广告墙"。最终，可口可乐公司看中了这个"广告墙"，在3年租期内，支付年轻人18万元租金。这就是突破常规、跳出惯有的思维习惯，想别人所不想，干别人所不干。

每个人最需要的就是打开想象的大门，让想象的翅膀尽情飞翔。我们需要事业的成功，但是，激烈的竞争和压力让职场中人难堪重负，似乎忘记了如何去想象，更多的都只是按部就班地工作。很难想象，这样的工作状态和想法能够带来梦想的成功。这个世界上，创新就是成功之门。每个人在日常生活中都会形成某种程度上的思维定势，以后再改变这种思维定势就不是件容易事了。

看到牙签，就想到了是竹子做的，殊不知韩国人用土豆淀粉制作的牙签不仅可以用来剔牙，还可以吃。据报道，启发韩国人生产能吃的牙签，是因为当时有些养猪场的猪吃了酒店混进竹子牙签的残羹剩菜而生病，于是一些聪明人就改用土豆淀粉制作了牙签。多么有趣而有益的创意！

商场的逻辑首先就是：心有多大，舞台就有多大。 职场打拼甚至比写作还需要想象力，因为钱每个人都想赚，没有一点神通，如何像八仙一样过海？

心都到不了的地方，脚就永远不会到。 在别人看来许多所谓的奇迹，其实对于一些人来讲，是水到渠成的事情。 比如，麦当劳的创始人雷·克洛克，在他之前，谁能想到麦当劳能在世界各地都有连锁餐厅。 再比如陈天桥，仅靠着网络游戏就风生水起，令很多人自愧不如。 还有江南春，通过在楼宇里做广告，也一飞冲天。 他们的成功都是想象力的成功。

做任何一件事，都会有很多种选择，哪一种才是最正面的？ 要发挥想象力，不断地超越自我。 不少员工总认为自己是对的，他们固守着自己的想法，而不去寻找最好的路径。为了找到最佳解决方案，卡莉曾不惜打破惠普公司的先例，坐飞机到处去调查，会见客户，她说："你永远有更好的思路去寻找。"

罗特是美国一家制瓶厂的设计师。有一天，他的女友穿了一套膝盖上面部分较窄，腰部显得很有魅力的裙子来厂里看他，一路上，人们频频回头欣赏着这条裙子。
罗特也注意到这条裙子，他越看越觉得线条优美。

他想，要是制成这条裙子形状的瓶子也许销路不错。想到这里，他马上转身跑回设计室，连声"再见"也没跟女友说。女友也感到奇怪，很不高兴地独自走了。

罗特回到设计室就在图纸上画了起来。后来，这种瓶子制造出来以后，不仅外形美观，而且里面的液体看起来比实际分量要多。

没过多久，美国可口可乐公司看中了这种瓶子，并且以 600 万美元的高价收买了这项专利权。

许多东西的发明都是得益于另一东西的启发，因此，要想有所成就，须培养由此到彼的想象能力。

一位著名的心理学家说，大约 95% 的人都是在进行发散性的、不连贯的思维，只有大约 5% 的人能明确思考的方向，并最终能得到答案。

习惯将眼睛盯在脚面前的人，他看到的只是一片空白，而善于联想的人，他看到的却是无尽的商机。

无论是在工作还是生活中，每个人都要做个善于想象的人，这样你才会给自己的工作和生活带来更多的惊喜和可以预期的成就，让梦想和理想因为想象变得更加接近现实。

第六章

行动：事非经过不知难

积极行动是成功的秘诀

要想成功，就需要积极行动，只有行动才有可能成功。

曾经有一个四十多岁的中年男子，他在二十多岁的时候进入了一家银行工作，那时候因薪水不错，所以很满意；但进入第三个年头时，因固定的事务性工作而感觉疲乏，有换工作的念头。而在这个时候，刚好他结婚了，经济压力也就随之产生。

因此他便想：换工作后未必能有这么好的待遇，还是忍忍吧！等几年再走也不迟。

但是过了两年之后，老婆生孩子了，家庭的开销更大了。他又告诉自己：再熬几年吧，等到孩子长大了，那时我再离开吧！

他就这样又过了十年，孩子是大了，但是孩子学费的压力也随之而来。这时，他只好安慰自己说：没关系，生活嘛，等我退休了，一切都会转好的，为了这个家，反正我已没指望了，所有梦想也被摧毁殆尽。等我退休后，起码我可以不再为工作而烦心，我也可以带太太去各地走一走，到那时候说不定还有余力换套好一点的房子。

他一直等着，等到自己快退休了，有一天逛商场，看到一套很喜欢的西装，想买，但一看标价，6000元，心想：唉，反正家里还有两套西装，算了，退休后何必还要穿那么漂亮。继续逛下去，又看到一件纯羊毛背心很喜欢，但是售价要4300元。他随即念头一转：冬天还能冷几天，两个月很快就过去了，何必浪费呢？对于这个故事的结局，大家想想就应该知道，不用再描述了。

许多眼高手低的年轻人一心期望着自己的未来能功成名就，甚至期待能轰轰烈烈地创出一番丰功伟业。 但是，如果你只是个胸怀大志却无法立即去行动的人，那么理想也只是空中楼阁、海市蜃楼而已。 画大饼式的空谈，有什么用？

森林里，阳光明媚，鸟儿欢快地歌唱，其中有一只寒号鸟，它有一身漂亮的羽毛和嘹亮的歌喉，于是到处游荡卖弄自己的羽毛和嗓音。看到别的鸟儿辛勤地筑巢反而嘲笑不已，那些好心的鸟儿提醒它说："寒号鸟，快垒个窝吧！不然冬天来了你怎么过呢？"寒号鸟却轻蔑地说："冬天还早呢？着什么急呢！趁着今天大好时光，还是快快乐乐地玩耍吧！"

日复一日，冬天来了。鸟儿们晚上都在自己暖和的窝里安详地休息，而寒号鸟却在夜间的寒风里冻得瑟瑟发抖，它用美丽的歌喉悔恨过去："抖落落，抖落落，寒风冻死我，明天就垒窝。"这样一直唱着。

第二天，太阳出来了，万物苏醒了。沐浴在阳光中，寒号鸟好不得意，完全忘记了昨天晚上的痛苦，又快乐地歌唱起来。有鸟儿劝它："快垒窝吧！不然晚上又要发抖了。"

但寒号鸟并没有感谢它们，并且还嘲笑它们："不会享受的家伙。"

眼看晚上又来临了，寒号鸟又在重复着昨天晚上的经历。就这样，它重复了几个晚上，大雪突然降临，鸟儿们奇怪寒号鸟怎么不唱歌了呢？太阳一出来，大家一看，寒号鸟早已被冻死了。

虽说《寒号鸟》是一则寓言，但它的确说明在人的一生中"今天"是最重要的，寄希望于明天的人注定是一事无成的人，到了明天，后天也就成了明天。你把今天的事情推到明天，明天该做的事情，你却推到了后天，就这样一而再，再而三，事情永远无法完成。

只有那些懂得如何利用"今天"的人，才会在"今天"打造成功事业的奠基石，孕育明天的希望。

在第一时间解决问题

为什么沃尔玛公司能创造惊人的销售业绩？ 在沃尔玛公司里有一条员工必须遵循的原则——"太阳下山"原则，它是沃尔玛公司文化的重要组成部分。 沃尔玛连锁店的工作繁多、时间有限，所以公司规定每天在太阳下山之前，每个员工必须完成规定的任务，不管是总公司还是子公司，只要是顾客提出的要求，店员必须在当天完成，满足顾客的要求。

阿肯色州一家沃尔玛连锁店的药剂师在家里度周末，忽然接到公司的电话，说是一位糖尿病患者刚买回家的瓶装胰岛素在路上不小心被打破了，现在病人在家里，病情紧急，需要胰岛素。药剂师立刻穿上衣服，奔到连锁店，把胰岛素送到了病人的家里。这种高度的负责精神体现了沃尔玛公司的工作准则——在当天满足客户的所有要求。

沃尔玛公司的这种工作精神正是遵循了"绝不拖延"的

原则。 今日事，今日毕。 不要拖延工作，当你一旦掌握了一切必要的前提条件，就要全力以赴地去完成它。 这才是高水准的公司、高素质的员工所必须具备的工作准则。 提升公司效率的前提就是提升完成任务指标的能力。 在规定的时间里完成自己的任务才是高效率的最终体现。 沃尔玛公司正是以这样的高标准严格要求自己，用高效的运作方式让企业财源滚滚。

我们在工作中也可以借鉴沃尔玛公司的"太阳下山"原则，养成不拖延的好习惯，出现问题后不拖延，争取将问题在第一时间内解决。

拖延无助于问题的解决。 无论是公司还是个人，没有在关键时刻及时做出决定或行动，而让事情拖延下去，这会给自身带来严重的伤害。 那些经常说"唉，这件事情很烦人，还有其他的事等着做，先做其他的事情"的人，总是奢望随着时间的流逝，难题会自动消失或有另外的人解决它，这永远只能是自欺欺人。

另外，拖延还会让你失掉一些工作中的机会。 在一家公司里，纵然你有一个优秀的企划方案，一项完善的工程设计，如果你比别人慢半拍，落于他人之后，也就失去了意义。 如果你不能在第一时间内将问题解决，那么你的工作只能由别人来代劳了。

李翔是一个非常出色的企划人员，有一次，他跟一个竞争对手同时参与一家大公司的投标。通过大量的资料收集和精心的策划，他们几乎在同一时间完成了各自的竞标计划。在投标的那天，李翔在赶赴那家大公司的路上，因为车子出了故障，晚了一个小时才到达会场。正是在这短短的一个小时内，对手那新颖的设计和长远的规划，再配上其精彩的演讲，已经深深地吸引了大公司的决策人员，他们一致决定采用李翔对手的方案。

事实上，李翔的方案并不逊色于竞争对手，但因为晚了一个小时而失去了竞争的机会。

李翔因为小小的延误而失去了一次重要的投标机会，这样的教训不可谓不惨痛。李翔的失败固然有客观因素，但是它也向我们提示了这样一个职场的规则：工作中出现问题要在第一时间解决，否则你的工作成果将会贬值，甚至完全失去意义。

迈尔·戴尔认为，在出现问题之后强调理由，是世界上最没有影响力的语言，拒绝拖延是解决问题的有效途径。拖延并不能使问题消失，也不能使解决问题变得容易起来，而只会使问题深化，给工作造成严重的危害。我们没解决的问题，会由小变大、由简单变复杂，像滚雪球那样越滚越大，解决起来也越来越难。

2008 年 5 月 12 日 14 时 28 分的大地震发生后，全国人民在同一时刻把关切的目光锁定在震中汶川。

重灾！路阻！风大！雨疾！重震中的汶川，道路中断、电力中断、通信中断、山体滑坡、余震频发。

抗震救灾部队参谋长王毅主动请缨，率队开赴汶川。

12 日 16 时 30 分，车队在泥泞湿滑的山路上艰难行驶。

当部队行至古尔沟时，地震造成的山体塌方将通往汶川的山路覆盖。王毅果断决定：带上精干力量，不惜一切代价徒步向汶川进发。此时，路上到处都是塌方，官兵们迎着狂风大雨，相互搀扶，边开路边前进。遇到山谷，大家上山时就手脚并用，一步步往上挪；下山时，大家就像坐滑梯一样往下滑；有时刚走过一个路段，背后就发生了塌方。

艰难行至车皮沟时，10 米多宽的泥石流挡住了大家的去路。王毅参谋长带领连长白文汉率先跳进水中，200名先遣队员随后一个接一个手拉手蹚着齐腰深的泥石流艰难前行。泥石流中的碎石、杂木不停地击打着官兵的身体，官兵们忍着疼痛闯过了这道"鬼门关"。每个官兵都成了"泥人"，几乎每个人的脚上都起了血泡，每个人的腿都有不同程度的跌伤或碰伤。

13 日 23 时 15 分，这支部队历经艰险，徒步强行军90 多千米，到达这次地震的重灾区汶川。自此，震后隔绝了 33 个小时的汶川与外界有了联系，也为党中央、国务院部署抗震救灾工作提供了重要参考。

立即行动，任何困难都不能阻挡救援队到达震中的决心和计划。救援队第一时间到达了汶川，为有效展开救援赢得了宝贵的时间。行动是治愈恐惧的良药，而犹豫、拖延只会不断扩大恐惧。

任何憧憬、理想和计划，都会在拖延中落空。懒惰之人的一个重要特征就是拖沓，把今天该完成的事情拖延到明天，是一种很坏的工作习惯。 对一个渴望成功的人来说，拖延最具破坏性，也是最危险的恶习，它会使人丧失进取心。

以下几种方法可以有效改掉这种恶习。

（1）每天明确一项工作，不必等待别人的指示就能够主动去完成。

（2）每天至少做一件对其他人有价值的事情，而且不期望获得报酬。

在人生旅程中，拖延让求学、就业失去机会；在职场，拖延会让我们失去业绩；在战争年代，拖延会贻误战机，失去生命。 无论是沃尔玛公司的员工，还是抗震救灾部队的战士们，都为我们树立了在第一时间解决问题的好榜样。

行动起来，让计划具有现实的意义

做事首先要有想法，好的想法就是好的开始。 想法固然重要，却只有在被执行后才有它的价值。 可以毫不夸张地说，一个被付诸行动的普通想法，要比一打被放着"改天再说"的好想法更有价值。 如果你有一个很不错的想法，那就赶紧行动起来，只有这样，它的价值才能体现出来。 如果你不行动，再好的想法也一文不值。 所以，我们需要用行动来实现我们的目标。 如果一切计划、一切目标、一切愿景都是停留在纸上，或者脑袋里，而不去付诸行动，那计划就不能执行，目标就不能实现，愿景就是肥皂泡，一切都是零。

孩子从来都是父母眼中的宝贝，为了让孩子高兴，很多家长从不吝惜给孩子买这买那。因此，儿童用品和食品市场也越来越火爆。霍一平和任兴既是多年的好朋友，也是一对"同行冤家"，因为他们都在经营蛋糕店。一次，霍一平到任兴家里做客，正当他们闲聊时，电视上出现了一个画面：一个 3 岁左右的孩子不肯吃饭，于是妈妈把一块饼撕成各种小动物的形状，孩子就乖乖地吃掉了。两人都觉得很有意思，哈哈一笑，随即又都看着对方，异口同声地说："要是把蛋糕也做成各种形状，孩子们一定会更喜欢。"

随后，两人都开始着手实施这一计划，但是任兴计划了几天，觉得这样做有一定的风险，而且需要新模具，成本会大大增加，于是作罢。但霍一平并没有停止，他立即从模型到包装、价格等进行了全方位的安排，不到一个月，他的蛋糕店里就开始出售各种形状的儿童蛋糕，刚一推出，就受到了孩子们的喜欢，很多孩子都会缠着爸爸妈妈来买。

知道这个消息后，任兴拍着自己的脑门说："嗨，我怎么就没做呢！"

两个人都有一样的计划，但是任兴却没有让想法变成行动，所以他的想法就没有了任何价值。而霍一平却用行动实现了这一想法，同时也实现了这一想法的价值。这就好比一张地图，无论上面的地点多么详尽，比例多么精确，这张地图永远也不可能带着你向前半步。只有行动起来，才能使地图、宝典、梦想、计划、目标具有现实的意义。

有一胖一瘦两个穷艺人，为了生计，他们每天都在街头拉二胡，等待路人的施舍。因为他们每天都辛勤地拉着二胡，所以一把二胡用不了多久就会被拉坏而不得不购置新的二胡。但是，两人都没有那么多钱，为了节约开支，他们学会了自己购置材料组装二胡。虽然这样节约了不少成本，但其中最为重要的材料"音膜"的价格却在节节攀升。

一天，两人闲聊，都说要找一种新的"音膜"材料，他们研究来研究去，觉得塑料是最不值钱也是最接近的，如果这个发明能够成功，他们的成本将会大大降低，每个月可以节省一大笔开支。但是胖艺人想了几天，觉得难度颇大，最终作罢；而瘦艺人则不然，他找来各种可能的材料，进行了无数次试验，最后终于找到了物美价廉的材料——将装饮料的塑料瓶子经过软化等多项复杂工艺，最终制成的一种复合塑料。

由于工序复杂，瘦艺人在试验过程中双手被烫伤无数次。但是他研制出的这种塑料音膜的音色足以与市面上常用的音膜相媲美，这使得他的制作成本降低了一半。更为可喜的是，后来有一个乐器制造厂商知道了瘦艺人的发明，出重金购买他这项技术，瘦艺人则凭技术入股，成为关键股东之一。

两年后，瘦艺人再次路过曾经拉二胡卖艺的地点，看到当年的同伴还在街头辛苦地拉着二胡。

不要羡慕任何人的成功，因为成功的人和不成功的人区别仅仅在于前者想了就去行动，后者想了却没有行动。有了最牛的创意，有了最美的理想，如果你不行动，就永远也无法实现理想。

成大业要从小事做起

　　秦牧在《画蛋·练功》中讲道："必须打好基础，才能建造房子，这道理很浅显。但好高骛远、贪抄捷径的心理，却常常妨碍人们去认识这最普通的道理。"人一浮躁起来心里就长了草，而且是没有根基的草，被风一吹就飘然而逝，结局只能是无果而终。

　　老子的《道德经》中曾说："轻则失根，躁则失君。"（轻率就会丧失根基，浮躁妄动就会丧失主宰。）老子是想给我们这样的忠告：不论我们做任何事、处在任何环境之中，都要保持沉稳冷静，从容不迫，千万不可心浮气躁、急切慌乱。那样不但解决不了问题，反而会乱了方寸和章法。只有踏踏实实，从小事做起，从基础做起，扎扎实实地把基础夯实，我们的成功大厦才会坚久牢固。

　　古代有个叫养由基的人精于射箭，有一个人决心要拜他为师，经几次三番的请求，养由基终于同意了。收为徒后，养由基交给他一根很细的针，要他放在离眼睛几尺远的地方整天盯着看，看了两三天，这个学生有点疑惑，问老师："我是来学射箭的，老师为什么要我干这莫名其妙的事？什么时候教我学射术啊？"养由基说："这就是在学射术，你继续看吧。"这个学生便继续看。过了几天，他有些烦了，心想我是来学射术的，看针眼有什么用？这个徒弟不相信这些。养由基教他练臂力的办法，让他一天到晚在掌上平端一块石头。伸直手臂，这样做很苦，那个徒弟又想不通了：我只学他的射术，他让我端这石头做什么？养由基看他不行，就由他去了。

　　这个人最终没有学到射术，空走了很多地方。如果他能脚踏实地，不好高骛远，从一点一滴做起，他也许会学得精湛的射术。

现在的年轻人都希望事业有个高起点，本无可厚非，但现实中还需要抛弃浮躁的心态，脚踏实地做好基础工作。

　　大虎家境优越，与他同在名校管理系的小宁则家境贫寒。他们一起进入名校的热门专业，两人的起点似乎相同。不同的是，小宁在校期间家教、临工都做过，学校的团队工作他也积极参与，还是绿色志愿者；而大虎则有的是经济来源，有的是"仆人"，所以养尊处优，学习上也不肯下功夫。

　　毕业了，大虎进入父亲的公司，不久就成为行政副总；小宁则到了一家小软件公司，干办公室工作。

十年过去了，大虎还是父亲那家公司的行政副总，而小宁也已升任行政副总，只不过他所在的公司随着 IT 产业的迅猛发展而改组为集团。毕业十周年聚会，大家都对起点那么悬殊的两个人如今的现状感到诧异。

有人说："这就好比爬杆儿，要看高低，也要看速度。速度够了，距离也就短了。"

不少人都有这样的愿望，总梦想自己有朝一日财源滚滚而来，潇洒地做一回大老板，但大多数人终其一生也难以梦想成真。 这是什么原因呢？ 是因为有些人赚钱心太急切了。 小钱不想赚想挣大钱，看不到小溪汇集在一起能积聚成大海。

日本明治时代有名的船舶大王河村瑞贤，年轻时好长一段日子无所事事，在家赋闲无聊，后来生活日渐拮据，他想："我不能这样贫穷下去，应该干出一番事业来。"于是他拿出少许钱给乞丐，叫他们到处去拾人家丢掉的生菜，然后卖给贫穷的劳工们。当他开始做这项生意时，不少人讥笑他、讽刺他，甚至有朋友拒绝与他来往，而河村根本不在乎这些，他认定这些"小钱"是他事业的全部基础。

就这样，没过几年，河村靠这种"小生意"积攒了一大笔钱，然后又投资船舶业，成了著名的船舶大王。

河村瑞贤正是用这种细致、认真，不耻于从小事做起、不耻于赚"小钱"的做法，使他日后财源滚滚。如果我们抓住身边的小钱，不让赚钱的机会从身边溜走，终有一天我们也会拥有大钱的。

我们会经常听到一些感慨："我很想做成一件大事，让父母和朋友对我刮目相看。可是我的运气不好，一直也没有碰上重大的事情，使我的才能得不到发挥。"这容易使我们想起古人的一句话："一屋不扫，何以扫天下。"是的，任何成功的人都是从小事做起的，一件小事看似不起眼，但却有可能决定一个人的命运。无数成功者的经历证明，能做大事的人常常是那些不厌烦小事的人。

许多日本人都知道广东人徐子安的"安记"粥店。徐子安原本是个船员，25岁的时候离开了家乡广东，来到日本。刚到日本的时候，他也曾经雄心勃勃，想做一番大事业。他把目光盯在日本著名的大老板们身上，羡慕人家的机遇好，他祈祷自己也能找到几件大事来做。可是等待、寻觅了一段时间后，他认识到要做大事并不是那么容易的，许多大事都是从小事开始的，于是，他决定从小事做起。

他发现日本横滨的唐人街上住的多是华侨，就在那里开了一家小小的粥店。卖粥能赚几个钱？人们都笑他目光短浅，胸无大志。可是，徐子安却干得很起劲。他熬粥很有自己的方法：先用猪骨头、鸡骨头炖汤，再把汤过滤好备用。前一天晚上，他就把米洗好淘好，泡在骨头汤中，第二天天还没亮，大约4点多钟他就起来熬粥。为了把粥熬好，需要用文火，并且长时间守在炉火边，直到粥变成了泥糊状才行。人们都特别喜欢徐子安的粥，每天早上8点钟，徐子安的小粥店门前都排了长长的队伍。

苦心经营了三年后，徐子安积攒了一些资金，他把店面扩大了，还在三岛设立了分店。

李嘉诚是赫赫有名的房地产商人，他的成功也是从做小事开始的。1950年，他用自己节衣缩食省下来的钱开设了一家专门生产玩具和家庭用品的小塑料厂。刚开始，大家也嘲笑他，说他没出息。的确，那家小厂根本没有使李嘉诚赚到钱，惨淡经营了几年，李嘉诚也就赚了吆喝声。但是，李嘉诚对这样的"小事"始终孜孜不倦，做起来极为认真。通过锻炼，他积累了丰富的经验。50年代后期，李嘉诚终于抓住了机遇，取得非凡的成功。

还有印度尼西亚的林绍良，被人们称为"亚洲的洛克菲勒"，可他的发达却是从不起眼的小生意——经营杂食店做起的。 同样，松下电器是从一个小电器修理铺发展起来的，本田企业是从一个小修理厂成长壮大的。

日本有句谚语："嘲笑一块钱的人会为一块钱哭泣。"这说的就是小事的重要性。 我们中国也有类似的至理名言，如："不积跬步，无以至千里；不积小流，无以成江河。""千里之行，始于足下。"这些都告诉人们，要想成就大事，就不要厌烦小事，任何大事业都是由小到大逐步发展起来的，大老板的事业也不是天生规模就大。

当然，这里的小事并不是指那些无关紧要、细枝末节的芝麻小事，而是指那些为了达到成功必须做的具体之事，它和不分轻重缓急、捡了芝麻丢了西瓜是两回事。

美国商人斯太菲克在这方面处理得很好。他本是一个退役军人，在医院疗养期间，他读了《思考和致富》一书，深受启发，他很想实践一下书中所说的话，通过自己的思考变成一个有钱人。

躺在医院的床上，他苦思冥想，一连想了许多主意：创办一个信息中心，开办一所疗养院，与别人合伙搞一个广告公司，建立一个电视台……他为自己的种种想法兴奋不已。可是他很快就高兴不起来了，因为他发现要做的事情虽然看起来很美，但尽快实现的可能性极小，自己连启动的资金都没有。辗转反侧，他认识到自己还是应该先从小事着手，等到把资金筹够了再做大生意也不迟。

一天，护士给他送来了洗好的衣服。衣服是送到洗衣店里去洗的，洗衣店洗好熨烫好以后由护士帮助领回来。看到叠得整整齐齐的衣服，斯太菲克的眼睛一亮。原来，洗衣店总是把烫好的衣服折叠在一块硬纸板上，以保持衬衣的硬度，避免打皱。正是这块纸板使斯太菲克点燃了智慧的火花——他有了一个新奇的想法。

他给洗衣店写了封信，得悉这种衬衣纸板每千张的价格需要 4 美元。他想以每千张 1 美元的价格出售纸板，但要在每张纸板上刊登广告，登广告的人所付的费用归他所有。这件事在许多人看来都是一件小得不能再小的事情了，谁会在意每千张纸板才1美元的生意呢？斯太菲克的朋友甚至讽刺他说："如果你不是做生意的料就认输吧，站在马路上说不定一天也不止捡到1美元！"可斯太菲克却不这样看，他知道自己还有更大的目标，但是无论什么样的目标都必须从小事做起。

从疗养院出来后，他就把全部精力投入到行动中，把想象中的事变成了现实。

过了一段时间，斯太菲克的客户越来越多，他自己也积累了一些经验，这时他决定把生意做得再大一些。他发现衬衣上的纸板一旦被去除后，就不会为洗衣的顾客所保留。怎样才能使顾客保留登有广告的纸板呢？他又想出了一个新办法：在衬衣纸板的一面仍然印上广告，另一面印上有趣的儿童游戏或主妇菜谱、字谜、谚语、小常识等。这一招果然很奏效，许多家庭主妇不等衣服穿脏就又送到洗衣店去洗。洗衣店的人也很高兴，愿意订购斯太菲克的纸板。

小事正在渐渐变成大事。为了扩大业务，斯太菲克又想出了一个高招：把出售衬衣纸板的收入全部捐给美国洗染学会，洗染学会给他的回报是建议每个成员店及同行业的工会只购买斯太菲克的衬衣纸板。这样斯太菲克几乎垄断了市场，他曾经被别人瞧不起的小生意在人们惊讶的目光中变成了大生意，他也一跃成为美国有名的富商。

无疑，斯太菲克的成功和他肯做小事的耐心是分不开的。 我们从他的奋斗经历中可以看出，他所做的每一件小事都是围绕着他的大目标进行的。

在现在这个竞争的时代，想一下子功成名就非常不现实。 大事业往往都是由做成一件件小事而成就的，在很多时候，恰恰是小事决定着我们的成败。

第七章

倾听：走自己的路，更要听别人怎么说

倾听智者的忠告

生活中，我们要听取智者的忠告，不要对别人的忠告不理不睬，一意孤行。 须知别人的忠告也许对你的行为有一定的指导作用，虽然有时别人的忠告并不一定正确，但是你也要虚心接受，通过自己的分析判断，做出正确的选择。 一个人不可能脱离社会而独自存在，你要与人交往，与人接触，听取别人的忠告和意见，这些是最基本的处世准则。

一对新婚夫妇生活贫困，丈夫为了让妻子过上好日子，去了很远的地方打工，妻子答应在家等他回来。

年轻人在老板那儿工作 20 年后，临行时老板未给他发工钱，而是给了他三条忠告和三块面包。忠告是：第一，永远不要走捷径，便捷而陌生的道路可能要了你的命；第二，永远不要对可能是坏事的事情好奇，否则也可能要了你的命；第三，永远不要在仇恨和痛苦的时候做决定，否则你以后一定会后悔。老板给他的三块面包，两块让他路上吃，另一块等他回家后和妻子一起吃。

在阔别自己深爱的妻子和家乡 20 年之后，男人踏上了回家的路。一天后，他遇到了一个人，那人说："你要走 20 多天的路，这条路太远了，我知道一条捷径，几天就能到。"他高兴极了，正准备走捷径的时候，想起了老板的第一条忠告，于是他回到了原来的路上。后来，他得知那人让他走的所谓捷径完全是一个圈套。

几天之后，他走累了，发现路边有家旅馆，他打算住一夜，付过房钱之后，他躺下睡了。睡梦中，他被一声惨叫惊醒。他跳了起来，走到门口，想看看发生了什么事，刚刚打开门，他想起了第二条忠告，于是回到床上继续睡觉。第二天，店主对他说："您是唯一一个活着从这里出去的客人。"

男人接着赶路，终于在一天的黄昏时分，他远远望见了自己的小屋，还依稀可见妻子的身影。虽然天色昏暗，但他仍然看清了妻子不是一个人，还有一个男子伏在她的膝头，她抚摸着他的头发。看到这一幕，他愤怒至极，这时他想起了第三条忠告，于是停了下来，想了想，决定在原地露宿一晚，第二天再做决定。天亮后，已恢复冷静的他对自己说："我不能伤害我的妻子，我要回到老板那里，求他收留我，在这之前，我想告诉我的妻子我始终忠于她。"

他走到家门口敲了敲门，妻子打开门，认出了他，扑到他怀里，紧紧地抱住了他。妻子眼含热泪，并让儿子见过父亲。原来，丈夫走的时候妻子刚刚怀孕，现在儿子已经 20 岁了。

　　丈夫走进家门，拥抱了自己的儿子。在妻子忙着做晚饭的时候，他给儿子讲述了自己的经历。接着，一家人坐下来一起吃面包，他把老板送的面包掰开，发现里面有一笔钱，那是他 20 年辛苦劳动赚来的工钱。

倾听能帮助你思考

信息是决策的基础，信息不清楚是无法做出正确决策的。倾听是获取信息的方法，只有认真地倾听，才会获得准确的信息，而准确的信息可为正确的决策提供依据。

人的能力毕竟有限，有许多东西是我们个人所无法了解的，通过倾听别人的谈话，我们可以获取许多有用的信息，可以分享他们的知识和经验，为我们的思考提供帮助。

1951年，威尔逊带着母亲、妻子和5个孩子开车到华盛顿旅行，一路所住的汽车旅馆，房间矮小，设施破烂不堪，有的房间甚至阴暗潮湿，又脏又乱。几天下来，威尔逊的老母亲抱怨道："这样的旅行度假，简直是花钱买罪受。"善于思考问题的威尔逊听到母亲的抱怨，又通过这次旅行的亲身体验，得到了启发。他想：我为什么不能建立一些方便汽车旅行者的旅馆呢？经过反复琢磨，他给自己的汽车旅馆起了一个名字叫"假日酒店"。

想法虽好，但没有资金，这对威尔逊来说是最大的难题。拉募股份，但别人没搞清楚假日酒店的模式，不敢入股。威尔逊没有退缩，他决心首先建造一家假日酒店，让有意入股者看到模式后，放心大胆地参与募股。敢想敢干的威尔逊冒着失败的风险，果断地将自己的住房和准备建旅馆的地皮作为抵押，向银行借了30万美元的贷款。1952年，也就是他旅行的第二年，终于在美国田纳西州孟菲斯市夏日大街旁的一片土地上，建起了第一座假日酒店。5年以后，他将假日旅馆开到了国外。

能够耐心听别人说话的人，必定是一个富有思想的人，威尔逊就是一个有思想的人，他的成功，在于他能注意倾听别人的谈话。

我们在汲取他人有益的思想时要学会倾听，听别人说什么，从他人的语言中提炼有价值的信息，便于自己思考时使用。

有位国王收到了三个一模一样的金人，但进贡人要求国王回答一个问题——三个金人哪个最有价值？无论是重量还是做工，这三个金人都是一模一样。最后，一位老臣拿着三根稻草，插入第一个金人耳朵里，稻草从另一边耳朵出来；插入第二个金人的稻草从嘴巴里掉出来；插入第三个金人的稻草掉进肚子里。老臣说："第三个金人最有价值！"进贡人默默无语，示意答案正确。第三个金人善于倾听，才最有价值，这是成熟的人应具备的基本素质。

人要善于倾听，获取的信息越多，就越能清楚地理解对方的意思，才能给予对方正确的答案。

只有很好听取别人的意见，才能更好说出自己的意见，虚心听取别人的意见是一个人进步应具备的条件。自己意见不成熟时应该少发表意见，说得过多了，就会成为做的障碍。多听、多做、少说是一个人成熟的表现。

微软前 CEO（首席执行官）史蒂夫·鲍尔默曾说："我的大脑时刻不停，即使听完一个人说的事情，但不能真正消化理解这些东西，我也要认真倾听。这就是我大脑工作的方式，它总是在不停地接受、分析、思考、理解、反应。如果你真想激励人干好工作，那就必须倾听他们所说的，并让他们感觉到你在倾听。这对我及周围的人都有好处。"

倾听不同的意见和建议

社会心理学家提出：测验一个人的智力是否属于上乘，只看他脑子里能否同时容纳两种相反的思想，而无碍于其处世行事。 两种正反的思想共存，说明你能够听进不同意见，或者说，听到反对意见时不是暴跳如雷、恼羞成怒，而是能把反对意见认真听完并加以分析，说明你已经将问题的两个方面都考虑到了，如果能够充分加以分析，会对决策起到积极的影响。

袁绍就是因为不能容忍反对意见而最终以十万之师败给曹操的数万大军。袁绍兵多谋众粮足，宜守；曹操兵强将勇粮少，宜速战速决。袁绍起兵应战，田丰极力反对，却被关入囚牢。袁绍战败，大伤元气，因大悔"吾不听田丰之言，兵败将亡；今回去，有何面目见之耶"！逢纪乘机进谗言，袁绍恼羞成怒，决意杀田丰。

田丰在狱中，狱吏贺喜说："袁将军大败而回，君必见重矣。"田丰怅然说："袁将军外宽内忌，不念忠诚。

若胜而喜，犹能赦我；今战败则羞，吾不望生矣。"果然使者奉命来杀田丰，最终田丰自刎而死。

而曹操面对不同意见采取的却是与袁绍截然相反的作法。曹操在初定河北后，又与众人商议西击乌桓，曹洪等人极力反对。曹操听从郭嘉之言，费尽艰难破了乌桓。回到易州，重赏先曾谏者，诚心对众将说："孤前者乘危远征，侥幸成功。虽得胜，天所佑也，不可以为法。诸君之谏，乃万安之计，是以相赏。后勿难言。"

田丰的反对意见是对的，袁绍却把他杀了。像这样的糊涂领导，谁还会再提反对意见呢？怎么会逃脱惨遭失败、受人耻笑的结局呢？袁绍四世三公，根基深厚，曹操也深为叹惜："河北义士，何其如此之多也！可惜袁氏不能用！若能用，则吾安敢正眼觑此地哉！"

曹操则相反，从善如流，不闭目塞听，即使反对意见错了，仍然大加奖赏，鼓励大家多讲。因为反对者总有反对的理由，其中必有可取之处。如果侥幸成功，就轻视取笑甚至惩罚提反对意见者，那只会让众人变得唯唯诺诺而已。

管理者拥有权力、地位，容易被阿谀奉承、阳奉阴违所蒙蔽而听不到真话。现实生活中，为了赢得领导的欢心和偏爱，下属大多讨好，甚至糊弄管理者，说假话蒙骗上级的现象屡见不鲜。因此，一个优秀的管理者必须要有听真话的诚意和胸襟。

某领导带领下属一行十人，乘坐一艘小船到某海岛游玩。回途中，领导提出暂不回航，到另一小岛上去玩儿。其中有一人提出："那岛周围暗礁多，流急浪大，很危险，还是不去的好。"领导听后很不满意，厉声说道："不要说不吉利的话扫大家的兴，风平浪静有什么意思？同意去的站到左边，不同意的站到右边。"很多人察言观色，溜须拍马，结果一个个都向左边走去，当右边只剩下一个人时，小船由于重心偏移，翻了。

都站在一边并不是好事。领导独断专行，讲真话者受到排挤、孤立，谁还愿意讲真话呢？领导要听到真话，就必须以开放的心态容纳别人的想法，有民主的作风，让群众想说、敢说，真正做到言者无罪、闻者足戒。

另外，领导应该认识到，敢提意见的人，并非对自己有成见。多数敢提意见的人，是相对有事业心、有进取心、责任感强、思想敏锐、关心工作的人。老子说"信言不美，美言不信"，真话未必中听，中听的话未必真实。一些意见可能偏激、不全面、不正确，甚至个别人可能意气用事、发泄不满。领导要有气度、有雅量，辩证地看待问题，不能因与自己意见不合而抱成见。要有实事求是的精神和宽广的胸怀与度量，听到一些过激的言语时不要气恼，要宽容、忍让，耐心地让对方把话说完，然后再心平气和、实事求是地说明情况、分清是非，这样才不至于堵塞言路，才能表明自己提倡、赞赏、鼓励、支持说真话的态度。当然，在听取不同意见或反对意见时，也要分清真伪，要分清好坏，分清金玉良言和别有用心的谗言；要分清虚实，分清不含水分的实在话、毫无意义的空话和言过其实的大话。

在聆听中认识自我

　　认识自我离不开专心的聆听。 这里所说的聆听并不单单是用耳朵搜集来自其他人的信息，我们还可以通过写日记聆听来自内心的声音，这种认识自我的方式是主动的、自发的，是一种来自心灵深处的需要。 我们还必须勇敢地面对他人，培养聆听别人讲话的耐心。

　　我们必须去聆听我们的心跳，聆听在我们心中送走快乐和忧愁的钟表；聆听可作为我们朋友的自我心像。 聆听自己可以随时让你知道你是否走错了方向，是否走向不快乐或者矛盾，你内心的感觉就像是晴雨表，可以让你知道内心的情绪如何。

　　许多人会有这样的感受："有时在内省、倾听自我的时候，总是没有任何动静，我真的不知道自己的感觉。"有人会说："那么混乱，我说不清楚，该怎么办？"怎么办？ 首先别担心，因为没有人知道所有事。 情绪的一个重要特征是流动与易变，再说，许多情绪混杂在一起，确实难以分辨。 爱与喜欢有什么区别呢？ 为什么有时对某个人爱恨交织呢？ 为什么伤感之后心里总是空荡荡，提不起精神做任何事情呢？ 而这些问题的解决办法都包括高度的情绪智慧。

要想明察内心的信息，写日记是个不错的选择。 一日至少写一篇，坚持一个星期，在日记中记下什么事令你觉得快乐、兴奋，什么事令你生气、伤心、孤独。 对自己的感觉做简短的描述，并把别人眼中的你做简短描述，考虑一下描述是否有不妥之处，然后进行修正。

每天对着镜子问自己："今天做了什么事令我自己满意，为什么会满意， 什么事令我愤怒。"同时观察镜中的"我"的表情。

从日常的情绪体验来看，人时而会忧虑甚至是忧伤，时而会不安甚至是惊慌，时而会狼狈甚至是害怕，时而会焦虑甚至是惊骇。 而这些情绪都是恐惧——一种对意识到的危险的警觉，无论这种危险是确定的、直接的、清楚的或是模糊的、间接的、没有特定起源的、轻微的或是重大的。

人人都有感到烦乱、疲惫、无聊、抑郁、嫉妒的时候，而这些都会使我们消耗精力或缺少力气。 认清这些外部情绪所传达的真正的意义与讯息，更深一步地分析产生的原因，正是自我聆听取得的成就。

通过自我聆听，你就会对自我以及自我经历的一些事情做出客观或者更有力的评价。

心理暗示可作为聆听内心感受的一个很好的办法。 心理暗示就是一个人用语言或其他方式对自己的知觉、思维、想象、情感、意志等方面的心理状态产生某种刺激的过程。 它是人的心理活动中的意识思想的发生部分与潜意识的行动部分之间的沟通媒介。 它是一种启示、提醒和指令，它会通知你注意什么、追求什么、致力于什么和怎样行动，从而影响你的行为，这是每个人都拥有的一个看不见的法宝。

克服偏执，不要走极端

偏执心态是一种病症，患上这种病的人，往往走极端，自以为是，分明是自己做错了，却总觉得是别人不对；当自己不能和别人取得一致意见时，从来不反思自己的过错，而总是去探究别人做错了什么。

不管是对人的偏执、对时代的偏执、对事物的偏执，于人于己都是不利的。因为，偏执容易顽固，不容易接受新事物。偏执的人，是独断专行的人、不民主的人、不灵活的人。

在某个小村落，下了一场非常大的雨，洪水开始淹没全村，一位神父在教堂里祈祷，眼看洪水已经淹到他跪着的膝盖了。一个救生员驾着舢板来到教堂，跟神父说："神父，赶快上来吧！不然洪水会把你淹死的！"神父说："不！我深信上帝会来救我的，你先去救别人好了。"

过了不久，洪水已经淹过神父的胸口了，神父只好勉强站在祭坛上。这时，又有一个警察开着快艇过来，跟神父说："神父，快上来，不然你真的会被淹死的！"神父说："不，我要守住我的教堂，我相信上帝一定会来救我的。你还是先去救别人好了。"

　　又过了一会儿，洪水已经把整个教堂淹没了，神父只好紧紧抓住教堂顶端的十字架。一架直升机缓缓地飞过来，飞行员丢下绳梯之后大叫："神父，快上来，这是最后的机会了，我可不愿意见到你被淹死！"神父还是意志坚定地说："不，我要守住我的教堂！上帝一定会来救我的。你还是先去救别人好了。上帝会与我同在的！"

　　洪水滚滚而来，固执的神父终于被淹死了……神父上了天堂，见到上帝后很生气地质问："主啊，我终生奉献自己，战战兢兢地侍奉您，为什么你不肯救我！"上帝说："我怎么不肯救你？第一次，我派了舢板来救你，你不要，我以为你担心舢板危险；第二次，我又派一艘快艇去，你还是不要；第三次，我再派一架直升机来救你，结果你还是不愿意接受。我以为你急着想要回到我的身边来，好好陪我。"

　　其实，生命中太多的障碍，皆是由于过度的偏执。

　　极端的偏执，是一种在前提错误的情形下的偏执。而如果有人能够以清醒的头脑、理智的思考，把这种偏执用到正确的地方，那么，这种偏执就应称为执着。

　　所以，对于偏执，我们不应一概地排斥，而应合理地改造。 即把引向一个错误方向的偏执，引导到一个正确的方向上。

在生活中，如果都能摒弃盲目偏执的情绪，善于倾听、接受别人的意见和建议，那么，我们就能避免失败和挫折，实现我们的人生目标，获得事业和生活的成功。 为了避免出现偏执心理，你应该注意以下两个方面。

1.虚心听取他人意见

"满招损，谦受益"是哲人留给后人的一句可以千年护身的诤言。 过度自信自满的人，他的心无法装其他东西。在这个瞬息万变的社会，随时需要更新知识、观念，大脑需要不断吸取养分，所以一定要虚怀若谷。 这样才能吸收无尽的知识和资源，容纳各种有益的意见，从而使自己丰富起来。

俗话说："良药苦口利于病，忠言逆耳利于行。"如果我们能虚心地听一听别人的意见，学习尊重别人的意见，肯定会对自己的认识有所补充和帮助。 听取别人的意见等于自己分享了别人的知识和经验，自己得到了别人的支持和尊敬。因为别人对你提出意见或建议的时候，一定是经过深思熟虑的，或者是他自己以往的经验教训，这些对你来说，都是宝贵的财富，可以极大地开阔你的眼界。 肯向你提出意见或建议的人，一定是对你非常信任的人，他的目的是想帮助你。 如果你能接受他意见中合理的成分，那么他会有一种被人尊重和信任的感觉，他对你就有了一种责任感，他在以后的工作中一定会倾尽全力地帮助你，这样对你将有着巨大的帮助。

对于固执己见者来说，要尽量去了解别人的所思所想，特别是要了解与自己不同社会背景的人们的观点。 这是克服偏执的最好办法。 如果你觉得别人似乎缺乏理智、蛮横无理、令人厌恶的话，你就得提醒自己：在他们的眼中，你或许也是如此。 有时候别人不一定能告诉你他的真实想法，因为，他可能被你的自以为是吓坏了。 在这种时候，你要主动地让他们说话，让他们提出他们的看法。 而当他们终于说出来的时候，你又应该加以分析研究，如果觉得别人说的有道理，就要虚心接受；如果觉得别人说的没有道理，就一笑了之。

2. 不要轻易否定别人

社会中，人与人之间应相互理解，相互肯定，尤其是在与人讨论、交谈时，对于别人的见解我们不应轻易否定，即使其见解与你相左。 如果能够做到理解别人、体贴别人，那么就能少一分盲目。 要善于发现别人见解的独到性，只有这样，才能多角度地看问题，那么你就会发现在自己的立场上过于固执，有时显得多么无知和可笑。 如果截然相反的意见会使你大动肝火，这就表明，你的理智已失去了控制。 假如有人坚持认为二加二等于五，或者冰岛在赤道上，你根本不会发怒，只是对他的无知感到哑然失笑。 只有那些双方都没有令人信服的证据的事情，争论才会最激烈。 因此，无论何时都要注意，别听到不同的观点就怒不可遏。 通过细心观察，你会发觉也许错误在你这一边，你的观点不一定都与事实相符。

在人际交往中，让步是一种常用的处理问题的方式。 让步不是懦弱、失去人格的表现，而是一种修养。 让步其实只是暂时的、虚拟的退却，为进一步有时就必须先做出退一步的忍让；为避免吃大亏，就不应计较吃点小亏，况且有时听取了别人的意见，反而会使自己受益无穷。

我们要经常告诫自己：时势已迁，固有的经验，不一定适用现在这个环境。 不要完全地、无条件地相信自己的第一感觉。 第一感觉，毕竟是不全面的。 同时还要克服自己的刻板态度，学得态度灵活一点。 只有这样，在时间、地点、人物发生变化的时候，才不会死抱着原有的看法不变。

第八章

有恒：守得云开见月明

坚韧的意志是成功的秘诀

1948 年，英国的牛津大学举办了一次报告会，邀请了丘吉尔等几个当时很有名的人进行演讲，主题是"成功的秘诀"。丘吉尔在这个时候很有权威和声誉，因为他带领英国人赢得了反法西斯战争的胜利。

会场上人山人海，媒体也早就传播开了，人们对丘吉尔的演讲期望很高。然而，万万没有想到，丘吉尔上台后只是简单地说了几句话："我有三个成功秘诀，第一是绝不放弃，第二是绝不、绝不放弃，第三是绝不、绝不、绝不放弃！我的演讲结束了。"当时，大家还没有回过神来，片刻后，会场上爆发出一阵雷鸣般的掌声。

丘吉尔的话简洁却实在。

成功对每个人而言都不是轻易取得的，也正因为如此，要获得成功就必须要有坚韧的意志。 人们在成功之前一定会遇到很多挫折，如果没有坚韧的意志，就会中途放弃，最后与成功失之交臂。 一位科学家做实验，一次、两次、三次……无数次的失败，导致他失去了信心，不再继续下去，最后，研究失败了。 相反，另一位则在失败后找原因，不厌其烦地实验下去，结果成功了。 所以，有些事情不是没做，而是没有彻底去做；不是没有坚持，而是没有坚持到最后。 成功就在最后的一刻中。

这种例子不胜枚举，就以中国近代的历史来说，孙中山为推翻清政府，曾组织过多次武装起义，可每次都没有成功。因此，有的人气馁了，认为不会有成功的希望，开始动摇了，甚至有人讥笑他。 但孙中山不泄气，继续发动，继续组织，终于，武昌城头一声炮声，起义成功，最终推翻了腐朽的专制王朝。

中国共产党领导的革命更是如此，红军在国民党军队的围剿之下，损失非常严重，开始了著名的二万五千里长征。爬雪山，过草地，还要对付敌人的围追堵截，很多革命战士在长征路上失去了生命。 但是，中国共产党始终坚持不退缩，忍受着世人难以想象的艰难与困苦，咬紧牙关，终于取得了胜利。

如果缺乏坚强的毅力，孙中山的民主革命就不可能成功；同样，只有"小米加步枪"的共产党人也不可能取得胜利。

很多事情都是这样，最初加入的人非常多，而越到困难的时候人就越少，只有坚持到最后而不放弃的人才能获得成功。

贫困磨炼意志

有的人总是埋怨自己的家庭不富裕，没能受到良好的教育，也没有获得很好的发展机会。其实，这是不正确的。无数事实证明，你在富裕的家庭虽然能得到更多便利，却不能保证你绝对会成功。相反，贫穷、困苦，反而能振奋你的精神，激发你的斗志，因为贫困会迫使你改变。贫穷与困难就如同凿子与锤子，只有经过它们的雕琢与锤炼，你的人生才会更加美妙。因此，孟子讲得非常好："天将降大任于斯人也，必先苦其心志，劳其筋骨，饿其体肤，空乏其身，行拂乱其所为，所以动心忍性，曾益其所不能。"

西班牙作家塞万提斯是在马德里的监狱中完成《堂吉诃德》这本巨著的。当时，他穷困潦倒，连稿纸都无钱购买。有人知道后，建议一位富翁资助他。这个富翁的眼光很好，但拒绝资助他。富翁对劝他的人说："上帝不让我资助他，唯有他的贫困，才能使他成功。"是的，如果条件改变，那么情况就难定了。

美国有很多移民，他们并没有很高的学历，也不精通英语，而且没有富裕的家庭作为依靠。然而，正是这样一些人，靠自己的努力奋斗，最终改变了艰难的处境，不仅拥有了较多的资产，而且拥有了很高的地位，远远超过了当地富家子弟。可见，贫穷并不可怕，可怕的是不振作，不奋斗。人唯有贫穷，才会渴望摆脱贫穷的现状。

　　据说，世界球王贝利喜得儿子时，亲友们都前去道贺。有位记者指着孩子夸奖道："看他长得多壮实，将来一定会像你一样成为体育明星！"贝利不加犹豫地说道："他有可能成为一个优秀的运动员，然而肯定不会像我这样成功。因为他现在就很富有，缺乏先天的竞争意识，而我小的时候却十分贫穷，不得不靠自己去奋斗。"

　　贝利说的是实话，他看到了儿子与自己的差异，虽然儿子的生活条件比自己小时候好得多，但无疑会影响他的发展。

　　中国有句古诗说："自古雄才多磨难，从来纨绔少伟男。"说的就是这个道理，大家见到的很多成功人士大都是从贫穷中走出来的。

努力拼搏，才能获取成功

平时，人们一谈到成功，就会认为那是高学历者的事情。事实上，这种观点很不全面。 学历高，知识丰富，有专门的技能，成功的机会自然要多一些，但成功并不是一定在这种情况下才会取得的。

一位来自云南某县的农民，刚 30 出头就成了一位成功者。1995 年他从职业高中毕业后，成了一家蔬菜公司的送菜员，一年后，他被调到蔬菜大棚种植蔬菜。他喜欢研究种植技术，并经常请教于人，积累了一定的种植经验。然而，在激烈的竞争中，他所在的公司倒闭了。2001 年初，他下了岗，无可奈何地回到了家乡。

但是，他并没有因为失业而消沉。他想起当年曾为一些西餐厅送过生菜，如今公司倒闭了，他们从哪里进货呢？如果我在农村也种植这种生菜，那么这种天然种植的一定比大棚种植的更好。

他深知种菜也会有风险，但是，他决定冒险一试。

经过考虑，他认为个人力量太薄弱，难以形成种植规模，因此鼓动亲朋好友都来种植。当人们向他咨询时，他又来了灵感：如果组织农民种植，自己负责收购营销，再到市场上挣个差价，一定能大赚一笔。这么一想，他就找到从前认识的一位菜贩，并与他合作。菜贩听了，很赞同他的观点。他们筹集了3万元，成立了一家蔬菜公司，并与一些农户签了合同，建立了50亩生产基地，菜贩和他分别负责市场营销和种植技术。然而，美梦没能成真。头一回进入市场他们就惨败而归，由于当时的生菜供过于求，所以价格很低，他们的3万元几乎赔光了。

让人欣慰的是，他们没有泄气。他们总结教训，思考对策，觉得不能再在市场上瞎碰，而应该开辟销售的固定渠道。于是，他们瞄准西餐厅，一家一家地推销。功夫不负有心人，一家广州公司开始重视他们，该公司负责向麦当劳供应原料。广州公司的总部在派人考察之后与他们签订了合同，月供货量为20吨。还不到两年的时间，他们的种植面积就扩大到了700亩，月供货提高到150吨，年收入突破了50万元。

这两个人的学历和条件并不好，但他们却有一股难得的闯劲。他们成功的经历告诉我们：除了要懂得寻找商机，还要有"人无我有，人有我优"的经营理念，更要有遇挫不折、脚踏实地、埋头苦干的作风。如果你具有这样的胆识与决心，那成功就近在咫尺了。

不断经受磨砺能助你走向成功

　　每个人都是有潜力的，只是由于种种原因而没有得到很好的开发。 如果这种潜能被激发出来，就会产生新局面。

　　有的人原先家庭环境较好，总是依赖父母，但是突然的变故使他的家境改变了，没有依靠后，他就会慢慢变得成熟起来。 他的自立程度明显提高，能力也很快表现出来，这就是环境的影响。 不过，也与心态有关。

　　有一位青年，20世纪80年代大学毕业后被分到了山区的一所中学任教。他觉得很委屈，想到那些同窗远远比不上自己，却留在了大城市，心里更加不平衡，因而工作的积极性不高，每天只是上课下课，其余时间看小说。他本是一个很有潜力的教师，工作却没有劲头，认识的人都为他感到可惜。一次偶然的机会，他读到了一篇文章，心态发生了很大的了变化，他从此振作起来，开始认真教学，并很快成为当地非常优秀的老师。不仅如此，他还在业余时间学习，读书、写作、记诵诗词等，日久天长，不仅教学好，而且常常发表文章，很快就成了当地的名人。几年后，他有机会调到了大城市，并成为名校的特级教师。同是一个人，能力一旦发挥，真是大不一样。

还有一则引人思考的故事：

有位美国青年曾到一家杂志社实习，遇到了一位很严格的老编辑。他规定这个实习生每天都要交一篇稿子给他。如果没有，他就敲着桌子问道："今天的文章呢？"而且还总是对他说："如果你对某个字没有把握，就去查字典！"虽然他对年轻人没有具体的指导，但是，在这个要求之下，在工作中积累经验，年轻人的文章写得越来越好，后来，竟然参与了美国《独立宣言》的起草工作。

这个年轻人就是美国著名的科学家和政治家富兰克林。严格要求他的那位老编辑叫弗恩，学历并不高。弗恩去世后，富兰克林在整理他的遗稿时，无意中读到了这样一段话："我并不像你想象的那样，其实我不懂写作，几乎每个单词都得查字典，一篇稿件要看几十遍。但是，我给自己塑造了一个权威的形象。你让我教你，我在尽量做，事实上，大部分时间是你自己在打磨自己。"富兰克林感到不可思议，但当他读完弗恩的一些手稿后，他相信了这都是实话，因为那些手稿的水平确实不高。

此时，富兰克林才知道，原来弗恩只是开发了自己还意识不到的潜能而已，自己的写作才能正是在这样的严格要求下，才被磨砺出来。

　　可以想象，如果没有弗恩的严格要求，富兰克林就不会那么自觉地锻炼自己，他的潜能也很难这样早地被开发出来，写作能力也不会突飞猛进。

人生格局

眼界

宋犀堃
编著

成都地图出版社

图书在版编目（CIP）数据

人生格局. 眼界 ／ 宋犀堃编著. -- 成都：成都地图
出版社有限公司，2021.3（2023.8 重印）
ISBN 978-7-5557-1675-4

Ⅰ．①人… Ⅱ．①宋… Ⅲ．①成功心理－通俗读物
Ⅳ．①B848.4-49

中国版本图书馆 CIP 数据核字（2021）第 032611 号

人生格局 眼界
RENSHENG GEJU YANJIE

编　　著：宋犀堃
责任编辑：高　敏
封面设计：松　雪
出版发行：成都地图出版社有限公司
地　　址：成都市龙泉驿区建设路 2 号
邮政编码：610100
电　　话：028-84884648　028-84884826（营销部）
传　　真：028-84884820
印　　刷：三河市众誉天成印务有限公司
开　　本：880mm×1270mm　1/32
印　　张：15
字　　数：390 千字
版　　次：2021 年 3 月第 1 版
印　　次：2023 年 8 月第 2 次印刷
定　　价：108.00 元（全三册）
书　　号：ISBN 978-7-5557-1675-4

前　言

庄子的《秋水》中有一句很精辟的话："井蛙不可以语于海者，拘于虚也；夏虫不可以语于冰者，笃于时也。"

这句话的大概意思是说，井里的青蛙，不可能跟它们谈论大海，因为受到生活空间的限制；夏天的虫子，不可能跟它们谈论冰冻，因为受到生活时间的限制。

在现实生活中，人与人最大的差距并不在于物质和学历，而是眼界和思想，因为那些真正优秀的人都能够通过自己的努力创造财富，但是一个人的眼界和思想却是无法复制的。

被人誉为"一代宗师"的国学大师钱穆老先生，在学术界流传着一则关于他的哲理故事。

有一次，他去一座古刹游览，刚进庙门，就看到一个小和尚在一棵合抱之粗的古松树旁边，种植一种叫风信子的观赏植物。

看着眼前这样的场景，老先生感慨万千地说："从前，沙弥们植树时，已经预料到了千百年后的状况，现在，小和尚在这里种花，他的眼界想到的只是第二年呐。"

从这则故事中我们能够明白，在现实生活中，倘若一个人想得不长远，做事自然不会长久，更不会取得成功。

不管是做人还是做事，我们都应该考虑长远些，这也是一个人思想和眼界的体现。

本书通过丰富的案例，结合古今中外的名人经历，阐述了开阔自身眼界，提升人生境界的方法，从而帮助读者拥有人生大格局。

2021 年 2 月

目　录
CONTENTS

第一章

做人有境界，做事才有眼界

站得高才能看得远

目标越大，风险也越大，最终获得的成就将越大。

如果你确定了自己的目标和生活方式，或者，你渴望也能够拥有某些感受，你应该调动你的思维，为自己找到一条往前的路。你的想象力、创造力，还有你的梦想，都应该释放出来。你需要用自己的理智去判断自己真正需要什么，想拥有怎样的体验。不要让习惯、担心或者固有的思维束缚自己的想象力，在你为自己的未来勾画出一幅蓝图的同时，你就已经在走向它了。

借助这样的想象，我们的思想慢慢转化成了行动，最终可以实现自己的愿望。所以，不要轻视，更不要害怕想象，要大胆运用自己的想象力、创造力，为自己勾勒未来无限的可能性。让你的思想打破禁锢，为自己描绘希望达到的终极图景吧，把你从前的那些想法抛到一边，不要再让它们成为你前进路上的绊脚石。

在实现目标的时候，思想是最有力、最有用的武器。第一步必须是先把我们全部的思想、能量都集中到目标上，这样才会有第二步——达到目标。 无论你追求什么，仅仅说"我希望""我愿意"是远远不够的，你要下定决心，破釜沉舟，这样才可能成功。

决定我们成功与否的，不仅取决于外部环境条件，也取决于我们内心的想法。 所以，在你行动之前，先要让自己坚信自己会成功，最终会实现自己的愿望，会坚持不懈、持之以恒地向自己的目标迈进。

我们的生活会是什么样子，很大程度上取决于我们用怎样的眼光看待它。 如果你觉得自己已经不堪重负，各种压力已经要把你压垮，经济上也没有改善的希望，那么，未来你的生活状态很可能就是这样。 这时候，你应该换一种眼光，你应该想象另一种生活状态，热情饱满，精神振作，浑身有使不完的力量。 比如，你希望有一座豪宅，希望事业一帆风顺，或者希望与周围的人相处融洽，你可以先尝试想象自己已经拥有了这一切。 无论自己希望得到什么，都可以在脑海里先勾勒出一幅你已经实现自己目标的场景。 你需要打破旧的思维模式，先在自己的思想里去寻找、去融入自己所希望的生活。

人们一旦意识到自己拥有那么强大的思想力量，就会变得无比自信。 这时候，他丝毫不害怕去追求一个更高的目标，因为他已经意识到从最初产生这个想法开始，他就必定可以实现它。

展开思维，开阔眼界

要开阔眼界，就不能做井底之蛙，必要时，必须从井底跳出来。

20世纪60年代，加拿大的传播学者麦克卢汉第一次提出了"地球村"的概念。他认为随着广播、电视以及其他电子媒介的迅速发展，人与人之间的交往距离将大大缩短，无论在地球的哪一个角落，只要拥有现代化的传播手段，人们就能很快得到最遥远地方的信息。人类社会将重新实现"村落化"，整个地球上的人类将如同在一个小小的村落里生活一样。国际互联网加速了地球"村落化"的实现。在不远的将来，"地球村"里的人将继登上月球之后征服火星。苏联学者齐奥尔科夫斯基有一句名言："地球是人类的摇篮，但是人不能永远生活在摇篮里，他们不断地争取着生存世界和空间，起初小心翼翼地穿出大气层，然后就是征服整个太阳系。"齐奥尔科夫斯基的这一信念，在他死后逐渐被历史证明。

如果我们都能经常换个角度思考，打破惯有的思维方式，可能就会有意想不到的收获。请看以两个成功实例。

美国的一个城市有座著名的高层大厦，因客人不断增多，很多人常常被堵在电梯口。大厦主人决定增建一部电梯。电梯工程师和建筑师为此反复勘测了现场，研究再三，决定在各楼层凿洞，再安装一部新电梯。不久，图纸设计好了，施工也已准备就绪。这时，一个清洁工听说要把各层地板凿开装电梯，便说："这可要搞得天翻地覆哎！"

"是啊！"工程师回答说。

"那么，这座大厦也要停止营业了？"

"不错，但是没有别的办法。如果再不安装一部电梯，情况比这更糟。"

"要是我呀，就把新电梯安装在大楼外边。"清洁工不以为然地说。

有人也许会问，论知识水平，工程师比清洁工高得多，却为什么想不到这一点呢？说来也不奇怪。在这两位工程师的心目中，楼梯不管是木制的、混凝土的还是电动的，都是建在大楼里面的。如今要新增电梯，理所当然地也只能建在楼内，楼外？他们连想也没想过。

清洁工却没有这种惯性思维。她所想的是实际问题，是怎样不影响公司正常营业，本人也不至于失去工作。于是她便很自然地提出把新电梯建在楼外的想法。

言者无意，听者有心。清洁工的一句话打破了两位工程师的思维习惯，开阔了他们的创新思路，最终将电梯安装在了楼外面。

　　麦克是一家大公司的高级主管，他正面临着一个两难的境地。一方面，他非常喜欢自己的工作，也很喜欢工作给他带来的丰厚薪水——他的职位使他的薪水有只增不减的特点。另一方面，他非常讨厌他的主管，忍受了这么多年，最近他发觉已经到忍无可忍的地步了。

　　在经过慎重考虑之后，他决定去猎头公司重新谋一个职位。猎头公司告诉他，以他的条件再找一个类似的职位并不费劲。

　　回到家中，麦克把这一切告诉了他的妻子。他的妻子是一位教师，那天刚刚教学生如何重新界定问题：把你正在面对的问题换一个面考虑，把正在面对的问题完全颠倒过来看，不仅要跟你以往看问题的角度不同，也要和其他人看问题的角度不同。她把上课的内容讲给了麦克听，这给了麦克启发，一个大胆的想法在他脑中浮现。

　　第二天，他又来到猎头公司，这次他是请猎头公司替他的主管找工作。不久，麦克的主管接到了猎头公司打来的电话，请他去别的公司高就。主管完全不知道这是他的下属和猎头公司共同努力的结果，正好这位主管对于自己现在的工作也厌倦了，没有考虑多久，他就接受了这份新工作。

　　这件事最美妙的地方，就在于主管接受了新的工作，结果他目前的位置就空出来了。麦克申请了这个位置，他很顺利地坐上了以前他主管的位置。

在这个故事中，麦克本意是想为自己找个新的工作，以躲开令自己讨厌的主管。 但他的太太教他换一个角度想问题，结果，他不仅仍然干着自己喜欢的工作，而且摆脱了令自己烦恼的主管，还得到了意外的升迁。

出奇制胜，眼界开阔

商场如战场，形势千变万化，稍不留神就会被商海所吞没，这就需要我们不能只按常规出牌，更多的时候，需要我们出奇制胜。

在商界，善出奇者，往往能为众人之所不能，别人没能做到的他能做到，这就是绝招。绝招是市场竞争中制胜的法宝，就好像战场上的新式武器，谁有绝招谁就有生存发展的自由。

这方面成功的例子比比皆是，举不胜举。

1. 居奇为宝

1999 年 8 月，北京华奥商厦为有"车王"之称的王明玺举办他收藏的自行车展，这场特殊展览吸引了来来往往的顾客。展览会上展示了王明玺的全部收藏品——108 辆自行车，这些自行车，集中了 20 世纪 20 年代初至

70 年代末世界主要自行车生产国的代表品牌，据专家估算，其总价值已超过 100 万元。

王明玺自小就痴迷自行车。1953 年，他来到北京。首都大街上的一辆辆自行车吸引着他，他省吃俭用，终于在 1954 年积攒了 480 元，买回了属于自己的第一辆自行车——英国造的世界名车"凤头"。对于这件宝贝，他爱不释手，没事就擦拭它，许多年后，这辆"凤头"仍然锃亮如新。20 世纪 80 年代是王明玺收藏的高峰期。不抽烟不喝酒的他，手中多余的钱都用来购买自行车了。他对收藏自行车有三个标准：一是技术先进，二是特殊，三是新。

在他的藏品中，"白金人""全标车"、日本邮政车等都是自行车中的珍品。

"白金人"是 1920 年英国制造的，据说当年只进口了不到 10 辆，至今仅存他这一辆。

"全标车"是王明玺在 20 世纪 80 年代用一辆价值 1850 元的英国"凤头"车从倒车人手中换来的，为日本 20 世纪 30 年代生产的 26"宫田"男车，因全车各个部位均带有商标而被称为"全标车"。这辆车虽然出厂已六十多年了，但仍有八成新，而且这辆车为绝版之物，具有很高的收藏价值，即使在日本也很难找到。

"11 合 1"是王明玺赞不绝口的日本红色邮政车："嘿，那车可真绝了，载的东西越多，骑起来越轻巧，像风一样快！"他是在天津发现这种邮政车的，当时共有 11 辆，车虽是 20 世纪 60 年代生产的，结构工艺却和 20 世纪 30 年代生产的老车一样。他看中了其中一辆带有不锈钢圈的，但车商不肯单卖，他只好把 11 辆车全部买下来，又发挥他机械制造的专长，将 11 辆车的优质零件安在了一辆车上，成了"11 合 1"的邮政车。

王明玺所收藏的每一辆自行车都有一个动人的故事，而能在近 50 年的生涯中孜孜不倦地追寻，正是他投资理念的实践。 从王明玺收藏自行车所获得的成功，我们可以看出，任何人只要钟爱某一种事物，并锲而不舍地追求，一定会居奇为宝的。

2. 出人意料的广告创造出奇特的效果

几十年前，上海梁新记牙刷店采用夸张手法，刊出广告招揽顾客——一个人正用九牛二虎之力，拿着钳子拼命拔牙刷上的毛，旁边画龙点睛地写着"一毛不拔"四个大字。 这则别具一格、诙谐有趣的广告，使人们深深地记住了"梁新记牙刷一毛不拔"。

3. 出奇好的质量赢得良好的声誉

亨得利钟表商店为什么能"串通四海、天下得利"呢？因为亨得利的钟表有一绝：特别准。 该店每进一批货，都逐个做质量鉴定，由技术最好的师傅把关，走时不准的钟表一律转卖出去，绝不在本店露面。 顾客一跨进亨得利钟表店，无不为琳琅满目的钟表所吸引，定睛一看，更加令人咋舌，不论墙上挂的、玻璃柜里放的，每一只钟表的指针都在相同的位置，分秒不差。 准，这本身就是十分有吸引力的活广告，这是亨得利钟表店的同行们都希望做到而又未能做到的。

4.出奇的推销术获得了惊人的经济效益

可口可乐是美国可口可乐公司生产的闻名世界的饮料，生产、销售至今已有百年历史，行销世界130多个国家和地区。

1986年4月，可口可乐公司突然宣布要改变沿用了99年之久的老配方，而代之以刚刚研制成功的新配方，并声称，要以新配方再创可口可乐在世界饮料行业中的新纪录。

这一消息一发布，立刻成为轰动美国的一条大新闻。

为了使新配方能被人们所接受，可口可乐公司运用所有的宣传手段广为宣传，大肆鼓吹新配方是公司为迎接百年大庆，历时3年，耗资500万美元，进行了20余万人次的口味调查和饮用试验以后，献给新老顾客的礼物，是经过专家鉴定后投产的新产品。

自从改变配方的决定宣布以后，短时间内在客户中引起了轩然大波，抵制新配方的舆论形成了一股强大的声势。公司每天收到无数封抗议信件和多达1500次的抗议电话。甚至有人组织了一个"全国性老可口可乐饮户协会"，并于当年6月在联合广场上举行了一次抗议新配方可乐的示威。一些经销可口可乐的商店也因销量降低而拒绝经销新配方可乐。

与此同时，美国各地都掀起了抢购老配方可乐的热潮，形成新配方可乐无人问津、老配方可乐万人争购的奇特场面。

　　这一情况使可口可乐公司的竞争对手——百事可乐公司的时任总裁罗杰·恩列科乐不可支，认为可口可乐公司的这一做法是美国最大的一次商业失败。百事可乐与可口可乐在美国的竞争长达87年之久，从未占过上风。现在，可口可乐新配方一投入，不到87天就不战自败。百事可乐公司乘机大做广告，号召客户转向购买百事可乐的老品牌饮料。

　　然而，可口可乐公司对其"战略性的失败"并不在意，为了应付客户的抗议电话，公司事先准备好录音磁带。抗议的电话一经拨通，磁带便传出不紧不慢的回答："现在，本公司的电话正占线，请待会儿再来电。"接着便是一段优美的音乐。可口可乐公司这种把消费者的抗议拒之门外的做法大大地激怒了人们，南卡罗来纳州竟有人愤然上诉法院，认为可口可乐已经与网球、热狗一起成为美国人民文化生活方式的一种象征，任何个人和公司都无权对此做出改变，因而要求对改变可口可乐配方的做法做出制裁。

　　眼看改变可口可乐配方已吸引了成千上万个客户的关注，可口可乐公司时任董事长乔治认为时机已到，这才于1986年7月10日悠然宣布，为了尊重老顾客的意见，同时考虑消费者的需要，公司决定恢复老配方可乐生产，并改名为"古典可口可乐"，但新配方可乐也同时继续生产。

消息传出，美国各地的可乐爱好者为之雀跃，纷纷狂饮老配方可乐，同时也竞相购买新配方可乐。一时间，两种配方的可乐都销售大涨，可口可乐公司的股票每股涨了 2.57 美元，而百事可乐公司的股票却每股下跌了 0.75 美元。

修炼看准关键时机的眼力

看准时机需要高超的眼力。没有高超的眼力，即使一堆金子在眼前，也视如一堆石头。成功人士必备的一项技能就是修炼看准时机的眼力。

有位记者曾同老演员查尔斯·科伯恩进行过一次交谈。记者问了一个很普通的问题："一个人如果要想成就一番事业，获得财富，需要的是什么，大脑，精力，还是教育？"

查尔斯·科伯恩摇摇头说："这些东西都可以帮助你成就一番事业，获得财富。但是我觉得有一件事更重要，那就是看准时机。"

"这个时机，"他接着说，"就是行动或者按兵不动，说话或是缄默不语的时机。在舞台上，每个演员都知道，把握时机是最重要的因素，我相信在生活中它也是很关键的。如果你掌握了审时度势的艺术，在你的事业以及与他人的关系上，不必去刻意追求幸福和财富，它们会主动找上门来的！"

　　这位老演员是正确的。如果你能学会在时机来临时识别它，在时机溜走之前就采取行动抓住它，生活中的问题就会大大简化了。那些反复遭受挫折的人经常会对残酷无情的现实感到泄气，他们几乎永远意识不到：他们一而再、再而三地努力，却在不恰当的时机放弃了。

　　一位法庭的审判员在谈到夫妻关系时曾说过这样一段话："哦，这些吵闹不休的夫妻！他们只要意识到我们每个人都有烦躁不安、情绪低落的时候，这种时候谁也受不了唠叨或批评——即使是善意的劝告！只要夫妻双方肯了解对方的心情，知道什么时候去诉苦，什么时候去流露感情，这个国家和地区的离婚率就会下降一半。"

　　美国佐治亚州的一位大夫为一对无子女的夫妻安排好了收养一个婴儿的计划。这位大夫突然在深夜给妻子打电话："收养的一切手续都办好了，让我们一块儿到医院去，给鲁思和肯尼思抱回这个孩子吧。"

　　"在这个时候？"他的妻子喊道，"他们根本没想到这么快就会得到一个孩子，他们一定会惊慌失措的！"

　　"哈！"大夫说，"新生儿自愿在深夜诞生，而头一次做父母的人总会惊慌失措。去给他们一个美好而正常的开端，就按我说的这么办吧！"

就这样，孩子在午夜时分"降临"，做父母的兴奋得手忙脚乱，这真是一个令人难忘的开端。

许多人都认为会看时机是一种天分，但实际情况并非如此。通过观察那些似乎有幸具备这种天分的人，你会发现这是一种所有人只要努力都能获得的技能。

为了掌握恰到好处地处理时机的艺术，你需要牢记下面五个必要的条件。

一是要不断地提醒自己，掌握好时机在待人处事上具有重要意义。曾有文学大师写过："人间万事都有一个涨潮时刻，如果把握住潮头，你就会走向好运。"一旦你明确了"看准时机"的全部重要意义，你就朝着获得这种能力迈出了第一步。

二是和自己订一项条约，这项条约就是：当你被愤怒、恐惧、嫉妒或者怨恨的情绪所驱使时，千万不要做什么或者说什么。曾有哲学家留下一段著名的话："任何人都会发火——那很容易，但是要对适当的对象，以适当的程度，在适当的时机，为适当的目的，以及按适当的方式发火就不是每个人都能做得到的了，这的确不是一件容易事。"

三是加强自己的预见能力。未来并不是一本已写好的书，大多数即将发生的事都是由正在发生的事所决定的。相对而言，很少有人能通过努力来规划自己今后的生活，预测未来的可能性并照此行动。

四是学会忍耐。有人曾说过："如果一个人将自己置于天分的土壤中，并且坚定不移地努力的话，巨人般的世界也会为他让步。"获取这种耐力没有灵丹妙药，它是一种智慧与自制力的微妙结合体。但是我们必须明白，过早行动往往欲速则不达。

五是最难的一条，就是学会做一个局外人。我们的每时每刻都是与所有人共享的，每个人都会从不同的角度去看待周围发生的事情。准确地把握时机就包括以一个局外人的角色去了解其他人是如何看问题的。

　　已故的美国新奥尔良市的大慈善家约翰·迪勃特夫人曾经讲到，一个隆冬的晚上，她翻看一本杂志时，眼睛被一幅漫画吸引住了——两位衣衫褴褛的老妇人在微弱的火堆旁冻得瑟瑟发抖。"你在想什么？"其中一人问到。另一人回答："我在想，明年夏天那些阔太太们会把一些保暖的衣服给我们的。"

　　迪勃特夫人是几家医院的赞助者，还是许多慈善事业的捐助者。她盯着这张漫画看了好长一会儿，最后，她爬上顶楼，打开衣箱，把厚实的衣物打了好几捆，准备来日就去分发。她决心将自己的慈善活动安排得更合时宜，正像她提出的"去援助那些处于燃眉之急的人们"。正如《圣经·旧约》中所写的："世上万物都有适逢的季节，而尘世间的每一项意图也都有一个合宜的时间。"

要想享受美丽的人生，必须学会捕捉时机，审时度势，主动出击，积极行动。

拥有看准时机的眼力，掌握审时度势驾驭机遇的艺术，你不必刻意去追求，事业和财富会主动找上门来的。

第二章

心量有多大，眼界就有多大

一念之差决定成败

一位伟人说过："要么你去驾驭生命，要么是生命驾驭你，你的心态决定了谁是坐骑，谁是骑师。"

我们要改变失败的命运，就要改变消极错误的心态。

威廉·丹佛斯是布瑞纳公司的总经理。据说他小时候长得瘦弱矮小，因此志向不高。每当他面对自己瘦小的身体时，便完全没有了自信，甚至经常自责。直到有一天，他遇见了一位好老师，人生观才从此改变。

上课的第一天，老师便把威廉叫到办公室，对他说："威廉，我从你的自我介绍中发现，你有一个错误的观念！你认为自己很软弱，这样下去，你就会变得越来越软弱！让老师告诉你，其实你是一个非常强壮的孩子。"

小威廉听到老师这么说，惊讶地问道："是吗？怎么可能？我怎么可能是强壮的孩子呢？"

老师笑着说："当然是了！来，你站到我的面前！"

只见小威廉乖乖地站到老师面前听着老师的指示："你看看你的站姿，从中就可以看出，在你心中只想着自己瘦弱的一面。来，仔细听老师的话！从现在开始，你脑海里要想着'我很强壮'，接着做收腹、挺胸的动作，想象自己很强壮，也相信自己任何事都能做到，只要你认真去做，鼓起勇气去行动，你很快就会像个男子汉一样了！"

当小威廉跟着老师的话做完一次后，全身忽然间充满了力量。

威廉一直在实践着老师的教诲，数十年来从未间断。他经常对自己说："站直一点，要像个男子汉一样。"

一念之差决定成败，这就是关键时刻的巨大力量。在人的潜意识中有一种倾向：我们把自己想象成什么样子，就真的会成为什么样子。所以，良好的心态在我们的一生中起着关键的指导作用。

记住，一念之差决定成败，永远要做心态的骑手。

成功需要一种心境

日本著名的企业家松下幸之助先生，生平最爱的是一篇名为《Youth》的美文。

文章里是这样描述青春的：

> 青春不是人生的一个阶段，而是一种心境。青春不是粉红的面颊、红润的嘴唇和柔韧的膝盖，而是坚强的意志、丰富的想象和激越的情感。青春是生命深处的一泓清泉。
>
> 青春是一种气质：勇猛果敢而不是怯懦退缩，渴望冒险而不是贪图安逸。一个 60 岁的老人身上可能有这种气质，而 20 岁的青年身上未必可寻。

成功所需要的一切都在这篇美文简单、隽永的描述中体现出来了。年龄、性别都不是最重要的，重要的是你的心态和信念。

罗杰·罗尔斯是纽约历史上第一位黑人州长,他出生在纽约大沙头贫民窟。在这儿出生的孩子,长大以后很少有人能获得一份体面的职业。然而,罗尔斯是个例外,他不仅考入了大学,而且成了州长。在他就职的记者招待会上,罗尔斯对自己的奋斗史只字不提。他仅说了一个非常陌生的名字——皮尔·保罗。后来人们才知道,皮尔·保罗是他小学的一位校长。

1961年,皮尔·保罗被聘为诺必塔小学的董事长兼校长。当时正值美国嬉皮士流行的时代。他走进大沙头诺必塔小学的时候,发现这儿的孩子比"迷惘的一代"还要无所事事。他们旷课、斗殴,甚至砸烂教室的黑板。当罗尔斯从窗台上跳下,伸着小手走向讲台时,皮尔·保罗说:"我一看你修长的小拇指就知道,将来你是纽约州的州长。"当时,罗尔斯大吃一惊,因为长这么大,只有奶奶让他振奋过一次,说他可以成为5吨重的小船的船长。这一次皮尔·保罗先生竟说他可以成为纽约州州长,着实出乎他的意料,他记下了这句话,并且相信了它。

从那天起,纽约州州长就像一面旗帜,他的衣服不再沾满泥土,他说话时也不再夹杂污言秽语,他开始挺直腰杆走路,他成了班干部。在以后的40多年间,他没有一天不按州长的身份要求自己。51岁那年,他真的成了纽约州州长。

在他的就职演说中有这么一段话:在这个世界上,"信念"这种东西任何人都可以免费获得,所有成功者最初都是从一个小小的信念开始的。

同样的，积极的心态、昂扬的斗志、不屈不挠的信念都是自己能够给予自己的。 只要你心灵的天线一直打开，一直接收乐观向上的电波，你就可以在不久的将来对自己说："成功一定属于我！"

你就是自己的命运之神

美国作家乔治·巴伯在《让你生活得更好》一书中写道："100 个 21 岁的人中，有 66 人将活到 65 岁。 这 66 人中，只有 1 人能成为大富翁，有 4 人将相当富有，有 5 人在 65 岁时还在靠工作谋生。 其余 56 人的吃饭问题还要依靠家庭、养老金、社区或社会福利来解决。"

看起来不可思议，但这些数字来自于一家最大的保险公司的记录。 这样的统计数据真实度很高，保险公司每年数百万美金的命运就押在这些数据的准确性上。 美国是这样，而在我们身边，这种成功概率可能更低。

从现在起 10 年、20 年或 30 年之后，你会成为这 100 人当中的哪一种呢？ 屈指可数的幸运者之一？ 除非有好运降临到你头上，否则总是困难重重。

你可以在 65 岁及以后都保持极好的健康状况，可以一直到老都享有宽松的经济状况。

你可以使自己成为为数不多的幸运者之一。 你不必一生都成为厄运或环境的奴隶。

有一种办法可以使你得到你想要的一切——一种完全与人类最高的渴望统一的办法，那就是在你树立自己的目标后，坚信自己可以实现目标，让自信在你心中扎根。

很多人都对自己的境遇不满，他们无法找到获取力量的源泉。其实，改变境遇的力量就在每一个人的体内。在你身体之中沉睡着的巨人正在等待你的召唤。它就是你的自信，对它来说没有不可能的事情。你唯一要做的便是唤醒它，而它会除去你身上那些无形的锁链，并告诉你如何让梦想成真。一旦你知晓了这些秘密，你的一切有关向上、成功和健康的愿望都会成为现实。

"我是命运的主人"，只有当你了解了这一点，才会取得成功。你的命运掌握在自己的手中，你创造着自己的命运。你之后是什么样子取决于你今天的所思所想。那么现在就做出选择。

有些人相信：一个人的一生，是在呱呱坠地的时候就已经由上天决定好了，跟个人的努力完全无关。在这些人眼里，富翁是天生的；领袖人物是天生的，他们降生时一定带点儿什么征兆；强盗歹徒是天生的，他们是魔鬼的工具；一生受苦的人也是天生的，他们是世人的奴隶。这种宿命论使这些人不去做事，像懒虫一样生活着，等待着好运或是厄运降临在他们的身上。

某人在屋檐下躲雨，看见观音正撑着伞走来。这人说："观音菩萨，普度一下众生吧，带我一段如何？"观音说："我在雨里，你在檐下，而檐下无雨，你不需要我度。"这人立刻跳出来，站在雨中说："现在我也在雨中了，该度我了吧?"观音说："你在雨中，我也在雨中。我不被淋，因为有伞；你被雨淋，因为无伞。所以不是我度自己，而是伞度我。你要想度，不必找我，请自找伞去!"说完便走了。第二天，这人遇到了难事，便去寺庙里求观音。走进庙里，才发现观音的像前也有一个人在拜，那个人长得和观音一模一样。

这人问："你是观音吗?"那人答道："我正是观音。"

这人又问："那你为何还拜自己?"

观音笑道："我也遇到了难事，但我知道，求人不如求己。"

也许，神是伟大的，但神会给我们什么呢?

我们祈求力量，神便给我们困难去克服，使我们变得强大；

我们祈求智慧，神便给出问题让我们去解决；

我们祈求成功，神便给我们大脑和强健的肌肉；

我们祈求勇气，神便设置障碍让我们去克服；

我们祈求爱，神便指引我们去帮助需要关爱的人；

我们祈求荣耀，神便给我们创造荣耀的机会；

从神那里，我们没有得到任何我们祈求的东西，但却得到了所有必须具备的东西。我们需要做的就是毫无畏惧地生活，直面所有的障碍和困境，并充满信心地去克服!

所以，自己才是自己的命运之神! 永远相信自己，这不是说说而已。如果你真的做到了，那么你离成功已经不远了。

心向阳光，多从好的方面看问题

　　在公车上你被急急忙忙跑上车的乘客狠狠踩了一脚，你怒不可遏，刚想发作，对方说了一声"对不起"，你忽然想起上次上班差点要迟到了，公车却迟迟不来，在等了15分钟后，你急匆匆地跳上一辆拥挤不堪的公交车，不小心踩了一位时髦姑娘的脚，被她狠狠骂了一顿……于是你想到，或许眼前这位乘客也是太急了，或许他也遇上了什么麻烦事。

　　如果我们能从另一个角度看人，说不定很多缺点反而是优点。一个固执的人，你可以把他看成一个"信念坚定的人"；一个吝啬的人，你可以把他看成一个"节俭的人"；一个城府深的人，你可以把他看成一个"能深谋远虑的人"；一个自大的人，你可以把他看成一个"自信心强的人"；一个喜欢发脾气的人，你可以把他看成是一个"感情丰富的人"。

　　拥有良好的心态，你要试着换个角度看问题。如果你总觉得你对社会、对他人付出很多，而没有得到回报，你自然很难宽容别人。 所以，你要多想想他人的优点。

安徒生有一则名为《老头子总是对的》的童话故事。

乡下有一对清贫的老夫妇，有一天，他们想把家中唯一值点钱的马拉到市场上去换点更有用的东西。老头子牵着马去赶集了，他先与人换得一头母牛，又用母牛去换了一只羊，再用羊换来一只肥鹅，又把鹅换了母鸡，然后用母鸡换了别人的一口袋烂苹果。

在每次交换中，他都想给老伴一个惊喜。

当他扛着大袋子来到一家小酒店歇息时，遇上两个英国人。闲聊中他谈了自己赶集的经过，两个英国人听后哈哈大笑，说他回去准得挨老婆子一顿揍。老头子坚称不会，英国人就用一袋金币打赌，于是他们一起回到老头子家中。

老太婆见老头子回来了，非常高兴，她兴奋地听老头子讲赶集的经过。每听老头子讲到用一种东西换了另一种东西时，她都充满了对老头子的钦佩。

她嘴里不时地说着："哦，我们有牛奶了！"

"羊奶也同样好喝。"

"哦，鹅毛多漂亮！"

"哦，我们有鸡蛋吃了！"

最后听到老头子背回一袋已经开始腐烂的苹果时，她同样不愠不恼，大声说："我们今晚就可以吃到苹果馅饼了！"

结果，老头子赢到了一袋金币。

故事中的老妇真是一个宽容的人。 她知道老头子是为了给自己惊喜，所以并不责怪他得到的东西一次比一次少，而是从积极的一面考虑，不考虑失去了什么，只考虑得到了什么。 所以老夫妇俩总是无忧无虑。 最后他们还得到了英国人的一袋金币，这难道不是意外的收获吗？

第三章

做人有胸怀，方有大格局

能容纳世界，才能得到世界

能容纳世界，才能得到世界。 成功的领导者之所以有那么多员工们追随，就是因为他们懂得宽容，用宽容的习惯引导自己的行动，为他人也更为自己开启了方便之门。

领导者要想迈向成功就要具备宽容的个性，这一点也是至关重要的。 宽容首先表现在对人的个性的接纳，接受别人有与自己不同的性格、爱好和要求，不能要求别人和自己一样，对别人吹毛求疵。 要有一种宽容的心胸，有能欣赏别人特点的能力。

在一个领导集体里，每个人的个性是不一样的。 在性格上，可能有内向和外向之分，在气质、能力上也各有各的特长和不足。 这样，有人做事可能果敢、利索，性格刚烈，办事效率高，但无韧性；有人做事可能周到细致，性格柔韧，办事效率不高。 如果能看到彼此的特点，在领导工作中互相配合好，就能弥补各自的缺陷，既把事情做好，又能和下属搞好关系，使领导集体显得充满活力，性格不同，能力互补，让人对集体有一种配合默契的感觉，对各个领导的风格都有一种欣赏心理，因为良好的配合弱化了每个人的缺点，突出了个体的优点，领导集体的感召力大大增强。

领导者懂得宽容，就会使团队中每个人的个性充分发挥而又不影响集体的发展，就像一个好的园丁，在他的花园里，既有百花齐放的景象，也有争妍斗奇的风景。人们光顾这里时，有一种赏心悦目的感受，对园丁的技术充满敬意，因为他既培育出了万紫千红的景观，又把每一处景致合理地整合，不让某一个体破坏了整体的协调。

如果领导者不理解他人的个性，不能容纳他人的特点和要求，会使人与人之间的关系变得不融洽，出现裂痕，甚至带来严重的后果。

黄元吉的杂剧《流星马》中有句："大度豁达义气深，决胜千里辨输赢。"古往今来，但凡事业有突出业绩、取得成就的领袖人物，绝对不是心胸狭窄、小肚鸡肠、谨小慎微的人，反之，他们都是襟怀坦荡、豁达大度的人。

豁达的领导者往往具有如下品质：对待事物常常"不以物喜，不以己悲"；对待名利常常"得之淡然，失之泰然"；为人处世能"退一步风平浪静，让三分海阔天空"；面对困难挫折时能"一蓑烟雨任平生"；为集体利益能"心底无私天地宽"。他们始终充满激情、高兴与愉快，有着健全的品格和良好的心境，他们豪爽、坦荡、热情、开朗，有自觉的意志但不盲目，果断而不武断，坚韧而不固执，自制而不放任。他们的言行一致，人际关系和谐，行为反应适度。

豁达的领导者，具有自知之明。他们懂得"整体大于局部之和"的系统原理，处理事务以全局和整体的利益作为出发点，他们能够高瞻远瞩，立足当前，预见未来和创造未来。豁达的人，主动性和自然性都很强，他们往往慎权、慎欲、慎微、慎独。他们见贤思齐而不嫉贤妒能，光明磊落而不暗箭伤人，与所有人平等相处，是一个关爱别人也被别人爱戴的人。豁达的领导者，多谋而出于公心，善变而利于事业，谦让容忍却并非"难得糊涂"。

宽容是一种胸怀，是一个良好的习惯，它是对现实生活中的不愉快所作出的让步，当然，宽容不等于姑息，不是无原则的迁就，姑息、迁就只能使误解加深，让不满逐渐积成仇恨。学会宽容，就开启了又一道通向成功之路的大门。

理解通融，宽容别人就是爱自己

宽容是一种美德，这是因为我们为对自己好的人付出爱不难，难的是在面对那些伤害过自己，对自己有敌意的人，依然能伸出友爱的手。 宽容意味着理解和通融，是融合人际关系的催化剂，同时它还能将敌意化解为友谊。

有一次，某位主持人在电台上介绍《小妇人》的作者时，说错了作者的出生地。事后，有一位听众就写信狠狠地骂他，把他骂得体无完肤。他当时真想回信告诉她："我是把作者的出生地说错了，但我从来没有见过像你这么粗鲁无礼的女人。"但是，他控制住了自己，没有向她回击，他鼓励自己将敌意化解为友谊。他自问："如果我是她的话，可能也会像她一样愤怒吗？"他尽量站在对方的立场上来思索这件事情。他打了个电话给那名听众，再三向她承认错误并表示道歉。这位太太终于表示了对他的理解和敬佩。

宽容在很多时候，可以为自己带来更广阔的发展和机会。

三国时期，诸侯割据称雄，各方势力之间长期混战，力量此消彼长。曹操在这个过程中逐渐强大起来。不过，在一开始，盘踞北方的袁绍的实力比曹操雄厚得多。曹操手下的不少谋士都与袁绍有书信上的秘密往来，因为他们害怕曹操被袁绍兼并以后自己没有退身之路。官渡之战结束后，在清理战利品时，曹军从袁军大营里缴获了一大摞书信，都是曹操的部下写给袁绍的密件，那些写了信的人见秘密即将败露，一个个胆战心惊，不知如何是好。正当众人紧张万分之际，曹操却当着众人的面，把那些信全部烧掉了，并对他们说："过去的就让它过去吧，以前我们就像是鸡蛋，而袁军就像是石头。我也在为自己的退路担心，我的属下这么做，我完全能够理解。"那些提心吊胆的人见曹操如此宽容，又目睹那一大摞书信在烈火中化为灰烬，个个如释重负，感到空前的轻松，同时都流下了感激的泪水。那些给袁绍写过信的人，从此成了曹操忠实的谋士，他们争相出谋划策，为曹操的称霸贡献出了自己的力量。

胡雪岩的药店开张不久，曾聘请一个富有远见的中药行家当经理。有一次，这位经理采办一味名贵药品，由于一时疏忽，被混进一些伪劣产品。一名副经理知道后，便私下向胡雪岩汇报，被胡雪岩识破其意，胡雪岩要副经理把所有伪劣产品挑出来销毁，事后胡雪岩并未对那位经理有任何责难，反而把副经理辞退了。胡雪岩认为，工作失误难免，关键要不图私利，该副经理不帮助经理解决问题，直接向上级汇报，这是他心地不善，不可重用！后来，这位经理内心十分佩服胡雪岩的宽容，更加努力地为药店效劳。由于良好的商业道德，胡雪岩成了"仁厚宽容"的代名词。谁与他打交道谁就能发财，并且与他一起共事，他不会让你吃亏。

成功者都是胸怀宽广的，他们心中没有仇恨，只有大爱。善待别人就是善待自己。

退后一步，自宽平一步

　　"径路窄处，留一步与人行；滋味浓的，减三分让人尝，此是涉世一极安乐法。"这句话旨在说明谦让的美德。 这其实是一种成熟的、以退为进的做法。 为什么要退让？ "人情反复，世路崎岖。 行去不远，须知退一步之法。"俗话说："人情翻覆似波澜"，今日的朋友，也许会成为明日的仇敌，而今天的对手，也可能成为明天的朋友。 世事一如崎岖道路，困难重重。 因此，走不过的地方不妨退一步，让别人先过。

　　这样做，既是为他人着想，又能为自己留条后路。 凡事让步表面上看是吃亏，但事实上由此获得的必然比失去的多。

　　争先的径路窄，退后一步，自宽平一步；浓艳的滋味短，清淡一分，自悠长一分。 一条小路若大家争先恐后就显得越发狭窄，谁也过不去；若是让别人先行一步，自己也会有较宽平的道路可以轻松地通过。 两者相比较之下，为什么不选择利于自己的做法呢？ 更积极的做法是：处世让一步为高，退步即进步的根本，待人宽一分是福也是德。

> 孟子说：君子之所以异于常人，便是在于其能时时自我反省。即使受到他人不合理的对待，也必定先反省自身，自问，我是否达到仁的境界？是否欠缺礼？为何别人如此对待我呢？等到自我反省的结果合乎仁也合乎礼了，而对方强横的态度却仍然不改，那么，君子又要反问自己：我一定还有不够真诚的地方。再反省的结果是自己没有不够真诚的地方，而对方强横的态度依然故我，君子这时才感慨道："他不过是个狂妄的人罢了。这种人和禽兽又有何差别呢？对于禽兽根本不需要斤斤计较。"

每个人都生活在群体中，有人的地方自然会有矛盾，而很多人就喜欢争吵，非论个是非曲直不可。其实这种做法很不明智，吵架又伤和气又伤感情，很是不值。不如大事化小，小事化了。俗话说，家和万事兴。推而广之，人和也万事兴。人际交往中切不可认死理，装装糊涂于己于人都有利。

事实上，按照一般常情，任何人都不会把过去的记忆像流水一般抹掉。人们有时会对有的事情执念很深，甚至会终生不忘。当然，这仍然属于正常之举。为了避免招致别人的怨愤，或者少得罪人，一个人行事需小心。《老子》中据此提出了"报怨以德"的思想。孔子也曾得出类似的话来教育弟子："以直报怨，以德报德。"其含义均是教人处世时心胸要豁达，以君子般的坦然姿态应付一切。

在现实生活中，当与人发生矛盾或冲突时，对于别人的批评，除了虚心接受之外，还要做到毫不在意。人与人之间发生矛盾的时候太多了，因此，一定要心胸豁达，有涵养，不要为了不值得的小事与人发生冲突。生活中常有一些人喜欢论人短长，在背后说三道四，如果听到有人这样谈论自己，完全不必理睬这种人。只要自己能按自己的方式去生活，又何必在意别人说些什么呢？

宽容是金，忍让是福

一个人学会忍让，会获得人生的感悟；学会宽容，会打开爱的大门。

一位画家在集市上卖画。从不远处，前呼后拥地走来一位大臣的孩子，大臣在年轻时曾气死了画家的父亲。这孩子在画家的作品前流连忘返，并且选中了一幅，画家却匆匆地用一块布把它遮盖住，并声称这幅画不卖。

从此以后，大臣的孩子因为这件事而变得憔悴。最后，大臣出面，表示愿意以一笔高价购买那幅画。但是，画家宁愿把那幅画挂在自己画室的墙上，也不愿意出售。他阴沉着脸坐于画前，自言自语道："这就是我的报复。"

每天早晨，画家都要画一幅他信奉的神像，这是他表示信仰的唯一方式。

可是现在，他觉得这些神像与他以前画的神像日渐相异。

这使他苦恼不已，他不停地寻找原因。有一天，他惊恐地丢下手中的画，跳了起来：他刚画好的神像的眼睛，居然是那大臣的眼睛，而嘴唇也是那么相似！

他把画撕碎，并且高喊："我的报复已经回到我的头上来了！"

这个故事告诉我们，一个人若心存报复，自己所受的伤害就会比对方更大。报复会将一个正常的人驱向疯狂的边缘，报复还会把无罪推向有罪。据相关方面介绍，现在很多的刑事案件就是因报复而引起的。

许多心理学专家研究证实，报复心理非常有碍健康，高血压、心脏病、胃溃疡等疾病都与长期积怨和过度紧张有关。

有一位好莱坞的女演员失恋后，怨恨和报复心理使她的面孔变得僵硬而多皱，她去找一位最有名的美容师为她美容。这位美容师非常明白她的心理状态，于是便中肯地告诉她："你如果不消除心中的怨和恨，我敢说全世界任何美容师都无法美化你的容貌。"

哲人说，宽容和忍让能换来甜蜜的结果。这话是没错的。

古时候有个叫陈嚣的人，与一个叫纪伯的人做邻居。有一天夜里，纪伯偷偷地把陈嚣家的篱笆拔起来，向后挪了挪。这事被陈嚣发现后，心想："你不就是想扩大点地盘吗？我满足你。"他等纪伯走后，又把篱笆往后挪一丈。天亮之后，纪伯发现自家的地盘又宽出了许多，知道是陈嚣在让他，他心里很惭愧，主动找上陈家，把多侵占的地统统还给了陈家。

《寓圃杂记》中记述了杨翥的两件小事。

杨翥的邻人丢失了一只鸡，骂说被姓杨的偷去了。家人告知杨翥，杨翥说："又不是我一家姓杨，随他骂去。"

又有一位邻居，每遇下雨天，便将自家院中的积水排放进杨翥家中，使杨家深受脏污潮湿之苦。家人告诉杨翥，但他却劝解家人："总是晴天干燥的时日多，下雨的日子少。"

久而久之，邻居们被杨翥的忍让所感动。一天，一伙贼人密谋抢劫杨家的财宝。邻人们得知后，主动组织起来帮杨家守夜防贼，令杨家免去了这场灾祸。

忍让和宽容说起来简单，可做起来并不容易。任何忍让和宽容都要付出代价，甚至痛苦的代价。人的一生常常碰到个人的利益被他人有意或无意侵害的情况。为了培养与锻炼良好的心理素质，你必须勇于接受忍让和宽容的考验，即使情绪无法控制时，也要紧闭自己的嘴巴，管住自己的大脑。忍一忍，就能抵御急躁和鲁莽，控制冲动的行为。如果能像陈嚣、杨翥那样寻找出一条平衡自己心理的理由，说服自己，那就能把忍让的痛苦化解，使自己变得宽容和大度起来。

生活中有许多事当忍则忍，能让则让。忍让和宽容不是怯懦胆小，而是关怀体谅。忍让和宽容是给予，是奉献，是人生的一种智慧，是建立人与人之间良好关系的法宝。

和自己不喜欢的人携手

与自己喜欢、欣赏的人交往是我们的本能，对于那些自己不喜欢的人则远远地避开，不愿意和他们打交道。然而，生活中哪有那么多使人愉悦和赏心悦目的人呢？有时候我们不得不去和我们不喜欢，甚至是非常厌恶的人交往，有时候可能是我们的敌人，这时候就需要我们拿出真诚而宽容的态度对待每一个人。

小王是国内非常有名的矿场工程师，他从著名的耶鲁大学毕业后，到德国弗莱堡大学攻读了三年。毕业回国后，他一心想要为国家的矿产开发作贡献，于是他去找我国某矿场公司的总经理。

总经理是个脾气耿直、讲究效率的人。他非常不喜欢那些文质彬彬的工程技术人员，认为他们只会长篇大论，而动手能力非常差。当小王找到总经理之后，总经理直言不讳地说："实话说，我不打算聘用你，我觉得你在弗莱堡大学做过专门的研究，你的脑子里一定装满了理论。我们更需要一些动手能力强的人。"

小王笑了笑，说："事实上，我在弗莱堡大学并没有学到多少知识，我只顾着到处接活，多挣点儿钱，多积累一点儿工作经验。"

总经理笑了起来，连忙说："好，好，好！这就很好，我就需要你这样的人，你明天办一下入职手续就可以上班了。"

每一个人都有自己的生活习惯和为人处世的方法，只要不是违法乱纪的事情，我们都要尊重别人的选择。多站在对方的立场上考虑一下，也就没什么问题了。有些人身上是有很多的毛病让我们难以接受，怎么也看不顺眼，但是我们自己就没有什么让对方看不顺眼的毛病吗？我们可以不喜欢对方身上的缺点，但是我们不应该排斥、远离他。

在洛克菲勒的公司，曾经有一位不速之客跑到了他的办公室，猛烈地捶击着写字台，大声地吼道："洛克菲勒，我非常恨你！"紧接着，这位不速之客满口脏话骂了洛克菲勒足足十分钟。办公室里的人都非常生气，他们以为洛克菲勒会立即叫来保安把他驱逐出去，但是，他并没有这么做，而是停下手里的工作，和蔼地看着那个人，什么也没有说，那个人愈加暴躁，他愈加和蔼。

那个人被洛克菲勒的态度弄得不知所措，事实上，他是专门来找洛克菲勒麻烦的，可是洛克菲勒一反常态的做法，让他把原本想好的许多话全部忘记了，临走时他又在洛克菲勒的桌子上狠狠地敲了几下，以发泄自己严重不满的情绪。但是洛克菲勒呢？就跟什么事情也没有发生过一样，重新拿起笔，做自己的事情去了，那个不速之客只好转过头无可奈何地走了。

　　性格不同的人处理问题的方式往往也不相同，要学会在不同的性格中寻找到相同的东西。 比如你是一个性格温和的人，你给朋友提意见的时候，语言非常委婉。 但是你朋友身边还有一个人，他提意见的时候，往往单刀直入，语言尖锐，甚至会连你一起批评。 这时候，你就会觉得对方性格太鲁莽，太不讲情面，这样一来，你感到和他格格不入。 但是，如果你看到你们除了提意见的方式不一样之外，他和你是一样的，都是热心帮助别人的人，你就不会生他的气了。

　　一个人性格的形成，往往跟他生活的时代、家庭的环境、所受的教育以及经历和遭遇都有关系。 与人交往的时候，多了解一些这方面的情况，这样一来，你就有可能理解和体谅对方。 世界上的一切都不是尽善尽美的，每一个人在思想上和性格上都存在着差异，我们对人不能求全责备，心胸应该宽一些，气量应该大一些。

第四章

眼界决定胆量，勇气成就未来

拒绝模仿，想他人之不敢想

实现心中的"梦想"或者说是"奢望"也许是极为困难的事，然而正因为你追求的是一个高目标，所以更可能接近成功。

有胆略、有创造精神的人，从不互相抄袭，他们往往是先例的破坏者。要知道，成功是创造的，是自我的表现，即使你抄袭了成功人士的模式，也只是模仿，没有得其精髓。有独到见解的人都有出路，而模仿者、尾随人后者、循规蹈矩者，都不受欢迎。

当今社会，经济的发展格外受重视。多年来形成的市场经济告诉我们：只有思路常新才有出路，只有思路开阔才能突破困境，找到正确的方向。成功的喜悦从来都是属于那些思路常新、不落俗套的人。所以，要想在职场中大展宏图，就要在你的头脑中形成正确的思路，并决心为之付出努力。

如果你想富，就要"思考"，独立思考而不是盲从别人。富人最大的一项资产就是他们的思考方式与别人不同。如果你做别人做过的事，最终只会得到别人已拥有的东西。

　　美国富豪亚默尔少年时只是一个种田的小农夫。青年时正逢"淘金热"，他来到加州的大山谷，投入到淘金者的行列。山谷里的气候干燥，水源奇缺，心怀黄金梦的人们感到最痛苦的是没有水喝，有人甚至宣称："谁有水？我愿意出一个金币买一口水！"言者无意听者有心，亚默尔经过思考放弃了找金子的想法，他用手中的铁锹挖一条水渠，把河水引进来，经过细沙过滤，变成清凉可口的饮用水。最后，他把水装进桶里、壶里，卖给淘金的人们喝。那些口干舌燥的人们蜂拥而至，一个个金币投向亚默尔的腰包。一开始，好多人嘲笑他："如果要干卖水这种蝇头小利的生意，你又何必千辛万苦到加州来挖金子？"但亚默尔不为所动，依然卖他的水。后来，当许多人的美梦破灭而忍饥挨饿、流落他乡时，亚默尔已经成为富翁了。

　　比尔·盖茨说："如果一生只求平稳，从不放开自己去追逐更高的目标，从不展翅高飞，那么人生便失去了意义。"要想获得成功，那么就永远不要安于现状，因为不满现状、奋发向上是成功的前提。

　　很多人都有这样的念头：世界上最好的东西，不是我这一辈子所能拥有的。大部分的年轻员工，本来可以做大事、立大业。然而，事实上却是在公司中做着一些小事，过着平庸的生活，造成这种结果的原因就是因为他们没有远大的志向与谋划能力。

如果一个人不相信自己能够完成一件别人从未做过的事，他就永远不会去做。假如你能觉悟到外力不足，而把一切都依赖于你的内在能力时，不要怀疑你自己的见解，信任你自己表现出的个性，能够成就事业的，永远是那些信任自己见解的人，敢于想他人之不敢想，为他人之不敢为的人，不怕孤独的人。他们勇敢而富有创造力，并且勇于向规则挑战。

人对于自己的一生必须有美好的憧憬，但是，这种憧憬是不可能靠着空谈和等待实现的，功成名就的人都是付出行动解决问题的人，他们依照正确的原则掌握主动，做了需要做的事，并完成工作目标，最终实现人生的目标。

面对机遇，该出手时就出手

　　机遇无处不在，机遇面前人人平等。 然而，能抓住机遇的人毕竟是少数，这就是机遇可贵的原因。 其实机遇并不是那么难测，也不像许多人想象的那么神秘深远。 它经常出现在你的身旁，在你伸手够得着的地方出现。 只要抓住了机遇，我们就能超前一步，胜人一筹，后来居上。 如果错失了机遇，我们就会与唾手可得的成功擦肩而过，懊悔不已。 面对机遇，该出手时就出手，时刻准备去把握。 要知道机不可失，时不再来。

　　在一个人成长的过程中，是否能适应社会，是否能更好地生存，很大程度上取决于他是否善于抓住机遇。 把握住了每次机遇并勇往直前，我们的人生才会绚丽多彩。

　　有这样一则笑话：

　　　　从前有个人，他相信上帝无时不在，无处不在。因此，他每天都十分虔诚地向上帝祈祷。

一天，突降大雨，很多地方都被洪水淹没，人们纷纷逃命。

但这个人认为：我这么虔诚地信奉上帝，上帝应该会来救我的。因此，他没有和众人一起逃生。

他站在屋顶上这样想着，所以，当救援队乘着救生艇来救他时，他拒绝了，因为他坚信上帝会来救他。

结果，他淹死了。

他的灵魂到了天堂，正巧碰到上帝，于是他质问上帝："我对你那么虔诚，你为什么不来救我？"

这时，上帝回答他说："我派救生艇去救你，是你自己不愿被救，才被淹死的，这能怪谁呢？"

这则笑话告诉我们：机遇不容错过，它有时改变的不仅仅是我们的命运，还可能关系到我们的生命。

这个故事虽简单，却蕴含了一个耐人寻味的哲理：机不可失，时不再来。"救生艇"是这个人生存的机会，可他却一直期待着上帝能伸出手去救他，结果丢了性命。因此，当面对求生的机遇时，及时抓住才是最重要的。

唐朝初年，李渊为了平定天下，委派将军李靖担任行军总管兼行军长史，统率大队兵马去攻打蜀郡的萧铣。蜀郡山高路险，更有长江三峡陡峭天堑，易守难攻。

李靖认真分析了敌我双方的形势，迅速决策，很快做好战斗准备。不久，浩浩荡荡的大军雄赳赳地向蜀郡进发。

此时的长江汹涌澎湃，三峡水流湍急，险恶异常。蜀郡的探子得到李靖大举进攻的情报，急急忙忙赶回蜀郡向萧铣报告。萧铣大吃一惊，继而哈哈大笑，向部将说道："眼下秋色潇潇，寒气凛冽，他李靖几十万兵马能飞过长江不成？再说三峡天险，危路岌岌，他纵是神通广大，也难免葬身鱼腹。我想李靖不过是虚张声势罢了，不必多虑。"经萧铣这么一说，部将们也都放下心来，放松了防守。

　　李靖率领三军将领经过长途行军，来到长江边。只见江水横溢，白浪滔天，其势如千军万马，奔腾咆哮，令人心惊胆寒。有位将领见此情景，便向李靖建议说："江水泛滥，三峡险峻，战士们渡江一定十分困难，依我看，不如等江水退了，我们再打过江去。"

　　李靖站在高处，面对滔滔江水有力地挥着手，语气坚定地说："现在一定要渡过江去，打他个措手不及！要知道，兵贵神速，机不可失。我们突然来到这里，萧铣一点儿也不知道。他只以为我们被江水阻隔，不会马上进攻。我们必须在他还没有调集兵马之前，趁着这江水猛涨的大好时机，以迅雷不及掩耳之势，一举攻到城下，这才是用兵的上策。"

　　将领们听了这席话，个个奋勇争先。在李靖的指挥下，战士们很快攻下夷陵，杀伤敌军数万，掳获船只四百余艘。接着，他们乘胜前进，占领江陵，直逼蜀郡。在强大的攻势下，萧铣不得不带领部下举手投降。

在生活中，面对一件事，如果等所有的条件都成熟时才去行动，也许当条件成熟了，机会却消失了。 机会不会等我们。 所以，当我们在面对机遇时，要懂得该出手时就出手，不要犹豫不决。 抓住机遇，才是最重要的。

大胆向困难和逆境宣战

　　每一个成功者都知道，在为目标奋斗的过程中绝对不可能一帆风顺。 前进的道路上总会有暗礁险滩，总会有狂风恶浪，当然还有不顺心、不如意的时候，也会有无所适从甚至胆怯的时候，但那或许只是一瞬间的事，他们从不会因此而退缩，更不会轻言放弃。

　　没有勇气的人如一只惊弓之鸟，事业上、生活中的任何一点点风吹草动和坎坷磨难，对他们来说都是一场浩劫，是一场无可避免的灾难，是足以令他们惶惶不可终日的巨大恐惧。

　　没有勇气的人总是担惊受怕，他们总是会被各种各样的恐惧、忧虑包围，看不到前面的路，更看不到前方的风景。

　　然而，世上没有绝对的事情，懦夫并不注定永远懦弱，只要鼓起勇气，大胆向困难和逆境宣战，并付诸行动，就会成为勇士。

1. 有胆识者成大业

日本松下电器公司董事长松下幸之助早年曾在大阪电灯公司工作。他对电灯泡着了迷，为了实现其改进电灯灯头的构想，不惜倾资开展改良工作，并组建了松下电器公司。不巧公司成立之初，曾遇经济危机，市场疲软，销售困难。怎样才能使公司摆脱困境、转危为安呢？

灯泡必须备有电源方能起作用。为此，松下亲自去拜访冈田干电池公司的董事长，希望双方合作进行产品的宣传，并免费赠送一万个干电池。一向豪迈爽直的冈田听了此言也不禁大吃一惊，因为这显然是一种冒险。但松下诚挚、果敢的态度实在感人，冈田最终答应了他的请求。松下公司的电灯泡搭配上冈田公司的干电池，发挥了最佳的宣传效果。很快，电灯泡的销路直线上升，干电池的订单也如雪片般飞来。初创伊始的松下电器公司非但没有倒闭，反而从此名声大振，生意兴隆。

松下的可贵之处在于：一是身陷困境时敢于出手的非凡胆识；二是说服别人时所体现出的自信和诚挚。

2. 机会只留给有勇气的人

成功就在于第一次的突破，增强了勇敢的力量也就等于把握住了机遇。莎士比亚说："本来无望的事，大胆尝试，往往能成功。"所以，大胆尝试常常会带给你更多的机会。

3. 在行动中练就勇气

　　要克服胆怯的弱点，就要借助气势的激励。 对性格怯懦的人来说，要学会用自我打气、自我鼓励、自我暗示等方法来培养自己无所畏惧的气势。 要善于发现和肯定自己的长处与成绩，提高对自我的评价和信心。

勇于挑战"高难度"

当我们面对一个难度较大的问题而苦无良策时，就会渴望得到一种新的解决方式，而这种理想的解决方式可能会蕴藏许多危机，这时就需要我们有勇气去面对，要有一点冒险精神，才能将问题解决，获得成功。

职场上，我们要敢于挑战高难度的工作。勇敢地承担起工作中的重任，这是对自己的历练，也是对自己的提升。

1. 成功需要一点冒险精神

1988 年 10 月 27 日，秘鲁的一艘潜水艇在公海上被一艘日本商船撞沉。船长及大副等 6 人当场死亡，还有 22 名船员随潜艇沉入海中。危急关头，大家推举老船员詹特斯为临时船长，让他拿出逃生办法。

时间一分一秒地过去，潜水艇还在继续下沉。有人已经绝望了。

詹特斯想到发射鱼雷的方法，他决定冒险搏一把——用发射鱼雷的方法，将人一个个地发射出去。

　　然而，这样做实在太危险了，因为人被发射后，要承受巨大的压力，弄不好就会给身体造成巨大伤害。

　　这时潜艇已沉入海中33米，不能再犹豫了！

　　詹特斯告诉大家：进入鱼雷弹道口前，尽量把腔内的空气排净，否则肺会像气球一样在发射中爆炸。结果，这22人中除一人脑出血外，其他人都被安全地发射到海面，死里逃生。

看似行不通的办法，可能就是救命的良方。只有敢于冒险搏一把的人，才能获得机会。

2. 敢想敢干敢挑战

　　1987年10月的一天，一架苏联空军的苏27战斗机在国境线上两次拦截一架挪威P38侦察机。

　　挪威飞行员见势不妙，示意即将离开。

　　苏27返航以后，P38第三次拐了回来。就当时的国际形势而言，挪威飞行员认定对方不会开火。是的，他们没有猜错，但是那架苏27却径自飞到P38后下方位置，调整好方向后，突然高速掠过，用自己锋利的垂直尾翼切开了P38发动机的外壳。在金属的尖利啸叫中，风扇桨叶被切断，残片像飞刀一样插进P38机身。

　　受伤的挪威侦察机，一路挣扎着飞回了基地，侥幸逃过了葬身鱼腹的劫数。

从此，苏27被大受震惊的西方称为"空中手术刀"。航空界只要提起这件事，对苏联飞行员的评价几乎众口一词：作风强悍、技术精湛、无所畏惧。

优秀的飞行员比比皆是，但有几个敢在万米空中玩这种"亲密接触"？要知道，时速80千米的两辆汽车一旦相距不足5米，司机就会非常紧张，更不用说飞机在2米的距离超音速掠过了。

当时，挪威机组拍下了苏联飞行员采取行动前冷峻刚毅的表情，后来，他们回忆说："我们感觉不妙，预感到会发生什么事情。"但他们当时能想到的，无非是拦截机向己方机头前方几千米处发射几发警告弹，谁能料到，那个苏军飞行员竟要创造世界上海拔最高的"外科手术"呢？

敢想敢干，不被外界因素干扰，在任何情况下保持自己的主见，用自己的方法去解决问题，也是一种勇气。

第五章

眼界催生思路，思路决定出路

反向心理调节，换个角度看问题

　　人生在世，每个人都要常常面对困境，难免情绪沮丧。怎么从这种情绪中摆脱出来呢？有一种方法，就是换个角度思考问题，这样常常能使人的心理和情绪发生良性变化，得出完全相反的结论。 心理学上把这种运用心理调节的过程称之为反向心理调节法，它常常能使人战胜沮丧，从不良情绪中解脱出来。

　　有一个人利用假日骑摩托车外出兜风，本来精神蛮好，情绪很高。不曾想走出 200 余里后车子出了毛病，他停在了上不着村下不靠店的偏僻山沟里。这一下他着急了，没有办法，只好推着车子慢慢往前走，等找到修车行时天色已晚，修好车已是半夜时分，他只得骑着车行驶在夜幕中。这时他越想越气，觉得太倒霉了，情绪坏到了极点。走着走着，他忽然闪过一个念头：何苦如此折磨自己。车虽然坏了，但修好了，人没有受伤，这不是不幸中的万幸吗？运用反向心理调节法，他从相反的方向思考问题，心情完全变了样，望着寂静的山道，闪烁的灯光，他感到夜间行车别有一番情趣。这样在黑夜行车的经历，一生能有几次？不是车坏还没有这样的机会呢！

在漆黑空旷的路上行车真是机会难得，有着独特的韵味：远处闪烁的灯光像满天星斗，呼呼的风声如同在耳边唱歌，大地寂静，万籁无声，这样的夜景何等迷人，这样的夜行何等美妙？这简直就是一首歌，一篇优美的散文，一幅引人入胜的图画！就这样，他怀着愉快的心情穿过一个又一个村镇，不知不觉于黎明时赶回家中。后来他经常把这一经历和感受讲给人们听，并引为自豪，逗得大家哈哈大笑。

人生在世，难免遇到一些伤心事、苦恼事，这些事会使人痛苦不堪。 这时，如果你能用反向心理调节法，发挥自己丰富的想象力和多角度的思索力，极力从不幸中寻找、挖掘出积极因素，就能转忧为喜，开拓出一片新的天地，从"山穷水尽"转入"柳暗花明"。

有这么一则寓言故事：

两个工匠一起去卖花盆，不幸途中翻了车，花盆大半打碎，悲观的工匠说："完了，坏了这么多花盆，真倒霉！"而另一个乐观的工匠却说："真幸运，还有这么多花盆没有打碎。"后一个工匠运用的就是反向心理调节法，从不幸中挖掘出了幸运。有一句话叫"境由心生"，说的就是这个道理。在很多情况下，人们的痛苦与快乐并不是由客观环境的优劣决定的，而是由自己的心态、情绪决定的。遇到同一件事，有人感到痛苦，有人却感到快乐，这完全是不同的心境使然。

美国成人教育家卡耐基说："如果我们有着快乐的思想，我们就会快乐；如果我们有着凄惨的思想，我们就会凄惨；如果我们有害怕的思想，我们就会害怕；如果我们有不健康的思想，我们还可能会生病。"对这个问题，英国文学家萧伯纳讲得更为明确。 曾有一名记者问萧伯纳："请问乐观主义者与悲观主义者的区别何在？"萧伯纳回答说："这很简单，假定桌子上有一瓶只剩下一半的酒，看见这瓶酒的人如果高喊'太好了，还有一半'，这就是乐观主义者；如果有人对着这瓶酒叹息'糟糕！只剩下一半'，那他就是悲观主义者。"

人生之路不可能一帆风顺，总会有困难、挫折、烦恼、痛苦，这些都是客观存在的，无法避免，你叹息也好，焦急也好，忧虑也好，恐惧也好，都无助于问题的解决。 在这种情况下，与其唉声叹气，惶惶不安，不如运用心理调节，对自己好一点，使情绪由"阴"转"晴"，摆脱烦恼。 俄国作家契诃夫曾这样说："要是火柴在你口袋里燃烧起来了，那你应该高兴，而且感谢上苍，多亏你的口袋不是火药库；要是你的手指扎了一根刺，那你应该高兴，还好这根刺不是扎在眼睛里。

依次类推，照我的劝告去做吧，你的生活就会欢乐无穷。"当我们遇到困难、挫折、逆境、厄运的时候，对自己好一点，换个角度思考一下，就能使自己从困难中奋起，从逆境中解脱，进入洒脱通达的境界，迎来万紫千红的艳阳天。

逆向思维：倒过来，就是一片新天地

我们小时候可能都玩过一种游戏：头朝下，脚朝上，双手撑地，身体贴墙，虽然累得满头大汗，但还是乐此不疲。 为什么呢？就是因为在倒立的过程中我们看到了另外一种景象，这种感觉非常新奇，它会使你对那些原有的熟悉的事物有一个全新的认识，也会让你产生很多奇妙的想法。 在工作中，当你遇到了难题，感觉无路可走时，也不妨把问题反过来想一想，有时候真的会"柳暗花明又一村"。

当秘书把名片交给董事长时，董事长和往常一样厌烦地把名片丢回去。秘书无奈地摇了摇头，把名片退回给立在门外的业务员阿伟。阿伟是一家酒业公司的业务员，这是他第三次来到这里，他想把自己公司的酒推销给这家超市。当秘书把名片还给他时，他再一次把名片递给秘书，笑着说："没关系，我下次再来拜访，所以还是请董事长留下名片。"

拗不过阿伟的坚持，秘书又硬着头皮走进董事长的办公室。这一次，董事长发火了，他将名片一撕两半，丢回给秘书。秘书一下子愣住了，不知所措地站在那里。董事长的火气更大，他从口袋里拿出 10 块钱，厉声嚷道："10 块钱买他一张名片，够了吧！让他以后别再来了！"岂知当秘书把撕碎的名片和钱递给阿伟后，阿伟并没有生气，而是随即掏出一张新名片递给秘书，并且高声说："麻烦您转告董事长，10 块钱可以买 10 张我的名片，我还欠他 9 张，以后每天我都会来送 1 张。"说完就要走。

这时，突然从董事长的办公室传来一阵大笑，董事长走了出来，"不跟他这样的业务员谈生意，我还找谁谈呢？"

就这样，阿伟顺利地和董事长谈成了代理事宜。

能够从别人设下的困局中逃脱的人都有一个本事，那就是逆向思考。当你逆着设局者的逻辑思考时，往往能够找到一种更为巧妙的解决方法。但是在工作中，我们常常沉溺于过去的经验或者惯例当中，按部就班、日复一日地做重复的工作，很多时候我们都在说"我的前任就是这么做的"，而没有想过"我为什么要这么做，还有没有更好的或者更省力的做法"。有时候从反面去想一下问题，往往会给你带来更有效率的工作方法。

在一家大型国有机械加工厂，王燕和她的同事负责质检工作，她们的工作几乎完全一样，每人负责一部分零件的质检，然后在质检表上做标志，合格的画上"√"，不合格的画上"×"。每天她都要检验上千个零件，然后画上千个"√"和"×"，常常从早忙到晚，但多数时间她好像都是在做画"√"的工作。

王燕觉得这样不是个办法，总得想个好法子。她跟同事李梅说了这个念头，可是李梅却说："能有什么好法子啊，这么多年都是这样画过来的，难道我们不画吗？"听了李梅的话，王燕突然有了一种想法：为什么非要画"√"，甚至画"√"画到手抽筋。画"√"的目的无非是记录该零件是符合要求的。那我能不能倒过来想一想，既然绝大部分零件都是符合要求的，我们为什么不能只给不符合要求的零件画"√"或者"×"，这样标示不是更加醒目且效果更好吗？而我们的工作量也大大降低了呀。

王燕想到这儿，立刻找到领导说了自己的想法，领导一听，觉得很有道理，欣然接受了王燕的提议。从此，王燕只在不合格的零件后面做标志，而那些合格的零件就不用再画"√"了，工作量大大降低，节省出的时间还可以更加仔细、认真地检验零件，不仅节约了时间，也提高了工作效率。

所以说，我们的工作不仅需要思考，有时还需要逆向思考。逆向思维说得简单点就是违背常理，从反面探究和解决问题。很多时候，我们遇到问题总是习惯从一个角度去想，这很有可能进入死胡同，因为事实也许存在完全相反的可能性。 有时候，如果问题实在很棘手，可以从反方向考虑一下，常常会有出乎意料的结果。 比如，推销一样东西，你如果总是夸耀自己的产品，客户可能会反感，这时你可以放低姿态，说出一个无关紧要的小问题；如果你遇到一个能言善辩的客户，可以以一副完全不懂的姿态应对他，他或许会自动败下阵来。 总之，工作中如果学会在适当的时候把问题反过来思考，会让你节约时间、提高效率、增加业绩。

逻辑思维：观瓶水之冰而知天下寒

　　职场中不少看似能力平平的人最后却比那些才能超群的人取得了更大的成就，人们常常对此感到奇怪，觉得机会总是幸运地降临到他们头上。但通过仔细地分析，你可以发现一个奥秘：他们都有一种很强的逻辑思维能力，具有"观瓶水之冰而知天下寒"的本领。当一件小事发生时，他们往往能够预见接下来要发生什么，所以他们总是能走在前面，第一个抓住机会。

　　在我国某著名的苹果产地，苹果的价格连续三年都在猛涨，为此，不少果农都兴奋不已。但是，唯独老王没有这种喜悦，孩子们见他整日若有所思，便问何故。老王说："现在苹果价格连年上涨，这样一来，就会有很多人栽种苹果。所以，明年的苹果市场一定会出现供大于求的局面，到时候苹果的价格会大大下跌，不仅如此，恐怕低价都卖不出去。"

果然，第二年众多的苹果供应商和营销商都吃到了苦头。但是，唯独老王没有发愁。因为他早就知道苹果市场会供大于求，所以想出了一个好办法：当苹果还在树上时，他就把自己剪好的"喜""福""吉""寿"等纸字贴在苹果向阳的一面。由于贴了纸的地方阳光照射不到，苹果上也就留下了"喜""福""吉""寿"等字的痕迹。所以，在别人还在愁自己的苹果如何推销时，他的苹果早被抢购一空。

第三年，老王的这一手，别人也学会了，但是他的苹果仍然卖得最火。原来，老王知道一旦自己的苹果卖得火了，其他果农肯定都会效仿，所以他必须推陈出新。这一次，他的苹果上不仅有字，而且还成了"系列苹果"，他的苹果上的字可以组成一句甜美的祝福语，比如"祝您寿比南山""爱情甜蜜""永远想念你"等等。于是，人们纷纷购买他的苹果作为礼品送人。

这就是逻辑思维，果农老王根据对市场的分析，得出了苹果市场即将供大于求的结论，因此，他得以事先采取措施。在工作中，逻辑思维相当重要，它可以帮你解决职场上一些常见的问题。下面的一些逻辑思维模式也许会让你的某些困惑豁然开朗。

1.鸟笼逻辑

在房间最显眼的地方挂一个鸟笼，过不了几天，主人就会把鸟笼扔掉，或是买一只鸟回来放进鸟笼。原理很简单，设想你是这房间的主人，只要有人走进房间，看到鸟笼，就会忍不住问你："鸟死了？"当你回答："我没有养鸟。"人们会问："那你挂一个鸟笼干什么？"最后你不得不在两个选择中二选一，因为这比无休止的解释要容易得多。鸟笼逻辑的原理很简单：人们绝大部分时候都采取惯性思维。

2. 破窗效应

一个房子如果窗户破了，没人去修补，不久之后其他的窗户也会莫名其妙地被人打破。一个很干净的地方，人们会不好意思丢垃圾，一旦地上有垃圾出现之后，人们就会毫不犹疑地扔垃圾。任何坏事，如果在开始时没有阻止，形成风气，就无法改变了。

3. 鲇鱼效应

沙丁鱼离开它们生活的水域就会很快死掉，但是如果你在鱼槽里放进一条鲇鱼，沙丁鱼活的时间就会延长。原来由于环境陌生，鲇鱼会四处游动，到处挑起事端。而沙丁鱼发现多了一个"异己分子"，自然也会紧张起来，加速活动，这样一来，沙丁鱼就存活下来了。后来，人们把这种现象称之为"鲇鱼效应"。

4. 责任分散效应

责任分散效应也称为旁观者效应，是指对某一件事来说，如果是单个个体被要求单独完成任务，责任感就会很强，会作出积极的反应。但如果是要求一个群体共同完成任务，群体中的每个个体的责任感就会很弱，面对困难或遇到责任往往会退缩。 因为前者独立承担责任，后者期望别人多承担点儿责任。 "责任分散"的实质就是人多不负责，责任不落实。

5. 帕金森定律

一个不称职的官员，可能有三条出路：第一，申请退职，把位子让给能干的人；第二，让一位能干的人来协助自己工作；第三，任用两个水平比自己更低的人当助手。 对很多人来说，第一条路和第二条路是万万走不得的，因为那样会丧失许多权力或是带来很多麻烦。 所以，只有第三条路最适宜。 两个助手既然无能，他们就上行下效，再为自己找两个更加无能的助手。 如此类推，就形成了一个机构臃肿、人浮于事的局面。

6. 木桶定律

一个由多块长短不同的木板箍成的木桶，决定其容量大小的不是最长的那块木板，而是其中最短的那块。 所以，在工作中，只有找出制约工作效率的最关键的环节，才能让矛盾迎刃而解。

7. 晕轮效应

晕轮效应又称成见效应、光圈效应等，指人们在交往认知中，对方的某个特别突出的特点、品质就会掩盖人们对对方的其他品质和特点的正确了解。 这种错觉现象，心理学中称之为"晕轮效应"。 美国心理学家 H. 凯利、S. E. 阿希等人在印象形成实验中证实了这一效应的存在。 晕轮效应除了与人们掌握对方的信息太少有关外，主要还是个人主观推断的泛化，扩张和定势的结果。 它往往容易形成人的成见或偏见，产生不良的后果。 故在人才选拔、任用和考评过程中应谨防这种倾向发生。

思路一改变，成功快一半

很多人总是忽视最基本的逻辑问题而不知变通，死守着原来的思路，却不知道"一变万事达"的道理，以至于最后坐吃山空，甚至被优胜劣汰的法则淘汰。

1. 山穷水尽换思路，柳暗花明又一村

毛姆出版第一本小说的时候并没有引起轰动，销量不高，毛姆有点着急。面对销量低下的惨淡局面，他并没有像其他作家那样用签名售书的形式扩大自己的知名度，而是独辟蹊径，选择了一种令人意想不到的方法：征婚。

毛姆在一家发行量很大的报纸上登了一则征婚启事："本人年轻英俊、教养深厚、身价百万，欲寻一位毛姆小说中女主人公式的女孩为终身伴侣。"一石激起千层浪，许多女孩纷纷购买毛姆的小说。还有一些人抱着好奇心

去看，这位百万富翁的择偶标准到底是什么？结果，毛姆的小说热卖，而毛姆本人的名气也一路飙升。

正如销售没有唯一的法则，问题的解决方式也并非一成不变。很多人追求一些所谓的成功经、最佳策略、最好办法，其实这样很容易陷入一种被限制的思维中，认为问题的解决方法应该是固定的。很多人在解决问题时习惯用惯用的方式方法，认为这样做成功的把握会更大，因而不敢放开思路尝试更多的方法。其实，任何问题都没有固定的方法。用一种方法应对所有问题的做法是行不通的。

2. 打破常规，不被旧观念所束缚

一艘远洋海轮不幸触礁，葬身海底，9名船员幸免于难，他们登上了一座孤岛。岛上除了石头别无他物，没有食物充饥，更严重的是，没有水解渴。尽管四周都是海水，可谁都知道海水又苦又涩又咸，根本无法饮用。在炎炎烈日下，每个人的嗓子都像冒了烟，他们只能盼望老天爷下雨，或者别的船只搭救。等啊等，没有下雨的迹象，也没有任何船只的踪影。有8名船员最终坚持不住，全都死在了孤岛上。

当最后一名船员快要饥渴交加而死的时候，他实在忍不住扑进海水，奇怪的是，他一点儿也感觉不到海水的苦涩，反而觉得海水甘甜清爽，非常解渴。他想：这也许是临死前的幻觉吧。于是便躺在岛上，静静地等着死神的降临。当他醒来时，发现自己只是睡了一觉，并没有死。于是，他每天靠喝孤岛边的海水度日，终于等来了救援的船只。后来人们对这里的水质进行分析才发现，这儿有地下泉水不断翻涌，所以孤岛边的海水实际上是甘甜可口的泉水。8名船员因为死守"海水不能饮用"的固有思维，最终渴死在淡水边。

观念是影响我们成功的关键。许多人有了新想法的时候，往往会被众多看似科学的权威观念扼杀在摇篮之中。因此，打破旧思想，提倡创新是解决问题的重要前提。勇于走进某些禁区，打破条条框框的束缚，敢为天下先，会寻找到意想不到的机会。因循守旧、维持现状的人，过的只能是芸芸众生的生活。由此可见，我们既要注重方式方法，又要有灵活应变的思维，只有这样才能达到事半功倍的效果，迅速地解决问题。

第六章

眼界决定取舍，选择左右成败

统筹规划，忙要忙到点子上

在工作中，我们经常遇到"蚂蚁型"的员工，他们天天加班加点，夜以继日，甚至没有星期天、没有节假日地忙碌工作，但是他们的忙碌却没有为企业创造出更多价值。

有个人要在客厅里挂一幅油画，请邻居来帮忙。这个人把油画扶好，正准备钉钉子，邻居说："这样不好，最好钉两个木块，把画挂在上面。"这个人觉得邻居的意见有道理，就请他帮着去找木块。木块很快找来了，正要钉，邻居说："等一等，木块有点大，最好能锯掉一点。"于是他便四处去找锯子。找来锯子，才锯了两下，邻居又说："不行，这锯子太钝了，该磨一磨。"这个人家里正好有一把锉刀，就把锉刀拿来了，却又发现锉刀没有把柄。为了给锉刀安装把柄，这个人去附近的灌木丛里寻找小树。要砍下小树时，他又发现那把锈迹斑斑的斧头实在不能用了。他又找来磨刀石磨斧头，可是为了固定住磨刀石，必须得制作几根固定磨刀石的木条。为此，他又去寻找一位木匠。然而，这一走，就再也没见他回来。下午邻居再见到他的时候，他正在街上，帮助木匠从五金店里往外抬一台笨重的电锯。

挂一幅画是很简单的事，但由于盲目行动，毫无计划，故事中的这个人把时间都花在了无用功上：找锯子、找锉刀、找斧头等，看似忙忙碌碌，最后却发现与结果背道而驰。许多效率低下、工作不出成果的人最容易犯的错误就是盲目行动，毫无计划，看上去他总是在埋头解决一些当务之急，实际上却把大量的时间和精力浪费在一些无用的事情上。

在很多人的工作中，也许都有过工作越忙越乱，解决了老问题又产生了新问题，在一团忙乱中造成了新的工作错误之类的经历。结果，轻则自己不得不手忙脚乱地改错，浪费大量的时间和精力，重则返工检讨，给公司造成经济损失或名誉损失。

在一家大公司工作的小文一下班就向母亲诉苦，说自己每天从一上班就开始忙个不停，一会儿干这个，一会儿干那个，天天忙得晕头转向。一起进公司的同学兼同事小李虽然和自己做同样的工作，看起来却总是从容不迫的样子。更让小文心理不平衡的是，到月底工作量一统计出来，自己的工作量还不如小李多。

职场中，有很多像小文一样忙却不出成效的员工，这些员工之所以忙，是因为他们上班时间忙不到点子上，忙而无序；更有甚者是故意忙碌给老板看。 不管是哪一种，他们的忙碌都没能为企业创造价值，不仅如此，他们的这种忙还造成了对企业资源的耗损。 因为，努力不等于成功，忙碌不等于效率，用时间来堆积利益的时代早已经过去。 只有有计划地忙，忙到点子上，才能忙出效率，忙出成绩。 我们可以忙，但绝不能在盲目中忙碌。 忙一定要有计划，知道每天都该做些什么，不把时间浪费在不该做的事情上。

《如何掌控自己的时间与生活》一书的作者拉金说过："一个人做事缺乏计划，就等于计划失败。 有些人每天早上预订好一天的工作，然后照此实行，他们是有效地利用时间的人。 而那些平时毫无计划、靠遇事现打主意过日子的人，只有'混乱'二字。"一个人要提高自己做事的目的性，忙于要事，就要养成善于规划的好习惯，避免眉毛胡子一把抓。

卡耐基认为，计划并不是对个人的一种束缚与管制，必须做什么或不应该做什么并不是由计划决定的，而是由我们必须面临的不断变化的外部环境所决定的。 凡事预则立，不预则废，要高效做事，就要养成事前多制订计划的好习惯。

很多时候，我们的忙碌都是白忙。 因为盲目的忙碌，忘了工作细节，忘了工作创新，忘了工作圆满完成；因为无谓的忙碌，只记得应付工作任务，只记得要做上级安排的工作，只记得每天重复的程序。 这样的忙碌是毫无意义的。

IBM 公司（国际商业机器公司）的创始人托马斯·沃森在回顾自己的职业生涯时说："我的助手有一个非常好的习惯，这也是我一直没有找人替换他的主要原因。 他有一本随身携带的工作日记，每天早晨，他都会把前一天写好的工作计划再翻看一遍，而在一天的工作结束后，他要对这一天的工作进行总结，同时把第二天的计划做出来。"

这是一个多么好的习惯。这个助手能得到沃森的欣赏就在于他是一个有计划的行动者，而不是盲目行动者。

有人日理万机，但他们会拒绝出席那些无关紧要的应酬；有人通过判断，从一大堆需要花心思处理的事务中挑出最具价值的几项，再把大部分时间投入在其中。他们往往拥有既定的目标，并且预先设定达到目标所需的时间，而在说话时，也能一针见血地指出重点，选择恰当的时机说出结论。

忙要忙到点子上，在现今瞬息万变的社会中，效率是员工创造卓越业绩的关键因素。成功最大的要素在于工作的高效，在有限的时间内创造高效益，而不在于工作的数量多少。

如今企业老板提倡最优化原理，就是以最少的消耗在最短的时间内创造最优秀的业绩。员工想尽办法为公司创造利润，这样不仅给公司带来了好处，更重要的是提升了自身的价值。

员工如果只是为了忙而忙，只能把企业推向低效恶性循环的深渊。所以，应该改变"瞎忙症"，每个人都要学会有意识地把自己的工作安排细化，要求自己在规定的时间完成规定任务，把关注形式转变到关注结果和过程上来。一个健康的人走路虽大步流星，但绝不气喘吁吁；一条正常的流水线人人专注，各负其责，绝对有条不紊；一家企业要想获得长足发展，也要依靠每名员工卓有成效地"忙"。

找准"标靶"，认清问题的症结

我国唐代著名诗人杜甫曾在诗中写道："射人先射马，擒贼先擒王。"意思是说要想击溃敌军的主力，并不一定要把所有的敌军都杀死，只要最先把他们的首领干掉，解决掉敌军的关键人物，其他的士兵也就失去了战斗力，一场战争就胜利在望了。 俗话还说"打蛇打七寸"，要想把一条蛇打死，一定要打蛇最致命的地方，因为"七寸"是蛇心脏所在，一旦受到重创，必死无疑。 这两句话若用在工作上，也同样适用。 面对一项工作或任务，如果找不到问题的关键，看不到问题的症结，像无头苍蝇一样忙碌，到头来累得筋疲力尽不说，也一定不会有什么收获。

新加坡著名作家尤今有这样一次经历：

当时她还是一名普通的记者。有一次，她的圆珠笔用完了，正好一位同事下班后说要去商场。她便托这位同事代买圆珠笔，并再三叮嘱同事说："我不要黑色的，你可千万记住了，我最不喜欢黑色，暗沉肃杀，让人看了心情都跟着沉闷得慌。记住了，12支，千万不要买黑色的。"

第二天，当同事把那一打圆珠笔交给她的时候，她差点气昏过去：12支，全是黑色的。

尤今忍不住责怪同事，但是同事却振振有词："从一开始你就一再强调黑色的、黑色的，忙了一天，昏沉沉地走进商场，满脑子里就剩下两个词：12支，黑色。于是就一心一意地只找黑色的买了。你要是没说那么一大堆废话，就跟我说买12支蓝色的圆珠笔不就没事了吗？"

听了同事的一席话，尤今也觉得十分有道理。干吗说那么一大堆话呢，只告诉他"请为我买12支蓝色的笔"不就什么事也没有了吗，言简意赅，相信同事就不会买错了。

所以，从那以后，尤今无论说话、撰文，总是直入核心，直切要害，再不去兜无谓的圈子了。

现代职场已经不像以前那样还有时间让我们啰唆，每个人每天都要面对大量烦琐的事务，这时我们的精力和时间就显得无比宝贵。因此，办事情、做工作一定要从关键处下手，尽量避免过程烦琐。对于刚走进职场的新人来说，在工作中最容易犯的错误就在于茫然地做些无用功，虽然自己非常辛苦，但做完之后又往往发现之前的努力对工作本身助益甚微。为什么会出现这种情况呢？根本原因就是没能抓住问题的关键。所以，当老板吩咐你去做一件事情的时候，一定要弄清楚，解决这件事情最关键的是要做什么，只有抓住问题的本质，才能把事情做好。

有一家核电厂曾经遇到了严重的技术问题，结果不仅发电量大大下降，还降低了整个核电厂的运行效率。为此，核电厂的工程师花费了不少工夫，但还是没能找到问题所在，无法恢复原有的供电水平。

无奈之下，他们请来了一位全国顶尖的核电厂建设与工程专家，希望他能够帮忙找出问题的原因。这位专家穿上白大褂，带上写字板就去工作了。这位专家并没有像人们想的那样，把各处的电路都拆开来看，而是不断地四处走动，在控制室里查看数百个仪表、仪器，并且进行计算。

第二天快下班的时候，专家从衣兜里掏出笔，爬上梯子，在一个仪表上画了一个大大的"×"。

"问题就在这里。"他解释道，"把连接这个仪表的设备修理、更换好，问题就解决了。"

专家走后，工程师们把那个装置拆开，果然找到了问题所在。这样，故障很快排除了，电厂也恢复了原来的发电能力。

一周后，电厂经理收到了这位专家寄来的一张1万元的"服务报酬"账单。

经理对如此高额的服务费感到十分吃惊，虽然解决了故障可以给电厂带来不少的利润，但这位专家不过是到处转了两天，然后画了一个"×"而已，难道这个

"×"竟然值1万元？

于是，电厂经理给专家回信说："我们已经收到了您的账单，但是能否请您将收费明细详细地逐项分列出来？坦白地说，我们觉得您所做的全部工作只是在一个仪表上画了一个'×'，1万元是不是有点高呢？"

几天后，电厂经理收到专家寄来的清单，上面这样写道在仪表上画"×"：1元。查找在哪个仪表上画"×"：9999元。

这个简单的小故事告诉了我们一个深刻的道理：要想获得成功，最重要的就是要知道它的关键点是什么。 在职场中，一个优秀的员工，必然是一个能够最先解决问题的员工。遇到问题，不是不管三七二十一就开始胡乱地干起来，而是要找到问题的症结，有针对性地解决问题，只有这样才能把事情做对、做好。

看清实质，别被表象迷惑

电视或电影中经常有这样的角色：明明待人接物非常热情周到，总是帮助别人，俨然一副热心肠，可是这个人最后却因为陷害别人而被处分。 在工作上也会有这样的现象，比如一项任务，原本以为很简单，可是真正做起来就麻烦不断，完全不是看到的那样。 所以，看问题要看清它的实质，不要被表象迷惑。

古时候有个老人在家里养了一大群猴子，虽然每天猴子吃掉他不少东西，但也给他带来不少乐趣。

不过后来，由于家里的生计艰难，猴子越来越多，于是老人打算缩减猴子的口粮，每天少给它们些吃的。要给猴子减口粮，说说容易，做起来可未必容易。因为猴子们早已经习惯了每天早晨吃多少，晚上吃多少。如果突然减少，它们一定会闹情绪，搞不好还会生病。老人想来想去，终于想到了一个办法。他到了猴笼子跟前，对猴子们说:"现在,我有一个好消息和一个坏消息,你们要先听哪个?"

猴子都嚷嚷着:"先说坏消息吧,把好消息留在后面。"

"坏消息是,从明天开始,你们的早餐要减少,要从4升橡子减少为3升橡子了。"

"哦,"猴子们有些沮丧,叹息着问道,"那好消息是什么呢?"

"好消息就是晚餐的口粮不变,还像以前一样,仍然是4升橡子。"

众猴子一听,都气坏了,上来就要挠老人。老人连忙改口说:"慢慢慢,先别生气,要不这样,我把坏消息改成好消息,你们早上加上一升,仍然吃4升,晚上改为3升,怎么样?"

众猴一听,觉得老人很够意思,高兴之余,把老人抛到空中,然后用连起来的尾巴把他接住。几经嬉闹,才算表达了它们的喜悦。

这个故事就是成语"朝三暮四"的由来,出自《庄子·齐物论》。庄子之所以写这个故事,大概是把那些不懂道家真谛的人比作是猴子,觉得他们根本不懂得从看起来复杂的表面发现问题的实质。就像这群猴子,吃的仍然是橡子,不管是3加4,还是4加3,一天的口粮仍然是7升,并没有增加,先怒后喜为哪般?在工作和生活中,我们也一定会接触各种各样的事物,每种事物所表现出来的现象也不一定就是它的实质,需要我们擦亮眼睛发现实质,从而更加有利于问题的解决。

除了要看清问题的实质,也要看清自己的实质,知道自己是什么样的位置,这样才有利于处理一些关系。在这方面,英国女王给我们做了一个很好的榜样。

有一次,英国的维多利亚女王与丈夫吵了架,两个人谁也不服输。最后,丈夫一气之下独自回到卧室里,闭门不出。气冲冲的女王当时没有理会丈夫的行为,可是,到了晚上,她想回卧室睡觉时,却发现自己进不去,只好敲门。

丈夫听到敲门声,便在里边问:"谁?"

维多利亚女王傲慢地回答说:"女王。"

让维多利亚女王吃惊的是,里边既不开门,又无声息。她在门口站了一会儿,只好再次敲门。

丈夫又问:"谁?"

"维多利亚。"这次女王换了一种称呼。

但里边还是没有动静。女王只得再次敲门。

丈夫再问:"谁?"

这一次,女王学乖了,柔声地回答:"是你的妻子。"

门开了。

在职场中我们也要看清自己的实质,把自己放在一个合适的位置会让你做起事来更加得心应手。很多事情可能都不是表面上看到的那样,虽然说要相信自己的眼睛,但也不一定每件事都是"眼见为实",一定要用心去分析问题的实质是什么,才能找到更好的解决办法。

　　有一家企业,最近几个月的用电量总是超标。起初人们认为是员工太浪费,于是从上到下,一通整顿,大到机器空转,小到走廊的电灯全都做了严格的规定,但是效果并不明显。后来,人们又认为是负荷过重,于是停了两台机器,但问题依然没有解决。直到新来了一名工程师,发现了问题的实质,原来是设备老化,导致用电量过高。经过一番整修,设备问题解决了,用电量也就下来了。

　　所以,遇到问题一定要多想一想,找到实质,再难的问题也会迎刃而解。

如果找不到办法，那就改变问题

有了问题去寻找合适的解决办法，这是我们通常使用的思维方式。 但是，当一个问题难以找到解决途径时，也许最好的解决办法不是继续为问题寻找方法，而是改变问题，改变成我们能够驾驭的、善于解决的问题。 所以，当我们苦苦寻找解决问题的方法却一次又一次失败时，不妨想一想能不能将问题稍加改变，让我们的方法更加适合它。

在一个农户家里，有一只公鸡和一头驴子。由于整天在一起，公鸡和驴子成了好朋友。但有时候，它们俩也会斗斗嘴，找个乐子。

一天，公鸡想要气气驴子，于是对驴子说："你看你，每天吃那么多东西，长那么大的个，却抓不到我，真是笨死了。"

驴子听了，很不服气，就对公鸡说："我就不信我抓不到你。"

"不服就比比看。"公鸡挑衅道。

　　于是，驴子和公鸡比赛，在老牛一声令下后，驴子追着公鸡跑了起来。可是，刚一跑，公鸡就跳到了墙上，这下，驴子可是一点办法也没有了。它努力让自己跳上墙，可是墙那么高，那么窄，它根本就上不去。公鸡为此得意极了。

　　驴子为了能够追到公鸡，每天都练习上墙，但是练习了好些天，还是跳不到墙上去，甚至把自己的腿弄伤了好几次。一天，驴子又一次从墙上掉下来，摔得够呛。这时，老牛过来说："别练了，再练你也不可能上墙，但是你跑得比公鸡快呀。"

　　驴子一听老牛的话，觉得很有道理。于是，驴子找到公鸡说："我们再比一次，我觉得你也追不上我。"公鸡听了驴子的话也很不服气，心想：你上次都没追到我，难道不说明我比你快吗？我怎么可能追不上你呢？

　　于是，公鸡和驴子再一次比赛。随着老牛的一声令下，驴子和公鸡跑了出去，公鸡始终追着驴子跑，可是驴子跑起来速度相当快，公鸡怎么也追不上。这次，驴子终于胜利了。

　　老牛的话很有道理，也提醒了驴子，既然自己无论如何也不可能学会上墙，干脆让公鸡追自己，即使它会飞也没用。驴子就是在找不到方法的时候巧妙地转换了问题，最终赢得了胜利。　如果这只驴子仍旧执迷不悟地要学上墙，恐怕它一辈子也赢不了公鸡。　所以，对于一个问题，如果我们实在解决不了，就换个问题，把这个问题解决了，原来的问题也就解决了。

　　凌震是一家公司的电脑维护人员，由于公司的电脑多，经常出问题，所以需要专门的人来维护。凌震学的就是计算机专业，所以工作起来也算得心应手。

　　但是，有一次却出了意外。公司里有一台电脑出现故障，鼠标不能用了，而电脑的主人恰恰要打印一份文件。没有鼠标操控，他不知道怎么把文件调出来，于是找到了凌震，凌震一听说立刻跑过去，按照平时的经验鼓捣了一番，但是鼠标还是不能用，于是他又对着电脑左查右查，查了半个钟头也没有找到问题在哪儿。

　　同事着急得不得了，他说这文件是老板急着要的，要是再打印不出来，非跟他发火不可。凌震也着急得不得了，但无论怎么弄，就是弄不好。凌震束手无策地站了起来，他突然看见了键盘，一下子来了灵感。干吗非要修好电脑，没有鼠标，用键盘也可以找到文件并打印出来呀。

　　最后凌震帮着这位同事找到了文件并打印了出来，终于没有耽误老板的大事。

　　有时候，一个问题可以从不同的角度去解决，如果你感到一个方法行不通时，就可以尝试着将其换成另外一个问题，这样也许就好办了。就好比你想吃炒饭，但如果你切不好胡萝卜丁，当然可以不用胡萝卜，而换成火腿。就是这么简单，不要钻牛角尖。试着换换问题，也许一切困难就迎刃而解了。

抓住问题的根本和关键

遇到困难，眉毛胡子一把抓，结果往往是事事着手，事事落空，即使事情能做成，也要付出很大代价。 与此相反，有的人不管遇到多棘手的问题，都能够以最快的速度抓住问题的要点，并采取相应的办法，于是，他们顺利地解决了问题，获得了成功。

在工作与生活中，人人都希望能用最快、最有效的方法来解决问题以获得成功。 然而有的人能做到，但有的人却做不到。 这其中原因有很多，而是否懂得抓要点、抓根本，则是能否成功的关键。

那我们怎样才能掌握这一诀窍呢？

1. 学会找要害

遇到难题时，首先寻找要害，并采取相应的措施，这是十分关键的。

一家宾馆的电梯需要进行维修了。电梯维修公司和宾馆早就签订了合同，经过检查后，维修公司将维修的时间定于 5 天之后，但维修时间在 12 个小时以上。这必然会给客人带来不便，即使不全部停业，较高楼层的客房恐怕也得暂停使用。

这本来是一件很平常的事情，但当时正好遇到宾馆的人事变动，宾馆刚刚承包给一位新经理经营，而且正处于旺季，要他将电梯停用 12 小时，他可不干。维修公司接连派了三批人与他接洽，都被他拒绝了。最后，公司派了一位老员工去和他交涉。

这位老员工没有过多地和他客套，只说了几句话："经理，我知道现在是经营酒店的黄金时间，但我们检查后发现，电梯已经到了必须大检修的时候。如果不及时维修，也许不久就会带来更大的损失，到时电梯停的可能就不是 12 小时，而是几天了。更可怕的是：如果某天电梯出事，造成人员伤亡，到时给你造成的也许就不仅仅是经济损失了，甚至还得承担法律责任。"

这样一来，经理不得不接受他们的意见，按时检修了。

经理之所以不愿意检修，是因为他考虑到会给自己带来损失。所以，就围绕他怕造成损失的心理做文章，说明如果不及时检修，将会带来更大的损失。这样一来，难题迎刃而解。

2. 抓住最能打动人心的地方

人的心灵是十分奇妙的，如果抓住了最能触动它的地方，就会产生惊人的效果。

英国有位孤独的老人，无儿无女，又体弱多病。他决定搬到养老院去。老人宣布出售他漂亮的住宅。购买者闻讯蜂拥而至。住宅底价 8 万英镑，但人们很快就将它炒到了 10 万英镑。价钱还在不断攀升。老人深陷在沙发里，满目忧郁，是的，要不是健康状况不行，他是不会卖掉这栋陪他度过了大半生的住宅的。

一个衣着朴素的青年来到老人眼前，弯下腰，低声说："先生，我也好想买这栋住宅，可我只有 1 万英镑。可是，如果您把住宅卖给我，我保证会让您依旧生活在这里，和我一起喝茶，读报，散步，天天都快快乐乐的——相信我，我会用整颗心来照顾您！"老人颔首微笑，把住宅以 1 万英镑的价钱卖给了他。

一位著名人士讲过这样一句话：一个现代人如果缺乏影响力，哪怕他再有本事，他的能力也要被糟蹋和浪费一半。而影响力的核心，就是"攻心之道"。

3. 掌握制高点

制高点就是某一领域的最高位置，凌驾于各个方面之上。 占领了它，就对其他人和事有制约、示范的作用。

20 世纪 70 年代，日本的索尼彩电开始在美国销售。但是，这种在日本十分畅销的产品，在美国市场却无人问津。

为此，公司特意派海外部部长卯木肇到美国芝加哥，解决销路问题。卯木肇开始时也一筹莫展、束手无策。有一天，他在牧场散步，看到牧童赶牛的一幕：牧童先领一只大公牛进了牛栏，其余的一大群牛就顺从地跟在后面进去了。他由此得到启发：假如能在当地一家规模最大、规格最高的电器销售商处获得突破，那就如同牧童驯服了一头领头牛，其他的电器销售商就会不断地跟进。

于是，他找到当地最大的电器销售公司——马希利尔公司，请求他们销售索尼产品。开始时公司不答应，经过卯木肇再三请求，并做了重塑新产品形象，提高知名度，大力改进售后服务等一系列工作，公司终于答应销售索尼产品。结果，很快该地区的 100 多家商店也开始销售索尼产品，美国的市场也由此打开。

制高点为何这样重要，因为那里会产生最大的势能，一点就会影响一大片，会影响与其相关联的其他事物。正所谓"擒贼先擒王"，讲的正是这个道理。

第七章

眼界促进变化，变通突破瓶颈

学会找出失败之因

　　许多人都对自己的生活、工作和发展前途有着美好的憧憬与设想，很想尝试新事物，攻克新课题，让自己开始新的生活。 但他们往往还没开始，或者刚一开始碰到困难就预想到失败，害怕出丑，或是担忧白白地耗费心血与精力，甚至是"莫名其妙"地感到事情不妙，觉得多一事不如少一事，最终彻底放弃，安于现状。

　　尝试新事物、攻克新课题会有失败的危险，但任何事情要等到有十足的把握再去干，就只有永远等下去了。 世界上没有任何一样新事物、新课题不经过实践就会有十足把握，不经过努力就会一举奏效。 你不去尝试和实践固然不用担心害怕什么，但也绝无前进的希望和成功的可能。 这种心理本身就是"命里注定"的失败，是自我贬低和丑化，是自我束缚的精神枷锁。 这种怕失败、怕丢面子的意识，只能使自己过高地估计客观的困难和阻力，而过低地估计自己的潜在能力，只能使自己逃避挑战、放弃希望、停滞不前、缩手缩脚，永远把自己限制在无所作为、可怜巴巴的境地。 害怕风险就是没有出息，害怕失败就会彻底地失败。

下面列出了一些最常见，而且也是最具有破坏性的失败原因。 当你发现在自己身上曾出现过某种原因时，切勿太过自责，你应该做的是下决心处理这些失败的原因，而且应该马上去做！

（1）糊里糊涂、没有明确目标地过日子。

（2）爱管他人的闲事。

（3）教育程度不够。

（4）缺乏自律，显示出无法控制饮食和对机会漠不关心的倾向。

（5）缺乏雄心壮志。

（6）因消极思想和不良饮食习惯造成疾病。

（7）儿时的不良影响。

（8）缺乏贯彻始终的坚毅精神。

（9）情绪缺乏管理。

（10）想不劳而获。

（11）当所有必要条件具备时，仍然无法迅速坚定地做出决定。

（12）心中对贫穷、批评、疾病、失去爱、年老、失去自由、死亡等事物过分恐惧。

（13）选到不合适的配偶。

（14）过分谨慎或不够谨慎。

（15）选到不适当的职业。

（16）经常虚掷光阴和金钱。

（17）措辞不慎。

（18）缺乏耐性。

（19）无法愉快地和他人合作。

（20）不忠诚。

（21）缺乏洞察力和想象力。

（22）自私而且自负。

（23）报复欲望强烈。

（24）不愿多付出一点点。

上面只列出了部分失败的原因，而你必须了解的应远不止这些，因为导致一个人失败的原因，通常不止一种。

拒不认错是最大的错

常言道：智者千虑，必有一失。 一个人再聪明，再能干，也会有失败犯错误的时候。 人犯了错误往往有两种态度：一种是拒不认错，找借口辩解推脱；另一种是坦诚承认错误，勇于改正，并找到解决问题的方法。

每个人都有犯错误的可能，关键在于认错的态度。 只要你敢于承担责任，并尽力去想办法补救，你仍然可以立于不败之地。

1. 犯错后，不找借口为自己开脱

犯了错误，不肯承认自己的错误，反而找借口为自己开脱、辩解，归根结底是人性的弱点在作怪。

如果你做错了一件事，最好的办法就是老老实实认错，而不是去为自己辩护和开脱。 一位名人的人生座右铭是"永不向人讲'因为'"。 这是一种做人的美德，也是一种为人处世、办事做事的最高深的学问。

有些人在工作中出现错误时会找出一大堆借口来为自己辩解，并且都是振振有词、头头是道。比如"交货迟延，这完全是企管部门造成的""质量不佳，这都是质检部门工作的疏忽，与我没有关系""我的工作都是按公司的要求去做的，错不在我"等等。

你认为找借口为自己辩护就能把自己的错误掩盖，把责任推得干干净净，但事实并非如此。也许老板会原谅你一次，但他心中一定会感到不愉快，对你产生"怕负责任"的印象。你为自己辩护、开脱不但不能改善现状，所产生的负面影响还会让情况更加恶化。

　　有一个毕业于名牌大学的工程师，有学识，有经验，但犯错后总是自我辩解。工程师应聘到一家工厂时，厂长对他很信赖，事事让他放手去干。结果，却导致了多次失败，而每次失败都是工程师的错，可工程师都有一条或数条理由为自己辩解，说得头头是道。因为厂长并不懂技术，常被工程师反驳得无言以对。厂长看到工程师不肯承认自己的错误，反而推脱责任，心里很是恼火，只好让工程师卷铺盖走人。

能坦诚地面对自己的错误，再拿出足够的勇气去承认、面对它，不仅能弥补错误所带来的不良后果，而且能让你在今后的工作中更加谨慎行事，别人也会很痛快地原谅你的错误。

2. 补救才是最好的方法

有些人认为承认错误有失自尊，面子上过不去，害怕承担责任，害怕被惩罚。但是，恰恰相反，勇于承认错误，你给人的印象不但不会受到损害，反而会使人尊敬你、信任你，你在别人心目中的形象反而会更加高大。

　　乔治是一家商贸公司的市场部经理。他在任职期间犯了一个错误，他没经过仔细调查研究，就批复了一个职员为纽约某公司生产5万部高档相机的报告。等产品生产出来准备报关时，公司才知道那个职员早已被猎头公司挖走了，那批货如果一到纽约，就会无影无踪，货款自然也会打水漂。

　　乔治一时想不出补救对策，一个人在办公室里焦虑不安。这时老板走了进来，他的脸色非常难看，想质问乔治是怎么回事。还没等老板开口，乔治就立刻坦诚地向他讲述了一切，并主动认错："这是我的失误，我一定会尽最大努力挽回损失。"

　　老板被乔治的坦诚和敢于承担责任的勇气打动了，答应了他的请求，并拨出一笔款让他到纽约去实地考察。经过努力，乔治联系好了另一家客户。一个月后，这批相机以比那个职员在报告上写的还高的价格转让了出去。乔治的努力得到了老板的嘉奖。

　　一个人犯了错误并不可怕，怕的是不承认错误，不弥补错误。

　　松下幸之助说："偶尔犯了错误无可厚非，但从处理错误的态度上，我们可以看清楚一个人。"老板欣赏的是那些能够正确认识自己的错误，并及时改正错误并补救的职员。

成功来自在错误中不断学习，只要你从错误中总结经验，吸取教训，就不会再重蹈覆辙。只要你坚持并且有耐心地承认错误，改正错误，弥补错误，就能吸取经验，避免再犯同样的错误。

掌握突破困境的方法

成功地突破困境是有方法的，下面这几种方法对一般人很适用：

1. 积极地面对困境

什么叫积极地面对困境呢？这个世界并没有失败，所谓失败，只不过是暂时没有成功。 所以，每一个人都应知道"天无绝人之路"。

马罗丝 12 岁就得了风湿性关节炎，四十几年来，她几乎每天都在与病魔搏斗，她的病情已经严重到连讲一句话都要休息的地步。这样的困境，她竟然能够很乐观地去面对，而且还跟主治医师幽默地聊天，让主治医师都非常佩服。最令人感动的是，她在这样的情况下，竟然还用了 3 年的时间，录制完一套叫《生命之歌》的录音带。

可见她是一个有使命感的人，她就是想把自己的经历、自己的困境、奋斗的过程及自己对生命的感受传达给后人，让他们能够积极地去面对困境。因此，有人说："艰苦的岁月绝不长久，对一个不屈不挠的人来说，它很快就会离你而去。"

2.分享经验

要愿意跟你的朋友分享你失败的经验。

美国有位著名的建筑师汉瑟，赚了很多钱，可是因为一次错误的设计，他把过去所赚的钱全赔光了，他的公司也宣布破产。他感到前途渺茫，毫无目地地开车乱跑一通。当他到华盛顿地区的广场时，不小心撞到一个人，那个人本来很生气，没想到抬头一看，却说："啊，原来是我的好朋友，汉瑟先生！你怎么会来这里呢？"

汉瑟说："我的公司破产了！"

这位朋友说："破产有什么了不起！"他接着说："五年前我也破产了，但是我现在又站起来了啊！来，我请你喝杯咖啡，告诉你我的经历。"

两个人一聊，竟然聊出了这样一个结论——原来破产的人需要向人学习经验才能够从破产里面走出来！两个人决定马上成立一个"失败者联谊会"。联谊会规定，一定要破产过的人才能加入。在这个联谊会里，还特别规定每个人必须成为别人的老师，要非常坦诚、非常乐意地分享他的经验，让其他人能够知道怎样从头再来。

3．不怕万事开头难

万事开头难，每新走一步都是另一个困难的开始。 让一个球开始滚动，远比保持这个球继续滚动所需要的力量更多。 这个定律也适用于我们的人生和梦想，第一步往往是最困难的，它需要更多的勇气。

成功是不断推进的，不可能一步登天，成功需要按部就班，一步一个脚印，稳健地前进。 当你越接近完成任务的阶段，你的脚步似乎也会越来越快。

按部就班地走在成功之路上的好处是：当下一个困难出现在你面前时，你已经准备好了。

当你渐渐长大成人，你的想法会逐渐实现，你和你的想法会一起成长。

但这并不表示一个成功的人不会遇到挫折。 总的来说，一个原本成功的人会失败，不外乎以下两种原因：

（1）过高地评价了自己的才能，开始追求自己能力以外的事物。

（2）对市场状况判断错误，在财务上过度扩张或滥用资源。

后者属于商业上的技术错误，每个人都可能碰到这个问题，但大部分人可以借助一名优秀的财务顾问减少这类错误。

第一种错误更为严重，因为这是个人发展策略上的错误，追求不属于你的使命或误认自己存在的意义，表示你已经在人生规划上模糊了视觉的焦点。

如果你曾经遭受挫败，建议你想一想以上这两种情况。

4. 把失败当成通往成功之道

许多成功人士的生命中都有一两次严重的挫败，大部分情况下，他们都将失败视为通往成功大道必修的一门重要学科。可举几个例子：

（1）科学家在成功地发现某种元素或法则之前，往往都经历过一连串失败的实验。

（2）演员常常会说，在他们获得第一次演出机会前，有多少次试镜失败的经历。

（3）那些大企业家也常遇到挫折，有些人甚至曾经面临财务危机或破产的问题。

（4）手艺高超的厨师都知道在他们学习烹饪的过程中，曾经烧坏过多少锅，或苦于无法调配出某种可口的调味料。

问题的重点不在于我们失败与否，而是我们不停留于失败之中，不坐以待毙。只要不放弃，我们就不算真正失败。

球员都可能出现低潮，但他们仍然继续打球、不轻言放弃；投资者也会有失误的时候，而且市场随时有不景气的可能，但他们还是寻求机会，继续投资；销售人员10次有9次会吃闭门羹，但他们不放弃，继续拜访第11位客户。

你不要以为田园里的石头是搬不走的，事实上，只要你投入足够的时间、精力，且善于借助他人的力量，一定可以移走那些石头。

如果"需要"是发明的原动力，那么"失败"就是成功必经的过程，在逆境中经历考验是达到成功的必要过程。

要方法，不要借口

美国西点军校 200 年来一直奉行一条重要的行为准则——没有任何借口。 这在现代职场也是非常有价值的一种工作理念。 它体现的是一种负责、敬业的精神，也是一种完美的执行力。 的确，在职场，如果你想成为一名出色的员工，就要想尽一切办法去完成每一项任务，而不是在没有执行的时候就先去寻找借口，哪怕是看似合理的借口。 换句话说，想要在职场做出成绩，就要努力为成功想各种办法，而不是为失败寻找借口。 寻找方法是成功的捷径，而寻找借口则是成功路上的险阻。 所以，每个职场人都应铭记一句话："不找借口，只找方法！"

岳杰是一家合资公司的老板，平时他对员工非常和蔼，他非常注重员工个人素质的培养。

一天，为了全面掌握各地客户信息，他决定让一些销售主管利用一个星期的时间到外地的各个企业做一个全面的巡查工作，然后回来把所见所闻都汇报给他。任务布置完之后，岳杰回到办公室，隔着一层毛玻璃暗暗观察各位主管的反应。

看到老板走了，几位主管聚到一块儿抱怨说："这么多的企业真不知道如何调查，而且只有短短一个星期的时间，怎么可能调查得完呢？再说了，就算调查出来了，老板也不一定根据咱们的调查结果而改变原先的计划，让咱们费那劲儿干吗呀。"因此，他们迟迟不肯行动。最后，一位年轻的主管对他们说："哥几个，时间不早了，快点行动吧，再耽误连一个星期都没有了。既然老板这样说，肯定有他的道理，而且也不一定就没有办法呀！"

虽然有点无奈，但主管们还是先后出发了。一个星期后，主管们都提交了自己的调查报告，而且报告写得也不错。但是出人意料的是，不久后岳杰就提拔了那位年轻的主管担任市场部的经理助理，他给出的理由是：每个企业都需要不找任何借口、完全执行任务的员工。

实际上，在生活和工作中遇到的很多困难和问题都不是无法克服的，之所以没有克服常常是因为我们为不能克服找了各种放弃的借口。但是，一旦我们克服了借口，努力一段时间后，就会发现，无论多难的事情，总是有办法的。仔细想想，工作的最终目的不就是把工作做好吗，在最短的时间里，实现最大的效益，工作的选择、工作的态度、工作的效率以及工作的成果其实都建立在立即工作和立即行动上，只有没有借口地行动才会让这一切变成现实。因此，我们可以说

"没有任何借口"是一个人创造业绩的切入点。

有一家大型的制鞋企业为了扩大销量，决定开辟新的市场。他们发现距离他们不远的地方有一座岛屿。于是，派了甲、乙两名调查员前去调查，然而当两名调查员到了岛上后不觉大吃一惊，在这个岛屿上的居民竟然没有一个人穿鞋，都是光着脚走路。当他们向当地的居民说起鞋子的时候，这些居民似乎根本就不知道什么是鞋子，更不知道为什么要穿鞋子。

看到这种情景，甲说："天啊，这里没有一个人穿鞋子，我觉得他们根本就没有穿鞋子的习惯，我们还如何把鞋子推销给他们呢？这里根本就没有市场，我们明天就回去吧！"

但是乙却说："我觉得这简直太好了！这里的人都不穿鞋，这肯定是一个大市场！我不但不会回去，还要在这里住下来！请你回去让老板多生产一些鞋子准备好吧。"

于是，甲离开了，乙则留了下来。

由于这里没有人穿鞋子，乙就自己一个人穿着鞋子在岛上的大街小巷走来走去，岛上的人看到他穿着鞋子都觉得很奇怪，于是很多人都围着他看。乙就趁这个机会向他们介绍鞋子的用处和穿鞋子的好处，他还拿来样品让岛上的人试穿。就这样，那里的人也渐渐体会了穿鞋子的好处，于是开始有人购买……

一年之后，整个岛上的居民都穿上了鞋子，而乙自然就成了这个岛屿唯一的一名代理商。

面对同样看似无法开发出来的市场，甲为自己找了一个借口离开了，而乙却留下来找了一个方法，从而打开了一大片市场。 凡是找借口躲避问题的人，一定是个失败者；凡事找方法并能付诸行动的人，一定是个成功者。 每天早晨，在上班之前或是上班的路上，你应该坚持对自己说："我是一个不找任何借口的人，不管是什么事情总会有办法的。 我不能抱怨工作环境太差，我要努力克服困难，不为自己开脱，做一个没有任何借口的人，我对自己的未来充满信心。"

一流的员工既敬业又善于找方法，末流员工只知道找借口。 每个人都应该发挥自己最大的潜能，努力地去寻找更有效的方法，而不是浪费时间寻找借口。

美国的一名教授花了 10 年时间对世界 500 强企业和各政府机构的成功人士进行调查研究，结果发现：所谓的职场红人不一定有高人一筹的智商、超越常人的交际能力，也不一定有卓越的领导力，他们之所以成为职场红人，靠的是善于找方法的思考能力，他们懂得运用自身拥有的一切资源，不找借口而找对方法做对事。

某公司有一位大客户，半年就买了公司 10 万元产品，但总是以各种理由迟迟不肯支付货款。

公司决定派业务员甲去收款。那位大客户没有给业务员甲好脸色，他说那些产品销得一般，让甲过一段时间再来。

甲知道这位大客户不好惹，心想他欠的又不是我的钱，跟我没什么关系，便返回了公司。

业务员甲无功而返，公司只得派业务员乙去收款。

乙找到那位客户，那位客户的态度依然很强硬，他又说这段时间资金周转很困难，让乙体谅他的难处，等他的资金到位了一定付款。业务员乙也无功而返。

没办法，公司只得派业务员丙去收款。

丙刚跟那位客户见面，就被客户指桑骂槐地教训了一顿，说公司三番两次派人来催款，摆明了就是不相信他，这样的话以后就没法合作了。丙并没有被客户的软捏硬逼吓退，他见招拆招，想尽了办法与那位客户周旋。那位客户自知磨不过业务员丙，最后，只得同意给钱，他开了一张 100000 元的现金支票给丙。

业务员丙很开心地拿着支票到银行取钱，结果却被告知账上只有 99920 元。很明显，对方又耍了个花招，那位客户给的是一张无法兑现的支票。第二天就放长假了，如果不及时拿到钱，不知又要拖延多久。

遇到这种情况，一般人可能一筹莫展了。但是业务员丙没有退缩，他灵机一动，自己拿出 100 元钱，把钱存到客户公司的账户里去。这样一来，他成功将支票兑现了。

公司的发展不可能一帆风顺，总会遇到这样那样的困难。当遇到困难时总是找借口应付了事的员工，在公司里肯定是最不受欢迎的员工；而遇到困难总是去找方法解决的员工，一定是公司里优秀的员工，同时也是公司最需要的人。

在遇到困难的时候，一定要记得这句话：只为成功找方法，不为失败找借口。 用这句话来警示自己，世界上没有解决不了的困难，只要积极去想方法，一定能解决任何困难，也只有积极找方法的人，才能为公司做出更大的贡献，才能获得更大的成功。

有一位名牌大学新闻专业毕业的小伙子被一家知名报社录用了。刚开始上班同事们对他的印象还不错，但是没过多久，他做事不认真的毛病就暴露出来了，上班经常迟到，和同事一同出去采访时也经常丢三落四。对此，领导也找他谈了几回，但是，他总是以这样或那样的借口来搪塞。

一天，报社接到热心读者爆料的电话，领导派他独自前去采访。没多久他就回来了，领导问他采访的情况怎么样？他却说："路上太堵了，等我赶到时事情都快结束了，并且已经有别的新闻单位在采访了，我看也没什么重要的价值，所以就回来了。"

领导很生气地说："交通是很堵，但是你不会想别的办法吗？为什么别的记者能赶到呢？"

小伙子争辩道："交通真的很堵，再说我对那里又不熟，还背着这么多采访器材……"

领导心里更有气了，心想：我要你去采访，你不仅没完成任务，还有这么多借口，那以后怎么让你工作。于是说道："既然这样，那你另谋高就好了，我不想看到记者不但没有完成报社交给他的任务，却还有满嘴的借口和理由，作为新闻工作者，我们需要的是接到任务后，不管任务有多么艰巨，都能够想方设法把任务完成，并且还比别人做得更好的人。"

在生活与工作中，像这位小伙子遇到问题不是想办法解决，而是四处找借口来推脱的人并不少见，但是他们这样做所带来的结果不仅损害了公司的利益，也阻碍了自己的发展。

如果你想获得最大程度的提升，毫无疑问，就应该少找借口，多找方法，这样才能让你从平凡走向卓越。

第八章

眼界洞察时局，顺势才能成事

掌握大势，周密计划

三国时期，孙权和刘备联合对抗曹操。孙权的部下周瑜和刘备的部下诸葛亮要合作抗敌。可是，周瑜十分妒忌诸葛亮的才能，想找个机会除掉他。

周瑜对诸葛亮说："军中的箭不够用，请先生在十天内造十万支箭。"这根本就是不可能办到的事情。

怎知，诸葛亮竟然一口答应，还说："十天太多了！我保证三天之内就可以完成。如果交不出，愿受军法处分。"诸葛亮究竟有什么办法呢？

诸葛亮接受了命令后，准备了二十条船，停在江边，每只船上载有30个士兵，船的两旁放满一捆捆稻草，并用布盖着。

两天过去了，诸葛亮都没有行动。

到了第三天的深夜，江上忽然弥漫着大雾。他率领船队向曹操的军营驶去。

船队驶近曹营后一字排开，士兵擂鼓呐喊。曹操听见战鼓雷鸣，人声鼎沸，便走到江边察看。他只见江面被大雾笼罩，白蒙蒙一片。

曹操恐怕有埋伏，不敢出兵。他命令 1 万个弓箭手不断向江中射箭，希望乱箭能挡住敌军。

太阳出来了，雾渐渐散去，诸葛亮下令收队。大家一看，船上的稻草已经插满了密密麻麻的箭，一共有十多万支呢！

周瑜知道诸葛亮用这方法得到大批箭，不禁赞叹："诸葛亮真是神机妙算！他的确比我高明！"

曹操之智不及周瑜，周瑜之智又不及诸葛亮，因此，诸葛亮才是有大智大勇的人。虽然周瑜是为了刁难诸葛亮，但是却体现了诸葛亮掌握大势，周密安排的才能。

下过象棋的人都知道，赢家没有一个是走一步算一步的，所有的赢家都是算计好后面将要走的好几步，工作也是一样，优秀的员工都会对将要发生的两三件事进行安排，制订好个人的工作计划。

不管做什么事情，都要先制订出一个详细的计划，这是非常重要的，它可以帮你把工作的细节不断地量化。 过去，人们的观念是"别老坐在这里了，赶快去干活吧"，而现在人们更提倡"别忙着干活，先坐下来想一想"。

工作中，每个员工都需要有一个前提，那就是做好准备工作，提前做好计划，必须具备睿智的眼光和超凡的远见，安排好生活中的每一件小事。 只有进行周密的计划，人们才能对工作中的细节有所准备，才能在碰到各种各样的细节问题时不慌不乱；只有进行周密的计划，你才能很明确自己该做什么工作，应该怎样去做。 如果计划中的细节不能进行到底，你的计划就不可能完成。

细节是始于计划中的，计划同时也是一种细节，是很重要的一个细节。 在你制订计划时，应对工作中的每一个环节做出深入细致的规划，保证每个环节都有一个目标，都有办法可依，保证整个计划是可以反复检验的。 每一个流程、动作都要进行量化，都要从细节去分析。 计划做得越周密，那么细节也就会越到位，这项工作就越容易做好，对个人，对企业都大有裨益。

时间管理专家说，你用于计划的时间越长，你完成工作所需要的时间就越短。 这两个时间存在着极大的相关性和互补性，就看你怎么做，你是愿意多花一些时间在计划细节上，还是愿意多花一些时间去调整因为盲目工作而导致的错误呢？

所以，在实施计划之前要好好地总结一下工作中存在的问题，找出问题的症结所在：比如什么样的方法是最好的，什么样的工作方式才是正确的。 把这些解决问题的方法纳入计划中，以此作为工作的努力方向。

要想当好管理人，就必须要做到长计划、细步骤、精安排，这样才能真正搞好管理工作。 制订长远规划，是确定一个远大的发展目标。 这个目标要定得高一些，这样，你的员工才会有动力和压力，使他们的潜能得以充分地发挥。 拿破仑说："不想当将军的士兵，不是好士兵。"那么，你也可以说："不想做大生意的商人，不是出色的商人。"当然，目标也不能定得太高，脱离实际，否则，看不到实现目标的希望，会让大家都泄气。最好的就是能将总目标具体化，并分解成小目标或阶段性目标，使大家每前进一步，都能体验到成功和胜利的喜悦。

要先全面系统地分析你想要实现的目标有哪些有利条件和不利因素，或者说，存在哪些机会与威胁。然后，依据上面的分析，确定实现既定目标的具体方案。那些选择起点高、规模大、投资多、周期较长的行业的商家，面临的风险也较大，改行又不容易，所以，尤其要认真搞好长远规划工作。

审时度势，临机善变

《三国志·蜀志·诸葛亮传》裴松之注引晋习凿齿《襄阳记》："识时务者，在乎俊杰。 此间自有伏龙、凤雏。"何谓时务？时务是指事态的发展状态，发展趋势。 根据这趋势把握自己的行为举止，根据趋势决定自己何去何从。

做人要"识时务"，要能看透世事发展的趋势，并顺应世事发展，及时采取应变之策。 审时度势是识实务最基本的功夫之一。 看透世事发展的趋势，并顺应世事发展，及时采取应变之策，才是识实务的要义之一。

古人说：成者王侯败者贼。 而历来古今中外之"成者"，无一不是识实务的俊杰。

李斯生于战国末年，年轻时当过小官，对当时现实和自己的处境很不满，一心想建功立业，他经常看见在厕所中觅食的老鼠，遇见人或狗就慌忙逃窜，样子显得十分狼狈。再看粮仓中的肥鼠，自由自在地偷吃粮食，没有人去打扰。

李斯由感叹得到启发，发现人要像粮仓之鼠，才能为所欲为，自由自在。他到齐国去拜荀子为师，专门学习治理国家的学问。

学成之后，李斯仔细分析了当时的形势。楚王无所作为，不值得为他效力。其他几国势单力薄，也成不了大气候。他感到只有秦国能有所作为，于是决定到秦国去。

临行前，荀子问李斯去秦国的原因，李斯回答说："学生听说不能坐失良机，应该急起直追。如今各国争雄，正是立功成名的好时机。秦国想吞并六国，统一天下，到那里去正可以干一番大事业。人生在世，最大的耻辱是卑贱，最大的悲哀是穷困。一个人总处于卑贱贫穷的地位，就像禽兽一样。不爱名利，无所作为，不是读书人的真实想法。所以我要去秦国。"荀子对此大加赞赏。

李斯刚到秦国时，并不得志。后来相国吕不韦发现李斯博览群书，加以重用，李斯才有了接近秦始皇的机会。

这时秦始皇正想一统天下，李斯趁机向他献计说："凡是成大事业者，都应抓住时机。秦国在穆公时虽然强盛，由于时机不成熟，没有完成统一大业。自孝公以来，王室衰微，诸侯争霸，各国连年打仗。现在秦国国力强盛，大王英明，消灭六国像除灶尘一样容易。这正是完成帝业，统一天下的大好时机。如果错过机会，等各国强大并联合起来后，那时虽有黄帝的英明，也难以吞并天下了。"

秦始皇听了这些话十分兴奋，马上提拔李斯为长史，按他的谋略派谋士刺客到各国去，用重金收买各国太臣名士，收买不了的就刺杀。与此同时，又派出名将率重兵以武力威胁，迫使各国就范。

在 10 年时间内，李斯辅佐秦始皇消灭了六国，完成了统一天下的大业。他因此为秦始皇所器重，官位上升到了丞相。

李斯不愧是识时务者，当然属俊杰之列。择木而栖或者择主而从的问题，也充分体现了抓住时机的谋略，以此来达到自己的目的。他给"良禽择木而栖，良臣择主而事"作了绝佳的注解。

由此可见，审时，是一种远见卓识的准确；度势，是一种心里有底的把握。审时度势，更是一种心明眼亮、运筹帷幄的大自若。审时度势应当这样：根据今天情况采取适当的措施，随着时间的不同而办事。

幸运不是从天而降的，这关键在于你是否能够有一双雪亮敏锐的眼睛，而且处处留心洞察分析时机，揣度情况。当你等到适合的时机，因事制宜，好运气终会属于你。

有两个年轻人，一个叫小山，一个叫小水，他们同住在一个村庄里面，是最要好的朋友。由于居住在偏远的乡村谋生不易，他们就相约到很远的地方去做生意，于是都把田地变卖，牵着驴带上自己所有的财产远行了。

他们首先到了一个生产麻布的地区，小水就对小山说："在我们家乡，麻布是一种非常值钱的东西，我们把所有的钱换取麻布，然后带回家乡卖，一定会有利润的。"小山同意了，于是他们两个人各自买了麻布，细心地捆绑在驴背上。

走了几天，他们到达了一个盛产毛皮的地方，那里正好也缺少麻布，小水就对小山说："毛皮在我们家乡是更值钱的东西，我们把麻布卖了，换成毛皮，这样做不但可以把我们的本钱收回来，回乡之后还能有很高的利润！"

小山说："不了，我的麻布已经非常安稳地捆在驴背上，搬上搬下是一件多么麻烦的事啊！"

小水把麻布全换成毛皮，还多赚了一笔钱。小山依然只有一驴背的麻布。

他们又走到一个生产药材的地方，那里天气苦寒，正缺少毛皮和麻布，小水就对小山说："药材在我们家乡是更值钱的东西，你把麻布卖了，我把毛皮卖了，换成药材带回家乡一定能赚大钱的。"

小山拍拍驴背上的麻布说："不了，我的麻布已经很安稳地捆在驴背上，何况已经走了那么长的路，卸上卸下的实在太麻烦了！"后来，小水就把自己所有的毛皮都换成了药材，又赚了一笔钱。小山依然只有一驴背的麻布。

后来，他们又来到一个盛产黄金的城市，那个充满金矿的城市是个不毛之地，非常欠缺药材，当然也十分缺少麻布。小水就对小山说："在这里，药材和麻布的价钱很高，黄金非常便宜，我们家乡的黄金却十分昂贵，我们为何不把药材和麻布换成黄金，这样，一辈子就不用为吃穿而发愁了。"

　　小山又一次拒绝了："不！不！我的麻布在驴背上很稳妥，我不想把它们变来变去的。"小水卖了药材，把它们换成一批黄金，又赚了一笔钱，小山还是守着一驴背的麻布。

　　最后，他们两人都回到了自己的故乡，小山卖了麻布，只得到了蝇头小利。而这次远行对于小水来说收获丰厚，把黄金带回家乡卖掉后，小水便成为当地最有钱的人。

在这个故事中小山只是在愚蠢地固守着自己的"原则"，没有在恰当的时候做出改变，结果，他还是原来贫穷的小山，而小水却因为懂得临机善变成了一个富人。

懂得顺势和借势

掌握趋势比掌握资讯更重要。很多人都在掌握信息，但比尔·盖茨这些最会赚钱的企业家，他们都在掌握趋势，并且不仅是掌握趋势，而是掌握全世界最大的趋势。

在比尔·盖茨之前，已经有人开始做个人计算机生意，美国的史蒂夫·乔布斯，创办了苹果计算机。苹果牌计算机叫做 Apple PC，其中 PC 就是 Personal Computer——个人的计算机。乔布斯在 24 岁的时候，个人资产高达 5 亿美元，他是全美年轻人的偶像，而那时候比尔·盖茨还没开始创业之路。但是，25 年之后，比尔·盖茨的个人资产一度超过 650 亿美元，是乔布斯的 65 倍。比尔·盖茨并没有比乔布斯聪明 65 倍，只是他的眼光更好，他把握了更大的趋势。乔布斯掌握了个人计算机趋势，但是比尔·盖茨掌握了控制计算机硬件的软件，而软件是一个更大的趋势。所以，比尔·盖茨会成功，完全是因为他懂得顺势而为。

日本有一家公司叫 NTT，成立于 1976 年，用了 10 年时间，公司的营业额就达到 100 亿美元，随后 NTT 成了日本最大的信息系统集成公司，是日本金融行业基本建设的主力军，在银行、证券、人寿保险及电子商务等众多领域中都有卓越的业绩，在日本信息服务行业一直保持在八强之首，营业额曾经是其余七强企业营业额总和。全日本几乎每一个人手里都有一台 NTT 手机。我们说掌握信息不如掌握趋势，掌握趋势不如掌握最大的趋势。在 NNT 成立时，通讯业是一个非常大的趋势，NTT 就是掌握了这个趋势，而顺势成功。

所以，一定要选择符合发展趋势的行业，要领先于时代，但是不能逆潮流而动，比如大家都用上手机了，你还去开发呼机，那就注定要被时代淘汰。

阿里巴巴的创始人马云同样是一个懂得把握趋势的人。1995 年，他到美国西雅图第一次接触到互联网时，就产生了创业的想法，凭借 2 万元启动资金，在互联网还不普及的时代，他开始挖掘"金矿"，他天天都这样提醒自己："互联网是影响人类未来 30 年生活的 3000 米长跑，你必须跑得像兔子一样快，又要像乌龟一样耐跑。"他仔细研究了当时刚刚兴起的电子商务之后认为，互联网上商业机构之间的业务量比商业机构与消费者之间的业务量大得多，所以开创了为中小企业提供交易平台的电子商务网站阿里巴巴。为什么放弃大企业而选择中小企业，马云打了个比方："听说过捕龙虾富的，没听说过捕鲸富的。"因为中小企业数量巨大，意味着更加广阔的市场，这就是他的眼光所看到的趋势，事实证明他是对的。

1981 年，IBM 的个人计算机与苹果的竞争和无线电音响城共同催生了庞大的个人计算机产业。大多数人同样没有料到，这不只是一项新产品，而是为世界经济创造另一个数兆美元产业的先驱——个人计算机产业。到了 1991 年，短短 10 年间，美国个人计算机的销售额就已经超越了汽车的销售额。

美国政府经济顾问保罗·皮尔泽在他的畅销书《财富第五波》里说到人类经济史上曾经有过的几大财富浪潮。工业革命时代，亨利·福特率先以大量生产的方式制造人人都买得起的汽车，从而引领了趋势，而当时许多人都不看好汽车市场。因为当时的路面大多颠簸不平，也没有加油站，而且多数人只要步行即可到达上班地点。但随着汽车产量的增加，需求也随之增加，搬迁到郊区的人们需要汽车代步，加油站如雨后春笋般地冒出来，路面也整修得越来越平整。很快，汽车已经成为工作、购物和生活上不可或缺的必需品，毫无疑问，亨利·福特打造的福特汽车公司把握了这一波趋势，获得了财富。

从当代经济史看来，以往需要一百年才会完成的重大变革，现在已经缩短为不到十年。

汽车和个人计算机出现时，都被视为矛盾产品。 毕竟，在习惯以马和马车代步的年代，社会大众很难相信交通工具可以是自动的。 同样，在需要腾出一个房间装置主机计算机的时代，谁又能预见计算机有朝一日会"个人化"？

微软的比尔·盖茨看准了软件业，戴尔的迈可·戴尔投身于硬件业，亚马逊的杰夫·贝佐斯开拓了网络图书销售通路，他们预见到了未来的大趋势，所以收获了商机。任何时代最大的趋势所引领的行业就是最赚钱的行业，这位政府经济顾问同时还是花旗银行最年轻的副总裁，说财富的第五波是以给人类带来健康相关的产业，前面四波获得财富的富豪没有人不需要健康和活力，因此，财富会流向健康产业。 的确，保健行业在全球都发展迅速，且利润惊人，史玉柱也是敏锐地把握了保健品商机，通过脑白金上演了"巨人归来"。 与健康相关的产业：保健品，美容养生，中医疗法，抗衰老，健康饮品，按摩保健，健康检测，亚健康的调养，家庭营养师，健康管理等多个领域。除此之外，还有很多的趋势是需要我们重视的，比如节能相关的产业、新兴材料、环保行业，这些都是符合时代发展趋势的。

还有一些行业几乎永远不会过时，比如餐饮业、服装业、教育业，这些满足人们基本生活水平和自我提升需要的行业，一直都有大把的财富流入，但是具体流向谁的口袋，就需要在这些竞争激烈的行业里拔得头筹，领先一步，有跟着时代变化和发展的前瞻性眼光。

稳中取胜，步步进取

如今，急功近利的现象在我们的社会生活中频频出现，诸如有的官员新上任，好大喜功，来一些任上的"脸面工程"，待其离任，工程就被废弃了；学子们在选择专业时，多从眼前的经济利益出发，而很少从自己的兴趣爱好或者长远规划考虑；市面上什么能够赚钱，大伙便一窝蜂地去做，使一个行当立即成为一个亏本行当；而充斥大街小巷的各种骗局，总是利用人们急功近利的心理，让人以为天上真能掉馅饼，偏偏许多很容易识破的骗局皆能够频频得手……

在人生道路上，虽然机缘对于每个人都是平等的，但是急功近利的人必定目光短浅，处事没有远见、看重眼前的蝇头小利将会使这种人痛失许多宝贵的机缘，而导致生命中永远无法弥补的遗憾。

从前，有一个青年人决定外出去寻宝，他经历了千辛万苦，终于在热带雨林中找到了两棵世上稀有的树木。

这种树木的树心散发着浓郁的香味，把它放在水中不浮反沉。青年十分高兴，就拖着这两棵树到集市上去卖。然而，整整一个上午过去了，青年的这两棵树却无人过问。这时他看到旁边卖炭的人生意很好，就把自己的树也烧成了木炭。结果青年很快就把木炭卖光。他拿着钱袋，回家高兴地把事情告诉了父亲，不料他的父亲听完后却连声惋惜，他遗憾地对青年说："孩子，你所找到的正是世上最稀少的沉香树，从它上面切一小块磨成碎末，价钱也超过你卖一年的木炭。"青年听后虽然十分后悔，却是追悔莫及，只恨自己有眼不识泰山，白白糟蹋了珍贵的宝物。

在现实生活当中，有许多人也像这个青年一样只顾着眼前的利益而错失了无比珍贵的机缘。众生平等，机缘叩响过每一个人的门窗，但并不是所有的人都出门去迎接它。其实，机会和机缘并不难得，难得的是把握好机会与机缘的能力。世人在红尘之中，难免都会受到名利的无形诱惑，认为眼前能抓得住的现实利益才是实实在在的，很少有人去认真地思考生命的本质和宇宙的真理。然而，真正的大智慧来源于崇高的精神境界，只有淡泊名利、修心重德之人才能悟出人生的真谛。由此可见，做人不可急功近利，要想具备洞察真假正邪的识别能力，修身养性、提高自身的思想境界才是为人之本。珍惜机缘者就有机会入道得法，认识了宇宙的真理才能认识真正的智慧，为自己生命的未来奠定一个良好的基础。 珍惜机缘就是珍惜自己的生命。

在北京大学的一次讲座上，一位同学向讲演的著名律师请教问题，问他怎么样才能成为一个优秀的律师。

这位律师回答说："咱们先别着急讨论这个问题，让我先给你讲一个故事。我以前上大学时有两个很要好的同学，毕业以后，一个去了律师事务所工作，而另外一个则选择继续学习深造，他们毕业的时候，才 23 岁。转眼 10 年过去了，那个参加工作的同学已经成了鼎鼎有名的大律师，而继续深造的另一个同学也结束了学习生涯，跨入了律师的行业。等到他们都是 35 岁的时候，这位 33 岁才成为律师的同学已经和做了 12 年律师的另一位同学做得一样好，一样有名。可是到了 43 岁，也就是他们毕业后的 20 年，后者由于 10 年深造积累的知识不断派上用场，生意越做越大；而前者却受自己的知识所限，驻足不前，跟不上时代的潮流而日渐沉寂下来。现在不用我说，大家都应该知道如何去做一位优秀的律师了吧？"

有人曾这样说过，假设这世上只有两种人，给他们一碗小麦，一种人会先留下一部分用于播种然后再考虑其他问题；而另一种人却不管三七二十一把小麦全部磨成面，做成馒头吃。 用一个简单的实验就可以把他们区分出来。

每一个人都想做一个成功的人、优秀的人，只不过在馒头的引诱下，我们不再忍耐。 成功的路是那样的遥远与艰辛，起点上充满了信心、跃跃欲试的年轻人，对这条路的尽头有无限的憧憬。 口袋里的馒头固然可以令他们在启程以后跑得更快，不过吃了眼前的，恐怕就没有下一顿了。 馒头提供卡路里终究会消耗殆尽，没有播种我们就没有粮食的保证，我们将会过早地凋谢。

未雨绸缪，防患于未然

未雨绸缪，也体现了凡事要做好准备的精神。未雨绸缪，防患于未然，做任何事情都应该事先作好准备，以免到时手忙脚乱。有这样一则故事：

有一家人，新盖了一幢房子，但就是厨房没有设计好，烧火的土灶烟囱砌得太直，土灶旁边还堆着一大堆柴草。一天，这家主人请客。其中，有位客人看到主人家的厨房，就对主人说："你家的厨房应该整修一下。"

"为什么呢？"主人问道。

这时，客人说道："因为你家烟囱砌得太直，柴草放得离火太近。你应将烟囱改砌得弯曲一些，柴草也要搬远一些，不然的话，容易发生火灾。"

主人听后，便大笑起来，不以为然，不久，就把这件事忘了。后来，主人家果然失了火，左邻右舍立即赶来，有的浇水，有的撒土，有的搬东西，大家一起奋力扑救，大火终于被扑灭，除了将厨房里的东西烧毁一小半外，总算没酿成大祸。

主人为了酬谢左邻右舍的帮助，就杀牛备酒，办起了酒席。席间，主人热情地请被烧伤的人坐在上席，其余的人也按功劳大小依次入座，唯独没有请那个建议改修烟囱、搬走柴草的人。这时，大家高高兴兴地吃着喝着。忽然，有人提醒主人说："要是当初您听了那位客人的劝告，改建烟囱，搬走柴草，就不会造成今天的损失，也用不着杀牛买酒来酬谢大家了。现在，您论功请客，怎么可以忘了那位事先提醒、劝告您的客人呢？难道提出防火的没有功，只有参加救火的人才算有功吗？我看哪，您应该把那位劝您的客人请来，并请他上坐才对呀！"

主人听后，恍然大悟。于是，赶忙把那位客人请来，不仅说了许多感激的话，而且还请他坐了上席，众人也都拍手称好。事后，主人新建厨房时，就按那位客人的建议做了，把烟囱砌成弯曲的，柴草也放到安全的地方去了，因为以后的日子还长着呢。

由此可见，无论做什么事，都要有预见性，如果自己没有意识到，听听别人的建议也是好的，防患于未然，总比出了险情再去补救更为重要。

今天，企业中的策划高手越来越多，他们能够从复杂多变的市场中找到真正适合自己企业的营销手段和造势技巧。但是，为什么只有少数企业取得了成功呢？是他们的方案比别人的都高明吗？这并不是真正的原因，毕竟，再高明的策划也需要有人来落实，只有将这些纸面上的设想落实到行动中，这个方案才能起到它应有的效果，无法完成的想法一钱不值。

但是，即使企业每天向员工们不断灌输执行观念，企业就一定能够锻炼出一支具备执行能力的团队吗？也不尽然，其实，有相当一部分员工并不缺乏主动精神和工作热情，他们缺少的是在接受任务以后认认真真地准备。在某些时候，这种盲目的主动和热情对企业的危害更大。

有一位勤劳的伐木工人，他被指令砍伐 100 棵树，接受任务以后，他毫不拖延地投入到了工作当中，每天工作 10 个小时。可是渐渐地，他发觉自己砍伐的树木数量在一天天减少。他开始想，一定是自己工作的时间还不够长，于是除了睡觉和吃饭以外，其余的时间他都用来伐树，一天要工作 12 个小时。但他每天砍伐的树木数量反而有减无增，他陷入了深深的困惑之中。

一天，他把这个困惑告诉了主管，主管看了看他，再看了看他手中的斧头，若有所悟地说："你是否每天都用这把斧头伐树呢？"工人说："当然了，没有它我可什么也干不了。"主管接着问道："那你有没有磨利这把斧头呢？"工人的回答是："我每天勤奋工作，伐树的时间都不够用，哪有时间去干别的。"

听到这里，主管说："你知道吗？这就是你伐树数量每天递减的原因。虽然你的工作热情很高，但你连工作必需的工具都没有准备好，又怎么能提高工作效率呢？"

在我们身边，有很多人都像这个伐木工人一样，总是忘了应该采取必要的准备使工作更简单、更快捷。你又怎么能指望他们高效优质地完成任务呢！要知道，在信息时代的今天，不磨刀就等于没有刀！

　　在工作中，总是有50％的指令被变通执行或打了折扣执行；30％的指令有始无终，最后不了了之；15％的指令根本没有执行，也就是说，实际上只有5％的指令真正发挥了作用。

　　其实，问题就是出在了准备上。现在，让我们看一看三个员工对待同一个任务的三种不同态度。

　　某家大型企业集团的采购部经理脾气暴躁、盛气凌人，许多想向他推销产品的业务员都碰了钉子。有一次，他到某个城市出差，一个生产办公设备企业的销售主管知道后，决定派员工小张去拜访他，把企业的产品推销出去，由于这位经理只在这个城市停留一周，所以销售主管希望能在他回去之前草签一个合作意向。小张接受了任务后，心想：这个经理不好打交道是出了名的，许多人都被他堵得下不了台，给的时间又这么短，我肯定完不成任务，不如想个办法躲过去吧。于是，他第二天并没有去宾馆拜访这位经理，而是在家里舒舒服服地休息了一天。第三天一早，他回到公司，对主管说："咱们得到的消息太晚了，他已经和别的公司签订了合同，这个客户只能放弃了。"

　　主管听说后感到非常失望，但又不甘心丢掉这个大客户，于是决定再派员工小王去试试。小王接受了任务以后，什么也没有说，把要推销产品的简介往包里一塞，在10分钟之后就赶到了采购经理所住的宾馆，他直接来到了经理的房间，敲开门后马上开始介绍自己的产品。谁知采购经理有睡午觉的习惯，被小王吵醒后已经非常愤怒，哪里有心情听他说些什么，一通臭骂将小王轰了出去。小王并没有泄气，他在宾馆的大堂里坐下，想等经理下来吃晚饭的时候再向他展开攻势。而经理因为被人打搅了午睡，整个下午都昏昏沉沉的，到了晚上根本没有胃口吃饭，早早就休息了。

而小王在大堂里一步也不敢离开，一直等到晚上10点才饿着肚子回去了。

第二天的早上，当小王带着失败的消息回到公司后，销售主管已经不报什么希望了，正当他准备放弃的时候，突然看到了刚进公司没几天的小李，主管想：反正已经没希望了，不如让小李去碰碰运气，就当是锻炼新人吧。于是，小李又接受了这个任务，而这时距采购经理离开只剩下三天。小李并没有急于去宾馆，而是通过各种渠道详细了解采购经理的奋斗历程，弄清了他毕业的学校、处事风格、关心的问题以及剩下这几天的日程安排，最后还精心设计了几句简单却有分量的开场白。

这些准备工作用了小李一天的时间，第二天一早，小李也没有直接去宾馆，而是回公司整理了一个小时的资料，把公司产品和竞类产品进行了详细地比较，并将能突出公司产品优势的地方全都列了出来，然后把那位采购经理对产品最关注的耐用性、售后服务等关键点进行了非常具有诱惑力的强化。因为他已经查明，采购经理今天上午有一个简短的约会，要到十点半才回去，所以这些准备工作的时间对他来说是绰绰有余。小李在十点一刻到了宾馆，在通向经理房间必经的电梯旁等候。十点半，采购经理回到了宾馆后直接上了电梯，小李也马上跟了进去，从经理最感兴趣的话题开始，很快就收到了去经理房间喝咖啡的邀请。后来的事就很简单了，采购经理一次就定购了这家公司一个季度的产品量，并且签订了正式合同，甚至在他临走的那一天，这笔业务的预付款就已经打到小李所在公司的账户了。

像小张这样的员工其实是很"聪明"的，可惜用错了地方。 他缺少直面困难的勇气，也不愿意自我反省，根本无法独立自主地做任何事，只有在一种被迫和监督的情况下才会工作。 在他看来，敬业是老板剥削员工的手段，忠诚是老板欺骗下属的工具，为一项工作认真做准备对他来说更是一种奢望。 这样的人你怎么能指望他能够成为一个高效的执行者呢？ 可以确信的是，他离被公司扫地出门已经不远了。

但是像小王这样的员工恐怕也无法使企业感到满意，你很难说他不主动、不积极，也不缺乏工作的热情和牺牲精神。 不过，在他身上似乎还缺少了一种很重要的东西，没错，就是准备。 他在接受任务之后根本没有考虑对方是一个什么样的人？ 最关心产品的哪些方面？ 现在这个时间去拜访是否合适？ 正是因为在这些方面没有准备使他的执行变得毫无价值，还挨了一顿臭骂。

那么，在小李身上我们看到了什么？　当然是在充分准备后所表现出的高效优质的执行力，这也正是目前被人们忽视最多的职业品质。　面对其他同事都解决不了的难题，他没有畏难情绪，将困难一推了之；也没有仓促行动，而是有条不紊地从准备工作开始，一项项地落实到位，从拜访的时间、开场白、对方的办事风格一直到产品优劣势的分析、调研……每一处都体现了一个高效能员工的职业素养。

懂得妥协，肯吃"眼前亏"

对于一个血气方刚的年轻人来说，要他们暂时地妥协，似乎有些困难，很多人为了所谓的"面子"和"尊严"与对方展开激烈的搏斗，有的人因此而一败涂地，甚至丢了性命。有的人虽然获得了胜利，但是也是"惨胜"，元气大伤，跟失败无异。

唐朝初年，太子李建成和齐王李元吉相互勾结，多次想要加害有功劳的秦王李世民，李世民身边的心腹屡次进言，劝李世民早作打算，以防不测。但是，秦王李世民却说："我们是同胞兄弟，就算他们有什么不对的地方，我怎么能忍心加害他们呢？我还是委屈一下吧，时间一长，他们一定会改的。"但是大家都非常着急，生怕生性仁慈的秦王被太子和齐王所害。李世民看在眼里，他表面上对追随他的文臣武将的劝解置若罔闻，暗地里将尉迟敬德等几个心腹召来，对他们说："你们的顾虑并不是没有道理，事实上我也很着急，但是我们还没有谋划好，怎么可以草率行事呢？"

此后李世民表面上傻乎乎的什么也无所谓，太子李建成和齐王李元吉以为李世民好对付，逐渐放松了对他的警惕。

过了不长时间，突厥进犯，太子李建成趁机保举李元吉带兵前去迎敌。李元吉以此为借口剥夺了李世民的兵权。李世民的部下个个情绪激动，在此期间，李世民就得知齐王在远征之前要杀掉自己。

李世民迅速派兵埋伏在玄武门，将太子李建成和齐王李元吉截杀了。

李世民假装糊涂，暗中操作的策略，麻痹了对方，使对方放松了对他的警惕。如果明着与他们抗衡，不但会损耗自己的力量，结果可能就是两败俱伤。

吃"眼前亏"，最起码可以维持"生存"的条件。生存就是"留得青山"，没有生存，就意味着没有明天，没有未来。

妥协并不意味着胆小和懦弱，当然这需要很大的勇气，既要战胜自己的复仇心理，又要顶着别人的闲言碎语以及随之而来的猜忌和歧视。这着实需要很大的勇气和开阔的胸襟。因为隐忍和妥协是一种务实、通权达变的生存智慧。

尽管妥协在解决问题的时候不是最好的方法，但是在更好的处理方法出现之前，确实是行之有效的选择。因为它既解决了实质的问题，又避免了时间和精力等资源的更大浪费。

小华是一名化妆品公司的推销员，小华所在的公司和另外一家化妆品公司的合作一直未能如愿，经过小华的不断努力，那家化妆品公司最终答应和小华所在的公司合作，但是有一个要求，以后在他们的化妆品广告中加上合作的公司的名字。

小华所在公司的领导一听，一百个不愿意，因为他认为这是花钱在为别人打广告，所以谈判一度陷入僵局。而且对方只留出两天的时间让小华他们来考虑。

小华找到公司的领导，让他赶紧答应这个要求，否则的话就会错失合作的良机。领导非常不乐意，说："这算什么啊？我是不会妥协的！"

小华苦口婆心地劝说领导，最后终于做通了领导的思想工作，同意了对方提出的要求。很快，由于他们公司的产品和一个著名的品牌挂在了一起，所以公司发展得非常迅速，销售额直线上升。

有一些人认为强者是不需要妥协的，因为他们实力雄厚，根本不怕消耗。理论上是这样的，但是问题是当弱者飞蛾扑火紧紧地咬住的时候，就算是强者在最后的较量中得胜，也是"惨胜"。所以，强者在某些情况下也是需要妥协的。

审时度势，方为英雄

世间的英雄就像龙一样，能大能小，能升能降。大可以吞云吐雾，小可以隐藏于无形；向上升可以升腾于宇宙之间，向下降可以潜伏于大海的深处。

俗话说，识时务者为俊杰。龙蛇之蛰，以求存也。只能升不能隐，只能算条虫罢了。

《三国演义》里有一个煮酒论英雄的故事：

一天，曹操邀刘备入府饮酒。二人对坐，开怀畅饮。酒过三巡，曹操问刘备："你周游四方，一定知道当今的英雄，请简单说一说。"

刘备说了几个人的名字，曹操都摇了摇头。

曹操接着说："所谓英雄，就是要胸怀大志，腹有良谋，有包藏宇宙之机，吞吐天地之志。"

刘备问道："那么谁能称得上是英雄呢？"

曹操用手指了指刘备，又指了指自己，说道："现在天下能称得上是英雄的人，仅你与我两人而已！"

刘备一听便大吃一惊，吓得手中的筷子都掉在了地上。好在此时雷声大作，刘备巧妙地借雷声掩饰住了自己内心的惊恐。刘备为什么会被吓成这样呢？因为他与曹操并不是一条心，他正在韬光养晦，害怕曹操发现自己的意图。

刘备能够成就自己的事业，首先在于他心中始终藏有一统天下的霸气，这股霸气来自于他跟自己斗着一口气，也来自他跟曹操斗着的一口气，要做个乱世英雄而不屈居人下。刘备能够成就事业其次就在于他聪明的做事方法，也就是为求存而善于蛰伏。

但是，刘备在这一点上与曹操相比还稍逊一筹。

刘备历尽艰辛终于有了东西两川和荆州之地。然而由于关羽的失误，荆州被东吴夺了去，关羽也被杀害。刘备悲愤交加，发誓要为关羽报仇，他要起兵伐吴。刘备的这一决定是建立在冷静的心态之上吗？不是。此时，他完全被自己悲伤和愤怒所控制。赵云劝刘备说："现在的国贼是曹操，并不是孙权。曹操虽然死了，但曹丕却篡汉自立为帝，人神共怒。陛下你应该讨伐曹丕，而不应该讨伐东吴。倘若一旦与东吴开战，战争就不可能立刻停止，别的计划就不能实施。望陛下明察。"

赵云的这番话颇有道理，确实是审时度势之言，然而，刘备对赵云说："孙权杀害了我的义弟，还有其他忠良之士，这是切齿之恨，只有食其肉而灭其族，才能够消除我心中的仇恨。"赵云又劝说："曹丕篡汉的仇恨,是大家的仇恨;兄弟之间的仇恨,是私人的仇恨。希望陛下以天下为重。"刘备答道："我不为义弟报仇,纵然有万里江山,又有什么意思呢?"刘备已完全失去了理智,完全失去了审时度势的能力。感情用事的结果常常会是彻底的失败。

一个人有七情六欲是完全正常的,但在事业上或做具体事情上,就要有所区分。 事情是复杂多变的,感情常常左右人们的理智,使人们对复杂多变的形势做出错误的分析和判断。 因此,我们说:"一个被感情左右的人一定是一个不成熟的人。"此时的刘备就是被感情左右了的人。 在冷静地审时度势这一点上,他根本就无法与曹操相比。 殊不知,曹操一家也曾被人所杀,他也曾有过切齿之恨。

曹操平定了青州黄巾军后,名声大振,有了一块稳定的根据地,于是他派人去接自己的父亲曹嵩。曹嵩带着一家老小四十余人途经徐州时,徐州太守陶谦出于一片好心,同时也想借此结纳曹操,便亲自出境迎接曹嵩一家,并大设宴席热情招待,连续两日。一般来说,事情办到这种地步就比较到位了,但陶谦还嫌不够,他还要派兵五百护送。

这样一来,好心却办了坏事。护送的这批人原本是黄巾余党,他们只是勉强归顺了陶谦,而陶谦并未给他们任何好处。如今他们看见曹家装载财宝的车辆无数，便起了歹心，半夜杀了曹嵩一家，抢光了所有财产跑掉了。曹操听说之后，咬牙切齿道："陶谦放纵士兵杀死我父亲，此仇不共戴天！我要发动大军，攻打徐州。"

将曹操的遭遇与刘备的情况进行比较，不难看出，刘备仅死了一个义弟关羽，曹操却死了一家老小四十余人，曹操的恨应该更大更强烈。然而，当曹操准备率军攻打徐州报仇雪恨之时，情况发生了变化，吕布率兵攻破了兖州，占领了濮阳。这边大仇未报，那边情况又发生了变化。

如果曹操被复仇的心态所左右，那么，他一定看不出事情的发展趋势，也察觉不出情况的危急，就如同刘备伐吴一样。但曹操毕竟是曹操，他是一个十分冷静沉着的人，也是一个非常会控制自己情绪的人。正因如此，他立刻分析出了情况的严重性，他说："兖州失去了，这就等于让我们没有了归路，不可不早作打算。"于是，曹操便放弃了复仇的计划，拔寨退兵，去收复兖州了。

与曹操截然相反，刘备伐吴的计划完全建立在复仇心态之上。这一心态使他不可能对局势作出客观准确的认识。他没有认识到东吴经营时间已经很长，孙权善用贤人，上下团结一心，绝对不像刘璋之辈那样柔弱；与此同时，北边曹丕虎视眈眈，随时都可能向刘备的蜀汉政权发动攻击，而自己的政权才刚刚建立不久，还需要进一步稳定人心；从大局来看，三国鼎立，魏国强大，蜀吴弱小，只有连吴抗魏，才能长治久安。然而，刘备根本就顾不得这一切，只凭自己复仇的心态而制订实施了伐吴的计划。因此，其失败是注定的。

人生格局

策略

宋犀堃
编著

成都地图出版社

图书在版编目(CIP)数据

人生格局. 策略 / 宋犀堃编著. -- 成都：成都地图
出版社有限公司, 2021.3(2023.8 重印)
ISBN 978-7-5557-1675-4

Ⅰ. ①人… Ⅱ. ①宋… Ⅲ. ①成功心理－通俗读物
Ⅳ. ①B848.4-49

中国版本图书馆 CIP 数据核字(2021)第 032609 号

人生格局　策略
RENSHENG GEJU　CELÜE

编　　著	宋犀堃
责任编辑	高　敏
封面设计	松　雪
出版发行	成都地图出版社有限公司
地　　址	成都市龙泉驿区建设路 2 号
邮政编码	610100
电　　话	028-84884648　028-84884826(营销部)
传　　真	028-84884820
印　　刷	三河市众誉天成印务有限公司
开　　本	880mm×1270mm　1/32
印　　张	15
字　　数	390 千字
版　　次	2021 年 3 月第 1 版
印　　次	2023 年 8 月第 2 次印刷
定　　价	108.00 元(全三册)
书　　号	ISBN 978-7-5557-1675-4

前　言

人生在世，就要做事。如何做事？做事方式虽各有不同，但目的只有一个，那就是把事做好。古语说："为一身谋则愚，而为天下谋则智。"意思是下棋讲究一个谋势，要通观全盘。做事也是一样，必须通盘谋划，讲究策略。

古今中外，凡成大事者，都有一个共同的特点，那就是一事当前，必先考虑全局之成败。当今的时代，是知识经济的时代，身处这样一个时代，就更要通过学习思考，把握事物发展的规律，提高明辨是非的能力。

把事做好，也不是一件容易的事情。在这里，既要有思想素质，又要有能力素质，二者缺一不可。那么，怎样把事做好呢？这里有三句话：

第一句，做事能为本。做事需要的是能力，而不是夸夸其谈。

第二句，做事干为先。"实干兴邦，空谈误国"。俗话说，说一千，道一万，不如"两横一竖"一个"干"。

第三句，做事要务实。求实之重要、之先决。有务实，才有突破，才有成效。 务实不是蜻蜓点水，不是浮光掠影，不是走马观花，不是浅尝辄止，它是对事物本质的凝视，对事物规律的穿透，对事物伪装的剥离，是对树叶的透视、对树根的挖掘，对树结出果实的解剖。

　　人不会生而知之，也不是天生就会做事的。 做事的策略，是在成功与胜利中总结出来的；做事的能力，是在挫折与失败中磨炼出来的；做事的智慧是在人际交往中思考出来的；做事的艺术，则是在为人处世中用心感悟出来的。

　　本书从历史和现实中取材，总结出做事的策略，它会使你处事更老练，人际关系更融洽，进而获得生活和事业的成功，享受幸福快乐的人生。

2021 年 2 月

目 录
CONTENTS

第一章

精进策略：永远走在前进的路上

不满足才能发现自己的不足

所谓"吾生也有涯，而知也无涯"，就是说知识学得越多，越会觉得自己太浅薄，懂的东西实在太少，而需要去学的东西真的太多了。相反，读书少的人往往以为自己很有学问，认为自己懂得不少了，殊不知，知识的海洋是无边无际的。

有一位年轻人，跟着一位老玉匠学手艺。几年过去了，他已能雕出有许多精美花饰的玉器，这时，他认为自己已经学得差不多了，便向师父提出出师请求，师父听了没有应允，只是对他说："你去把那个最大的木桶提过来，把它装满石头。"

他很快就把石头装了进去，师父问他："都装满了吗？"他点了点头，说："都装满了。"师父又指了指不远处的一堆沙说："那你再把那些沙子装进去，看还能不能装下。"

他将沙子倒进桶里，沙子果然顺着石头的缝隙漏了进去。这时，师父又问他："这回真的装满了?"他自信地答："真的装满了。"

师父不再言语，转身走进房间，舀出一瓢水，说："那你试着把水倒进去吧。"他接过水瓢，慢慢地把水倒进了水桶，水很快就渗了进去。

他若有所悟。良久，他满脸羞愧地对师父说："师父，我不走了。"

我们的人生就像一只桶，你永远也装不满它，只有不断地往里装填新的东西，生活才会更加充实、丰富。

古今中外，那些成功人士之所以能够取得成功，和他们深知学海无涯、绝不自满有着很大的关系。正是因为他们不满足，才能够几十年如一日孜孜以求地探索，才会最终获得世人的认可。

卢思道是我国古代著名学者，小时候就非常聪明，有一天，父亲把他作的诗文拿给朋友们赏阅。出于礼貌，朋友们都伸出大拇指称赞卢思道，说他文采不凡。卢思道一听，顿时就有点飘飘然了，好像自己写的文章真的是字字珠玑、满篇锦绣。从那以后，他再也不下苦功学习了。

有一次，卢思道听说附近有一位名叫刘松的学者，知识非常渊博，便去拜访。当他走进屋子时，看见刘松正在挥笔给人撰写碑文。卢思道仔细一看，碑文的内容蕴含着很深奥的道理，其中有许多词句和典故他都不知道出处，更不用说理解了。顿时，卢思道原有的骄傲之心消失一空，深感自己的学问确实不如刘松。回家之后，他不由得感慨道："我就像那井底之蛙啊，今日一见，我确不如人！"

从此以后，他就像变了一个人似的，再也不在众人面前卖弄自己的才华了，每天都把自己关在家里，刻苦自修，一碰到疑难问题，就马上去请教其他有学问的人。就这样，日复一日，他的知识越来越丰富，写的文章也有很大的长进。

一天，卢思道又去拜访刘松，并非常恭敬地把自己的文章拿给刘松看，请他指教。刘松仔细看了一遍，然后拍掌赞叹："想不到你这么小的年纪，居然能写出如此精彩的文章，真是不简单呀！"赞叹完之后，刘松还非常认真地向卢思道请教，因为其中的一些典故他不明白。对于刘松来说，向一个比自己年轻很多的人请教问题，并不是一件难为情的事情。

通过两次拜访刘松，卢思道深刻地认识到了"学海无涯"的道理，于是，他在学习上比以前更加自觉、更加刻苦。因为他的不自满，才为他成为著名的学者打下了坚实的基础。

不论是在学习上还是在生活中，很多人都像曾经的卢思道一样，稍一取得成绩就骄傲自大，好像整个世界只有自己最优秀似的，殊不知，他所取得的成就和更优秀的人相比根本就不值一提。只要我们回顾历史，翻看一下那些成功者的履历，就会发现，真正成就人生辉煌的人，往往都是不自满的人。

别让自己成为时代的落伍者

从人出生之日起,学习就成为一项基本活动。从幼年、少年、青年、中年直至老年,学习都伴随人的整个生活历程并影响人一生的发展。无止境的学习,是每一个成功者共有的素质。

师旷是我国古代著名的音乐家。一天,师旷正为晋平公演奏,忽然听到晋平公叹气说:"有很多东西我还不知道,可我现在已经七十多岁,再想学也太迟了吧!"师旷笑着答道:"那您就赶紧点蜡烛啊。"晋平公有些不高兴:"你这话什么意思?求知与点蜡烛有什么关系?答非所问!你不是在戏弄我吧?"师旷赶紧解释:"我怎敢戏弄大王您啊!我听人说,年少时学习,就像走在朝阳下;壮年时学习,犹如在正午的阳光下行走;老年时学习,那便是在夜间点起蜡烛小心前行。烛光虽然微弱,比不上阳光,但总比摸黑强吧。"晋平公听了,点头称是。

确实如此，人类几千年积累下来的知识文化，岂是短短几十年就能学得完的。当今时代，科技在飞速发展，知识更新的速度日益加快，人们要适应变化的世界，就必须努力做到像师旷说的那样：活到老学到老，要有终生学习的态度。这方面，鲁迅先生是榜样，他在临终前一个小时还在写文章；还有著名华商李嘉诚，他每天晚上都要看书学习，这个好习惯已坚持了几十年。

今天，我们已经步入了一个激烈竞争的市场经济时代，所以"学无止境"在今天也就有了另外一种含义：如果你停止了学习，也许就会被淘汰。何况，现代社会的知识周期大为缩短，个人用十几年所学的知识，会很快过时，如果不再学习更新，就会进入所谓的"知识半衰期"。据统计，当今世界90%的知识是近30年形成的，而"知识半衰期"只需要5～7年。因此，人们的知识需要不断"加油""充电"。

现在，很多人都陷入了一个相同的误区，认为人一旦离开了学校就没有再学习的必要了。其实，人的一生是一个不断学习的过程，只是你没有注意到，你一直在生活和工作中学习。但这种被动的学习效果肯定不理想。如果自己能具有不断地学习的意识，提高持续学习的能力，你就能克服所有危机，赢得你所希望的一切。

小刘曾经在北京大学度过了4年的大学时光，他现在就职于一家软件公司，做他最擅长的行政管理工作。不久前，他的公司被一家法国公司兼并了，在兼并合同签订的当天，公司新总裁就宣布："我们不会随意裁员，但如果你的法语太差，无法和其他员工交流，那么，不管是多高职位的人，我们都不得不请你离开。这个周末我们将进行一次法语考试，只有考试及格的人才能继续在这里工作。"

散会后，几乎所有人都去了图书馆，这时他们才意识到要赶快补习法语了。而小刘像平常一样直接回家了，同事们都认为他已经准备放弃这份工作了。然而，令所有人都想不到的是，考试结果出来后，这个在大家眼中肯定没有希望的人却考了最高分。原来，小刘离开学校后一天也没有停止学习，他在工作之余不仅自学了法语和希腊语，还成为一个软件编程高手。

在"信息爆炸"的今天，不及时充电学习，随时都会落伍。所以，我们要时刻鞭策自己：学无止境，与时俱进，别让自己成为时代的落伍者。

功夫下到了，自然会有效果

　　精诚所至，金石为开、水滴石穿、铁杵成针……这些经典的事例，皆因执着而来。 在学习中，只要我们拥有执着，就拥有了一种坚持到底的毅力，一种努力向上的信念。 在面对困难的时候，我们就不会退缩，也不会放弃。 要知道，学习没有捷径可走，看准了目标和方向之后，必须以坚忍不拔、百折不挠的精神紧追不舍，才能最终收获丰硕的果实。

　　古时候有个叫乐羊子的人到外地求学，学习的艰辛与求学的清苦，使他感到很乏味。在外待了一年就弃学返乡。妻子看到他后没说什么，只是拿出一把剪刀，将织布机上正织着的一匹布剪断了。这是一块图案精美的花布，只差一点就要完工了。妻子说："求学的道理也是一样，若能坚持到底，付出艰苦的努力，就能成为一个有用的人；但若不能坚持，放弃苦读，就会前功尽弃。"乐羊子感到非常羞愧，便回到书塾去继续学业了。

可见，坚持是学习中最难得的品质。 那些在学习中暂时落后的人，缺少的正是这种坚持、坚持、再坚持的学习态度，缺少的正是在困难面前再努力一点的心态。

大家都知道，摩天大厦是由一砖一石垒砌而成的；登山运动员的成功是一步一步攀登出来的；商业的繁荣是靠一个一个顾客带来的。 学习也一样，没有谁能一夜成功，很多成功人士取得的成就都是多年坚持不懈努力的结果。

啜玉林同学曾经是北京市高考的文科状元，并连续四年获得北京大学状元奖学金——明德奖学金，后被学校派往美国访问学习。在谈到自己的学习经验时，啜玉林同学说："我觉得学习中培养起来的毅力，不但在整个学习阶段让人受益匪浅，而且，对于一个人将来的生活也有很大的好处。所以，我希望中学生朋友们能够在学习过程中，克服遇到的种种困难，培养踏实的学风和吃苦耐劳的精神。"

有人曾经把学习的过程和伐树联系在一起，砍伐一棵参天大树，你的头几斧可能很难在它身上留下痕迹，你的每一击也好像微不足道，然而，累积起来，再粗壮的树也终会倒下，就像你在学习中背的每一个单词、演算的每一个公式、读的每一本书一样，这些都会对你的学习产生积极的影响。

放弃时间的人，时间也会放弃他

古往今来，多少人在惊叹时间一去不复返，惋惜它的流逝。孔子吟道："逝者如斯夫，不舍昼夜。"李白高唱道："君不见黄河之水天上来，奔流到海不复回。君不见高堂明镜悲白发，朝如青丝暮成雪。"时间，悄悄地从我们身边溜走，在我们谈话的时候，吃饭的时候，工作的时候，甚至是睡觉的时候……

清代著名学者段玉裁，著有《说文解字注》等书，可他仍然痛感读书太少，没取得什么成就。在他80岁那年，写了一篇自序，叹息八十年的宝贵光阴就像流水一样，一去不复返。他以自悔的心情告诫子孙：一个人不要虚度年华，要惜时如金，要经常想一想自己有什么建树。

有人在谈到鲁迅的时候说鲁迅是天才，鲁迅知道后说："哪里有天才？我只是把别人喝咖啡的时间用在了工作上。"鲁迅一生写了那么多著作，这些著作就是他珍惜时间的最有力见证……很多在事业上有所成就的人，在他们的传记里，常常可以读到这些类似句子："利用每一分钟来读书。"

现在，人类对时间的意识和控制随着社会的进步而逐渐加强。现代人计量时间的单位由时、刻、分、秒逐步精确到毫秒、微秒、毫微秒、微微秒。

对时间计算得越精细，事情就做得越完美。如果在学习上你能以分为单位，充分利用那些看起来微不足道的零碎时间，就能在学习中有所收获。

我国著名数学家、复旦大学名誉校长、北师大名誉教授苏步青先生年过八旬，虽身兼数职，但仍抽出时间搞科研，著书立说。

苏教授常在"零头布"上动脑筋。他称赞"零头布"说："别看它零零碎碎的，积沙成塔，时间也可以积少成多嘛！"外国同行给他寄来国外新出版的微分几何新书，他爱不释手，反复阅读，学习知识，写下了读书笔记。之后，他又利用点滴时间，在过去研究成果的基础上，又吸收国外的新成果，编写出很多讲稿。1978 年夏天，苏教授冒着近 41℃的高温，到杭州讲学 7 天，用的就是这些讲稿。回校后，他一边继续整理，一边给研究生上了 50 个小时的课。《微分几何五讲》就是这样一章一章地写成的。这样，"零头布"在苏教授的手中就变为"整匹布"了。

古往今来，一切有成就的学者都善于利用零碎时间。东汉学者董遇，幼时双亲去世，但他好学不倦，利用一切可以利用的时间。 他曾经说："我是利用'三余'来学习的。""三余"，即"冬者岁之余，夜者日之余，阴雨者晴之余"。也就是说在冬闲、晚上、阴雨天不能外出劳作的时候，他都用来学习，这样日积月累，终有所成。

许多人往往认为那些零散的时间没什么用处，这些时间看似很少，但集腋能成裘，几分几秒的时间，看起来微不足道，但会合在一起就大有可为。 我们来看 2005 年以高分考入北京大学新闻与传播学院的张文静同学的经验：

"'用零散的时间记忆零散的知识'，这句话不是我说的，是学来的，拿来与大家共享。 零散的知识主要是英语单词和语法，语文的语音、词语、标点等基础知识。 大块的读书时间可以用来读文章，记忆'政史地'等系统性很强的知识，而把那些零碎的知识写在小纸片上，随身携带，在零散的时间记忆是最好不过的了。"

其实，在日常生活中，有许多零星、片断的时间，如：车站候车的三五分钟，医院候诊的半个小时，等等。 如果珍惜这些零碎的时间，把它们合理地安排到自己的学习中，积少成多，就会有惊人的收获。

不懂装懂是愚蠢的表现

凡事懂就懂，不懂就不懂，这是最高的智慧。 对于所有知识，我们都应当虚心学习、刻苦学习，尽可能地加以掌握。但人的知识再丰富，也总有不懂的问题。 那么，就应该有实事求是的态度，只有这样，才能学到更多知识。

朱熹《论语集注》曰："子路好勇，盖有强其所不知以为知者。 故夫子告之曰，我教汝以知之之道乎，但所知者则以为知，所不知者则以为不知，如此则虽或不能尽知，而无自欺之蔽，亦不害其知矣。 况由此而求之，又有可知之理乎？"意思是：知道就是知道，不知道就是不知道，敢于承认自己的无知，这才是明智之举。

孔子说出了一个深刻的道理："知之为知之，不知为不知，是知也。"就是要告诫其学生明智之道。 其中最重要的是"不知为不知"，对自己不知道的事不要"强不知以为知"，否则，就离说谎不远了。 不仅要说自己知道、懂得的，更要承认自己的"不知"，这样才是真正的"知"，才是真正的明智。承认了自己的不足，才能对症下药，向老师请教。韩愈在《师说》中尖锐地批判了当时社会上耻于从师的陋习："惑而不从师，其为惑也，终不解矣。"惑而不从师，其结果要么迷惑无知，要么就是不懂装懂。孔子曾说："盖有不知而作之者，我无是也。多闻，择其善者而从之；多见而识之，知之次也。"孔子并不否认"生而知之"，但他认为自己不是这样的人。他多次谈到，他的成绩得益于虚心好学。正因为如此，孔子对于不懂装懂、夸夸其谈的行为是深恶痛绝的。

孔子认为，学习是踏踏实实的事，承认自己有不懂的地方，本身就是认识上的一种进步。然而，在我们身边，不懂装懂，自以为是，因碍于脸面而不敢去问的人却不在少数，而这种心理和思想大大抑制了我们的发展，抵消了我们的才能和努力，使我们的骄傲自满心理潜滋暗长，因而就没有了"无知感""求知欲"，"不知"便以为"知"，这才是最可怕的无知。然而，那些真正的学者，因为实事求是，总能看到自己无知的一面。

有这样一个故事：

世界著名物理学家、诺贝尔物理学奖获得者、美籍华人丁肇中先生在接受中央电视台《东方之子》采访时，曾对很多问题都表示"不知道"。在为南航师生做学术报告时，面对同学提问，他又是三问三不知："您觉得人类在太空能找到暗物质和反物质吗？""不知道。""您觉得您从事的科学实验有什么经济价值吗？""不知道。""您能不能谈谈物理学未来 20 年的发展方向。""不知道。"
这让在场的所有同学感到意外，但很快就赢得全场热烈
的掌声。也许，一些人在说"不知道"时往往被看作是
孤陋寡闻和无知的表现，但丁先生的"不知道"却体现
着一种做人的谦逊和科学家治学的严谨态度，不禁令人
肃然起敬。

作家王小波曾讥讽地说：现代人总把一句话挂在嘴上——
难道这不是不言而喻的吗？ 事实上，稍微懂得一点常识的人
都知道，大千世界，能够"不言而喻"的事物实在太少了。
真正的睿智者，是不会用这种狂妄的态度对待知识的。
因此，在学习中，我们必须本着实事求是的态度，才能最
终达到由"不知"到"知"的状态。

从旧知识中得到新体会

　　"温故知新"是流传已久、常被引用的一句成语。 意思是：不断温习研究已经学到的知识和道理，从而得到新的见解、领会和发现，增加知识，提高认识。

　　对于孔子的这句名言，朱熹的解释长期以来被看作是经典。 他说："故者，旧所闻。 新者，今所得。 言学能时习旧闻，而每有新得，则所学在我，而其应不穷，故可以为人师。 若夫记问之学，则无得于心，而所知有限，故学记讥其'不足以为人师'，正与此意互相发也。"（《论语集注》）这里将"温故而知新"视为一个承接句，着眼于教育学的解读，把"温故而知新"视为为师的重要条件；也有将"温故而知新"视为并列句的，是说温习探索旧的史实，并且知道新近发生的事情。 仅仅知道过去是不行的，还应该知道新发生的事，因为时代在变化。 当然，这里还可以加上一层——鉴往而知来，借鉴过去的历史经验教训，由此类推，从而预测未来，调整对策。

就读书学习而言，俗话说"读书百遍，其义自见"，好书应经得起咀嚼，每咀嚼一次，就又悟出些真味。 自己见解越深，学问越精，越读出味道来。 因而有位评论家说："少年时读塞万提斯的《堂吉诃德》会发笑，中年时读了会思考，老年时读了却想哭。"好书是需要反复读的。 大文豪托尔斯泰把《新约·福音》读了又读，最后可以长篇背诵下来；马克·吐温旅行时必带一本厚厚的《韦氏大辞典》；白朗宁每天翻阅辞典，从中获取乐趣和启示……

其实"温故"只是第一步，从"温故"中能"知新"才是第二步，是关键的一步，也就是苏轼所说的"好书不厌百回读，熟读深思子自知"。 所以"温故"绝不是仅仅抱着旧学不放，"温故"的目的是要能"知新"，也就是要做到苟日新、日日新、又日新。 旧学随着时间的发展在不同的时代可能会有不同的价值、意义。 学问是死的，可人是活的，温是人在温，知是人在知，能结合时代特点从旧学中找出新的、适应发展需求的东西就是与时俱进。 所以说，旧的、故有的未必就不好，关键靠我们去发掘。 抛弃它们才是我们的过错，如果抛弃了它们，我们不仅抛弃了温故的学习习惯，更抛弃了获取知新的可能性。

"温故知新"不一定是为了为人之师。 既为人师，知识也不能仅限于"温故"，不论孔子当时说这句话的意思何指，直至今日，应该有更高一层的理解。 举个常见的例子：我们今日所见的日用电器，精益求精，日新月异。 新产品问世不久，又被更新的产品所替代。 性能、式样、体积、效用、便利程度等方面都不断地更新换代。 有人也许会问，为什么过去的产品达不到今日的水平呢？ 答案很简单：温故知新。 任何事物，大至政策法令，小至日常生活，无一不是在原来基础上经过评价、分析、进步、提高、增强而除旧见新的。 所以，"温故知新"是永恒不变的真理，也就是所谓的"前事不忘，后事之师"。

当然，在孔子生活的时代，生产、生活都很简单，孔子所说的可能仅指治学，经"温故而知新"，可以为师。 可是，这句话出自《论语·为政篇》，延伸来看，可以理解为治理国家、制定政策，需要研究理解古今中外历史上曾经发生过的事，取其成功，鉴其失败，判其是非，师法过去，做出正确的决定。 可见，大到社会政治经济，小到人们工作学习、日常生活琐事，我们都应该有"温故知新"的毅力和决心。

举一反三，善于思考

提及举一反三，有个有趣的小故事：

一座山上有两座寺院，每日清晨，两座寺院都会各派一个小和尚——明悟和明心，到山下的集市买菜。两人总能碰面，经常暗地比试悟性。

一天，明悟和明心又碰面了，明悟问："你到哪里去？"明心答："脚到哪里，我就到哪里。"明悟听他这样说，不知如何接话才好，站在那里默默无语。买完了菜，他回到寺院向师父请教，师父对他说："下次你碰到他还用同样的话问他，如果他还是那样回答，你就问：'如果没有脚，你到哪里去？'"明悟听完点头称是。

第二天早上，他又遇到明心，于是满怀信心地问："你到哪里去？"可这次明心回答道："风往哪里去，我就往哪里去。"明悟没料到他换了答案，一时语塞，又败下阵来。明悟回到寺院，再次报告给师父，师父哭笑不得，说："那你可以反问他'如果没有风，你到哪里去'嘛，这是一个道理啊。"明悟听了以后，暗下决心，明天一定要胜过明心。

第三天，他又问明心："你到哪里去？"明心笑了笑，说："我到集市去。"明悟又一次无言以对。回到寺院，师父听了之后感叹道："举一反三地'悟'才是真的'悟'啊！"

可见，教育需要启发与激励，学习需要举一反三；教育要讲究教育方法，学习也要讲究灵活的学习方法。

孔子有着丰富的人生阅历，有达则兼济、穷则独善的本领，他培养弟子采取的教学方法比较独特。他往往采取启发式教育，举其一，要学生以三回答。不能够举一反三，那就没有办法去启发，进行教育了。所以，教育的目的，是让学生在课堂上学习真理的同时，由此及彼，进行推论和联想、对比、判断，从而得到智慧的升华。学生不经过反复思考，还没有达到快要觉悟的一刹那，就不去开导他；不到反复默想而想说却又说不出来的时候，就不去启发点破他。这实际上是学习者举一反三、发散思维的灵活学习法，这里不仅指书本理论学习，也包括社会实践、为人处世等，对我们今天仍有借鉴意义。

就学习而言，人们在学习过程中，不能死板地、被动地接受知识，而要善于思考，要有怀疑精神，正所谓"尽信书，不如无书"。学会将所学知识与身边事物相结合，学会举一反三、发散思维，主动感受生活，这样学习才会有乐趣。

在现代教育体制下，我们越来越被动地去接受一些知识，越来越少去思考为什么会有这些问题。 学习者的思维逐渐被限定在一个狭小的空间里，无法突破。 越来越多的人只会死记硬背，不会举一反三。 也正因为如此，在校园里，才会出现那么多所谓"高分低能"的学生。

　　正确的学习态度应该是由此及彼。 换句话说，很多事情，站在不同的角度，便会有不同的看法，所以，我们应该养成良好的学习习惯，关注身边的小事，注意自己的日常行为和言行举止。 这就要求学习者有长远眼光、发散思维。

　　有些人读书学习很用功，但是领悟力不够，充其量只能成为一个书呆子。 拿研究历史来说，最低限度，也是为了"前事不忘，后事之师也"。 所以多读历史，能够举一反三，就可前知过去、后知未来。 否则，读死书，"则不复也"。 学习的意义就没有了！

　　"举一隅"而能"以三隅反"，发散思维，灵活学习，善于从身边事物中受到启发，用心感受生活，这样才能从容地应对"吾生也有涯，而知也无涯"。

学以致用，学用结合

陆游有两句诗："纸上得来终觉浅，绝知此事要躬行。"这两句诗与孔子的"学而时习之"有异曲同工之妙。

不过，历代学者对"学而时习之"的理解角度不同，传统解释为"学习和温习功课"，虽然说有一定道理，但最好将其理解为"学习和实践"。后一种理解能更全面地反映孔子的教学思想。孔子十分重视实践，以是否见于行动来确定其是否为"学"或"好学"。技能可以学习，而思想伦理与政治理念则非实践不可。孔子始终强调学而能行，学生有所问，教师有所教，最后学生有所实践，这是典型的孔门教学标准。孔子进行社会政治理想教育，希望学生学而能行，能按照礼制去实践，能按照社会公德去处世行事，即"学而时习之"。

孔子"学而时习之"的观点，对现代社会的人们仍然有很好的指导意义，尤其是强调了学以致用理论与实践的统一。怎样"习"呢？习要时习，要经常、反复、持续、深入地不断实践、不断探索、不断钻研，进入新的境界，才能把学过的东西转化为自己学以致用的知识。 也就是说，"学"是知识的来源，而"习"是知识的应用。 试想，一篇文章背诵百遍，今天背，明天背，直至倒背如流，时则时矣，熟也熟了，若始终停留在温习上，人云亦云，不求甚解，未免枯燥乏味，难有"不亦说乎"的感觉。 当然，多温习，可以巩固强化，历久不忘，不加以实践又有何益处？ 我们平时常说的那种"书读得不少却迂腐无用的书呆子"，即此种类型。 以下棋为例，棋坛上高手如云，盘盘都有妙招，才能克敌制胜。 研究棋谱是在前人的基础上，融会贯通，精益求精，创造出自己的风格。 如果每盘棋都是在复习一定的棋局，按谱走步，单调之余，不仅赢不了棋，也下不成棋，又何趣之有。

孔子之为学，不限于书本理论知识，而认为到处都是学问，实践就是学问的重要来源之一。 当今社会的人们也应该学习孔子的治学态度，学以致用。 无论从事什么工作，都需要随时随地虚心诚恳地充实自己的知识，勇于实践，才能享受"不亦说乎"的喜悦。 有所创造、有所发明、有所提高、有所收获，才能更有体会。 如果不经常"实习"，学以致用，欲求超乎寻常的成就是不可能的。

著名学者金开诚先生在读书的时候，有一次忽然在报上看到高中同学写的一篇长文。 读完之后，他发现文中所说的事实与道理自己都知道。 金开诚便开始琢磨，为什么这位同学能在报上发表文章，而我却做不到呢？经过思考，他发现，"主要原因在于对方学了知识是拿来使用的，而自己学了知识却未加使用。 由此，他认识到学与用一定要结合，要学以致用，学以致用是最好的读书方法。 他以后便以这种思想指导自己看书学习，有三十多年之久。"由此可见，学用结合的学习方法对金开诚先生读书、治学的巨大影响。

　　学用结合不仅可以加深对知识的理解，还可触类旁通，而且运用之后有可能获取看得见、摸得着的成果，产生成就感，从而对学习有更大的兴趣和动力。

第二章

谋事策略：谋事者先谋局

明白自己到底想要什么

赵襄王向王子期学习驾车，学习不久之后就和王子期比赛，赵襄王换了三次马，三次都处于下风。

赵襄王说："你教我驾车，却没有把真本事传给我。"

王子期回答说："本事都教给您了，但您使用得不对头呀！驾车要特别注意的是，要使马套在车辕里很舒服，人的心意要跟马的动作协调，这样才可以加快速度，达到目的。其实驾车赛跑这件事，不是跑在前面就是掉在后面。而您不管是跑在前面，还是掉在后面，都总是把心思用在和我比输赢上，这样怎么能有心思去与马协调一致呢？这就是您为什么会落后的原因了。"

无论做什么事，都要关注自己的目标，加倍努力，这才是成功的法则。

《西游记》在中国家喻户晓：唐僧、孙悟空、猪八戒和沙僧，师徒几人去西天取经。

在保护唐僧去西天取经的路上，孙悟空有七十二般变化、降妖除魔、冲锋陷阵；猪八戒虽然贪吃贪睡，但打起仗来也能上天入海，助猴哥一臂之力；沙僧憨厚老实、任劳任怨；唐僧最舒服，不仅一路上有马骑、有饭吃，而且妖魔挡道也不用其动一根指头，自有徒儿们奋勇上阵。

那么，在他们四个当中，谁最重要呢？当然是唐僧。

人们发现，最没有本事的就是唐僧。他做事不辨真伪，总是慈悲为怀，动不动就要给孙悟空念上几句紧箍咒。但是，他在孙悟空赌气回了花果山，猪八戒开小差跑回高老庄，沙僧也犹豫的情况下，毅然一个人奋勇向前，不达目的誓不罢休。

因为，唐僧心里清楚地知道，他去西天的目的是要取回真经普度众生。他知道为什么要去西天，他知道他为什么做，他知道他要什么；而他的徒弟们并不知道为什么要去西天，他们只知道保护好唐僧就行，至于为什么要保护好唐僧，他们不用去考虑，他们知道的是怎样做，并且把它做好。所以，无论路程多么艰险、无论多少妖魔挡道、无论多少鬼怪想吃其肉，唐僧都毫无畏惧，奋勇向前。最后，唐僧不仅取到了真经，他的徒弟也最终功德圆满成佛。

大家都坐过出租车。你可以做一个实验：上车后，你不要讲话。如果司机问你："去哪里？"你就说："你自己看着办吧！"就算是开了几十年出租车的老司机，这个时候也没有任何办法知道开往哪。

因为司机只知道怎样选择最佳路线把你送到你想去的地方。他知道怎样做，他知道方法、手段和技巧，并且把它做好。至于把车往哪里开，司机并不知道，只有你知道自己想去的地方。

所以，如果连你都不知道你想去哪里，司机当然就不知道往哪里开。

在现实生活中，很多人非常注重做事的方法和技巧。其实，目的永远在技巧和方法前面。一个人如果一开始就不知道他的目的地在哪里，他就永远到不了他想去的地方。

无论做什么事，你必须首先明确自己想要什么，做事的最终目的是什么。明确的目标是成功的关键，你必须盯住它，不能有丝毫的放松。

方向决定成败

战国时，齐宣王想通过战争扩张领土，树立威信，称霸天下。孟子去见齐宣王，对齐宣王说："听说你想用战争征服天下，这是绝对不行的。你想使天下都归顺自己，就必须先好好地治理自己的国家，施行仁政，使天下的官员、农人、商人，甚至旅行者都愿意到你这儿来。如果用武力去征服天下，就好比是'缘木而求鱼'，根本达不到目的。"

在这里，孟子以一个高超的心理分析技巧，道出了齐宣王心中所想，然后予以否决，告诉他这简直就是缘木求鱼。爬上树去求鱼，就算求不到鱼也没有什么太大的损失，但是如果是在治理国家以及领土扩张过程中，还是缘木求鱼，必会大祸临头。

孟子为什么说齐宣王是缘木求鱼呢？因为齐宣王的方向错了，不能达到目的，不仅如此，还有可能带来更加严重的后果。缘木求鱼的意思其实很好理解，"缘"在这里是沿着、顺着的意思，"木"指的是树木；"缘木求鱼"就是爬上树去找鱼。树上怎么会有鱼呢？这个成语就是用来比喻方向错误，或违反客观规律，当然无法达到目的。

在一个大沙漠中有一个小村庄，从这里走出沙漠只需要三天时间，可这里却从来没有人走出去过。

科学家在调查之后终于发现，那里的人之所以走不出沙漠，是因为他们不认识北斗星，不能在茫茫的大漠中准确地辨识方向。他们所走的路线实际上不是直线，而是一条弧线，因而无论向哪个方向走，最后都会回到原地。

在我们的生命旅途中也有这样的沙漠，很多人走不出去，并不是因为沙漠太大，而是因为我们没有选对方向。做事之前，如果方向错了，行动起来自然会偏离目标，也就很难达到预期的效果。

很多学生因为学习成绩不理想，不从学习方法、学习态度上找原因，不请教老师，不请教同学，反而迷信广告中所谓的开发大脑的营养品，花高价买回来服用，结果是没收到任何效果，幸运点的吃了没导致什么不好的结果，对身体没造成什么危害。然而，更多的人喝了之后，不是上吐下泻，就是精神不振。更有甚者，因为药里有对身体有害的物质，服用了之后整个身体机能下降，不但没有提高学习成绩，反而伤害了身体，学习成绩更是一落千丈。这是典型的缘木求鱼的事例。

有的企业效益不好，不寻思如何从自身找出问题所在，不寻思如何改革，如何引进人才，如何拓宽产品的销路，却把心思放在如何偷税漏税、制假造伪上面。 结果企业本身的效益没有得到提高，还触犯了国家法律，不仅要付出高额罚款，企业的信誉也一落千丈。

有的人，为了追求理想中的完美身材，不是加强锻炼，合理调整饮食，而是不健康地节食。 结果人是瘦了一点，但付出的代价太高，抵抗力下降，精神不振，面黄肌瘦……

生活中像这种缘木求鱼的例子比比皆是，他们不知道解决问题的关键，或者说是想走捷径，结果用错方法，选错方向，导致走了许多弯路，甚至使事情往更坏的方向发展。

缘木求鱼的道理并不深奥，大家一听就懂，甚至不言而喻。 解决的办法也不难，只要理性地从大局、长远的角度考虑是可以找到的。 在实际生活中，许多人稍微不注意就爬上了树而自己还没有意识到，当人家问他干什么时，他还会理直气壮地回答："我们捉鱼去！"

好计划让你事半功倍

东汉末年，刘备三顾茅庐，向诸葛亮请教济世安民的良策。 诸葛亮对当时形势做了精辟的分析，给刘备提出了一整套统一全国的良策。

诸葛亮对风云变幻、动乱不已的汉末形势的分析，深刻清晰，在此基础上提出的纲领、策略和行动计划，勾画了三国鼎立的蓝图，既高瞻远瞩，雄心勃勃，又脚踏实地，切实可行。 此后三国历史的发展，就是这幅历史图卷的徐徐展现，有力地证明了诸葛亮超人的智慧及惊人的战略规划能力：

（1）占据荆、益二州，是蜀国的安身立命之本。刘备创业伊始，无立足之地，寄住在刘表屋檐下，力单势弱。然而，刘备借宗亲关系在刘表处发展了自己的势力，又趁"近水楼台先得月"之便，具备了夺取荆州的有利条件。因此，先夺取荆州，再图谋益州，是刘备发展势力的最佳选择。战争从某种程度上说是经济力量的角逐，没有立足之地，没有经济实力，非败不可。就当时的中国来说，经济发达的地区有三个：一是中原，已为曹操所有，"不可与之争锋"；二是巴蜀，自战国晚期都江堰修建后，成都平原获得了"天府之国"的美称，两汉以来，蜀地经济又有长足发展，军阀混战中，其地没有遭受破坏，富庶不减往日，经济实力足可支撑一个割据政权，何况还有险峻的地形可以凭借；三是荆、扬地区即长江中下游地区，这里在东汉时期发展较快，凭其财力，支撑一个割据政权也毫无问题，而扬州已为孙权所有，"不可图也"，因此，占据荆州、益州，作为根据地，是刘备图谋发展的前提。

（2）即便占有荆、益二州，实力也不足以单独与中原抗衡。因此，刘备还须清明政治，抚恤百姓，以稳定内部；同时"西和诸戎，南抚夷越"，改善同少数民族的关系，为积聚力量创造有利的环境。

（3）结好孙权，孤立曹操，与曹操、孙权形成鼎足而立的局面。这是一个三分天下的重要战略。有此战略，刘备的未来政权方可立于不败之地。这可谓"退可守"。

（4）抓住有利时机，分兵两路，北伐灭曹，最后实现统一。这可谓"进可攻"。

诸葛亮为刘备所做的"三分天下"的战略谋划，既包含了对当时国家总体形势和战争形势的分析，也包含了对刘备自身处境、资源能力和竞争对手的分析，以及刘备应该争取的长、中、短期战略目标与实施计划。在诸葛亮的辅佐下，刘备从火烧博望坡开始，采取孙刘联盟战略，抵御曹军，取得赤壁之战大胜；接着据荆州，平益州，取汉中，形成了与曹魏和东吴三足鼎立的战略格局。

可见，只有预先做好了详细的计划，做起事来才可以减少盲目性，从而合理地安排人力、物力、时间，使事情能够按照预定的方向发展。

在繁忙的工作和生活中，很多人不愿意花精力去准备一份书面计划，因为我们总是强调时间变化得太快，计划起不了什么作用，最终会束之高阁。

现在看来，我们必须事先制订计划。因为一个好的计划，会让我们奋斗的步伐有条不紊，我们离自己的目标就会越来越近。正如有人所说："如果你没有制订计划，那么你就在计划着走向失败。"

有人曾说过一句经典的话："没有做不到，只有想不到。"现在回头想一想，这句话依然是正确的，从这句话的主要内容来看，"想"其实就是计划。"想"是先于"做"的，也就是说，如果连计划都没有制订，那么行动将不复存在，事业的成功和辉煌更是空谈。

现在竞争如此激烈，无论企业发展还是个人奋斗必须有一个好的计划。一件事应该考虑去不去做、如何去做、谁去做、做成什么样，只有当计划具备了一定可行性后再开始行动，才可以避免种种不必要的弯路和挫折，一鼓作气攀上成功的顶峰！

多一分准备，少一分风险

　　春秋时期，晋悼公当了国君以后，想重振晋国的威望，像他的先祖晋文公一样，称霸诸侯。这时，郑国是一个小国，一会儿和晋结盟，一会儿又归顺楚国。晋悼公很生气，于是集合了宋、鲁、卫、刘等11国的部队出兵伐郑。郑简公兵败投降，给晋国送去大批礼物，计有兵车一百辆、乐师数名、一批名贵乐器和16个能歌善舞的女子。晋悼公很高兴，把一半的礼物赏赐给魏绛，说："魏绛，是你劝我跟戎、狄和好，又安定了中原各国。八年来，我们9次召集各国诸侯会盟。现在我们和各国的关系和谐。郑国送来这么多礼物，让我和你同享吧！"魏绛说："能和狄、戎友好相处，这是我们国家的福气，大王做了中原诸侯的盟主，这是凭您的才能，我出的力是微不足道的。不过，我希望大王在安享快乐的时候，能够多考虑考虑国家的未来。《尚书》里说：'在安定的时候要想到未来可能会发生的危险。您想到了，就会有所准备，有所准备，就不会发生祸患。'我想用这些话来提醒大王！"

可以看出，应对各种风险最基本的方法就是准备，准备工作多做一分，相应的风险就会减少一分。这就要求我们无论对待任何事都必须具有"万一……怎么办"的意识，做到凡事都未雨绸缪、预做准备，从而降低风险发生的概率。与之相对应的是，所做的准备越少，承受的危险就会越大。这个道理早已得到了很好地印证。

在古老的地球上，生活着种类繁多的动物，有恐龙，也有蜥蜴。一天，蜥蜴对恐龙说：天上有颗星星越来越大，很有可能要撞到我们。恐龙却不以为然，对蜥蜴说：该来的终究会来，难道你认为凭咱们的力量可以把这颗星星推开吗？

灾难终于发生了。一天，那颗越来越大的星星瞬间撞向地球，引起了强烈的地震和火山喷发，恐龙们四处奔逃，但最终在灾难中死去；而那些蜥蜴，则钻进了自己早已挖好的洞穴里，躲过了灾难。

看来蜥蜴还是比较聪明的，它知道虽然自己没有力量阻止灾难的发生，却有力量去挖洞来给自己准备一个避难所。

面对大的动荡或变革，人们的心态无非有两种：一种是恐龙型的，一种是蜥蜴型的，但能够站在胜利彼岸的总是早有准备的蜥蜴型的人。

社会的发展、科技的进步使我们的工作和生活处在一个急速变革的时代，这种趋势是无法改变和逃避的，在这种情况下，如果你像恐龙一样不做准备的话，被淘汰的命运就会降临到你的身上。

在某个钟表厂，有一位工作非常卖力的工人，他的任务就是在生产线上给手表装配零件。这件事他一干就是 10 年，操作非常熟练，而且很少出差错，几乎每年的优秀员工奖都属于他。

可是后来，企业新上了一套完全由电脑操作的自动化生产线，他的工作都改由机器来完成了，结果他失去了工作。原来，他本来文化水平就不高，在这 10 年中又没有掌握其他技术，对于电脑更是一窍不通，一下子，他从优秀员工变成了多余的人。

在他离开工厂的时候，厂长先是对他多年的工作态度赞扬了一番，然后诚恳地对他说："其实引进新设备的计划我在几年前就告诉你们了，目的就是想让你们有个思想准备，去学习一下新技术和新设备的操作方法。你看和你干同样工作的小胡，不仅自学了电脑，还找来了新设备的说明书研究，现在他已经是车间主任了。我并不是没有给你准备的时间和机会，但你都放弃了。"

如果你不想被淘汰，就要有意识地多做准备，在工作中逐步提高自己的能力，而且提高自己能力的速度比环境淘汰你的速度要快。

多一分准备，少一分风险。 你意识到了吗？

分清本末，抓住事物的本质

秦穆公对伯乐说："您的年纪大了，您的子侄中有没有可以派去寻找好马的呢？"

伯乐回答说："我的子侄们都是些才智低下的人，可以告诉他们识别一般良马的方法，不能告诉他们识别千里马的方法。有个曾经和我一起打柴的人叫九方皋，他识别千里马的本领不在我之下，请您接见他。"

秦穆公接见了九方皋，派他去寻找千里马。过了三个月，九方皋回来报告说："我已经在沙丘找到一匹千里马了。"秦穆公问道："是匹什么样的马呢？"九方皋回答说："是匹黄色的母马。"秦穆公派人去把那匹马牵来，一看，却是匹纯黑色的公马。秦穆公很不高兴，把伯乐找来对他说："您所推荐的那个识千里马的人，连马的毛色和公母都不知道，他怎么识别千里马呢？"

伯乐长叹了一声，说道："九方皋相马竟然达到了这样的境界吗？这正是他远胜我的地方！九方皋所观察的是马的内在素质，深得它的精妙，而忘记了它的粗糙之处；明悉它的内部，而忘记了它的外表。九方皋只看见所需要看见的，看不见他不需要看见的；只观察他所需要观察的，而遗漏了他不需要观察的。像九方皋这样相马，包含着比相马本身更深的道理呢！"

等到把那匹马牵回驯养使用，事实证明，它果然是一匹天下难得的好马。

从上述故事可以看到，九方皋识马的方法非同寻常。他的高明之处就在于同伯乐一样，懂得看事物要抓住本质。他相马时，虽然忽略了外表的差别，不把观察力放在马的性别、色泽上，而主要抓住了形状、骨架等方面的"本质特征"。可以说九方皋观察事物的方法是抓住了事物的内在本质。抓住了事物的本质这一矛盾的主要方面，不妨忽略其肤浅的表象，这正是九方皋相马有术之所在。当然，这并不是提倡在实际观察事物的过程中，只注意矛盾的主要方面，而对次要方面忽略不计。这里所要强调的，是认识事物时要抓住本质。

那么，当遇到事情时，我们能否有把握全局的眼光，去寻求从根本上解决问题的办法，一下子抓住关键点呢？先来看一个小故事：

一天，动物园管理员发现袋鼠从笼子里跑出来了，于是开会讨论，一致认为是笼子的高度过低。所以他们决定将笼子的高度由原来的3米加高到5米。结果，第二天他们发现袋鼠还是跑到外面来了，于是他们又决定将高度加高到7米。没想到隔天居然又看到袋鼠全跑到了外面，管理员们大为紧张，决定一不做二不休，将笼子的高度加高到10米。一天，长颈鹿和几只袋鼠在闲聊。"你们看，这些人会不会再继续加高你们的笼子?"长颈鹿问。"很难说。"袋鼠说，"如果他们再继续忘记关门的话，可能还会增加高度!"

凡事有"本末""轻重""缓急"之分，关门是本，加高笼子是末，舍本而逐末，当然不得要领。如果一开始没有找到这个关键点，那你之后的努力就失去了支点，向四面八方分散，分散出去的力可能只是原来的十分之一，甚至几十分之一，这些微薄的力量对于问题的解决起不到丝毫的作用，只能是徒劳。

从以上诸例不难看出，人们在认识和解决问题过程中，抓住本质是至关重要的。抓住了本质就是抓住了事物的要害，再难再复杂的问题也能迎刃而解，而且效果也会很理想。如果眉毛胡子一把抓，必然不得要领，其结果也就可想而知了。

最好的机会可能只有一次

楚汉相争的时候，韩信的实力最大，他完全能左右楚汉的胜败之局。辩士蒯通便对韩信说："当今楚汉二王的命运掌握在你的手中，你投靠汉，汉就会胜利；投靠楚，楚就会胜利。我愿对你推心置腹，贡献计谋。眼下，你占据齐国的地盘，如果你从燕赵两地空虚的地方出击，就可以控制楚汉的后方。此时，你满足人民的希望、人民的要求，天下自能闻风而起，都来顺应你。顺者则昌，逆者则亡，机遇来了不去把握，自己反而会遭祸殃。希望你慎重考虑！"

依照时局，韩信完全有称霸的资本。但他对此犹豫不决。几天后蒯通又劝谏说："计谋大事在于时机，错过了时机而能获得永久的安稳，少见。在机遇面前要迅速做出决断。犹豫不决，是事业的大害。只看到小小的计谋，却失去了天下的大局面，已看清楚了，却不敢去做，是百事的祸害。猛虎的犹豫，还不如蜂虫的致螫；骏马局促不前，还不如驽马的安步。虽然有舜禹的智慧，默默不言，还不如聋哑人的手势指点。唉！功劳难成，却容易毁败；时机难得，却容易失去。时机呀，时机！不会再来了，但愿你仔细考虑吧！"

　　然而韩信仍然在犹豫，他不能下决心背叛刘邦，最后终被刘邦杀害。如果韩信当时听从了蒯通的劝告，鼎足而立，再招揽天下的贤人哲士，收服天下民心，汉室江山可能就易主了。

韩信的悲剧在于他没有把握好机遇。

在机遇面前，如果我们优柔寡断、犹豫不决，就会错失机遇。机遇是不等人的。世间让人感到可惜的就是那些不善决断的人。事情对他有利时，他不敢拍板，前怕狼后怕虎，这也顾忌那也犹豫。这种主意不定、意志不坚的人，既不会相信自己，也不会被他人所信赖，机遇更不会属于他。

　　卫华是个想追求稳定工作的毕业生，为了找到一份稳定的工作，她马不停蹄地参加了各种招聘会。很快就有很多家用人单位约她面试。

　　一家教育集团招聘校长助理，她自信地去应聘了。虽然没能被聘用，但她还是给对方留下了很好的印象。事隔一个多月，卫华早已把这事忘得一干二净，已经到一家出版社做起了编辑工作。可是在心里，她还是很想干教育工作，于是，继续发送求职信。

　　不久，那家教育集团聘用了卫华。卫华左思右想，舍不得放弃出版社的工作。但是从事教育工作是她的梦想，还很稳定。卫华犹豫不决，请教育集团那边给自己5天时间考虑。就这样，卫华从周一犹豫到周四，终于在没有和那家教育集团做最后沟通的情况下，做了最后的决定：去教育集团。

第二天，卫华辞去了出版社的工作，到教育集团报到。不料，她得到了意想不到的回答：因为耽搁时间太长了，集团已重新确定了人选。就这样，卫华失去了原先不错的工作，也没获得自己喜欢的工作。

生活中像卫华这样，关键时刻没能把握住机会的人绝不在少数。我们在面临选择时，慎重考虑是必要的，但是犹豫不定、徘徊不前则大可不必。充分分析利害关系之后，任何选择都可以得到明确的答案。过度的谨慎，反复地推敲，犹豫不决，只能错失良机。

要想让自己的人生之路灿烂辉煌，就一定要克服犹豫不决、优柔寡断的习惯，只有果断而不盲从、果断而不武断的人，才能在关键时刻把握好自己的命运。

记住，当断不断，必受其乱。最好的机会可能只有一次，一旦失去就不会再来。

永远先做最重要的事

　　汉宣帝时有一位宰相名叫丙吉。有一年春天，丙吉乘车经过繁华的都城街市中，碰见有人群斗，死伤极多，但是他若无其事地通过现场，什么话都没说，继续往前走。不久，又看到一头拉车的牛气喘吁吁，丙吉忙派人去问牛的主人到底怎么回事。旁边的随从看见这一切觉得很奇怪，为什么宰相对群殴事件不闻不问，却担心喘气的牛，如此岂不是轻重不分，人畜颠倒了吗？

　　于是有人鼓起勇气请教丙吉。丙吉回答他："处理斗殴事件是长安令或京兆尹的职责，身为宰相只要每年一次评定他们的勤务，再将其赏罚上奉给皇上就行了。宰相对所有琐碎小事不必一一参与，更不需要在路上处理群众斗殴。而我之所以看见耕牛气喘吁吁要停车问明原因，是因为现在正值初春时节，而牛却气喘不停，我担心是不是阴阳不调。宰相的职责之一就是要顺调阴阳，因此，我才特地停下车询问原因何在。"众随从听后恍然大悟，纷纷称赞宰相视事情的轻重而办的行动非常英明。

为了办好一件事，要根据事情的轻重采取行动，应该知道什么是自己该干的，什么是可以委托他人干的，什么是不可以干的。

一个小孩独自到河边玩耍，不小心掉进了河里。小孩在情急之中抓住了从岸边伸出的柳树枝。他一边拼命地抓住树枝，一边大声呼喊："救命呀，有人落水了！"这时正好有一个老师经过。他听到呼救声，连忙跑过来，看到小孩正在死亡的边缘苦苦挣扎。小孩心想，这下可有救了，便向这位老师求救。然而，那个老师却不慌不忙地站在岸边，有条不紊地说教起来。

"你这个孩子，今天的事情就是你平时淘气的结果，你一定要记住今天的这个教训啊！"已经坚持不住开始向河中心滑去的小孩哭泣道："请您还是先把我救起来，再教训我吧。"

我们不知道这个小孩最后是否被安全地救起，只是知道这个老师的说教浪费了太多宝贵的时间。面对情况紧急的问题，明智的人首先应解决它而不是追究问题产生的缘由。

做事要分清主次。如果你不能分清主次，就有可能捡了芝麻却丢了西瓜。做事的关键是要知道对自己而言什么是最重要的。因为不同的人有不同的观点，对你重要的，对他人未必重要；对他人重要的对你也未必重要。当然，也有些是共通的。 有些人把钱放在第一位，有些人把生命放第一位，有些人把爱情放第一，还有些人把快乐放首位……总之，因人而异。 所以，分清主次当然是对自己而言的。 比如在一天当中，有很多工作要做，你首先要做的是哪一件工作呢？ 必须自己找到正确的答案。 如果你不分主次乱做一通，那有可能只是做了些不太有用的工作，或者你忙了一整天只是做了些日常琐事。 如果每天都如此的话，你的一生当然只能是碌碌无为了。

一个人生活在社会中，每天都有许多需要做的事情，如果追求十全十美，就有可能拘泥于小事而忽略重要的事，结果本末倒置。 所以，我们在做一件事之前必须先弄清什么才是最重要的。 这个方法适用于任何人。

机敏灵活，善于应变

　　东汉末年，董卓的篡位行为激起了朝臣的普遍愤恨，当时还只是骁骑校尉的曹操决定刺杀董卓。一日，他佩着宝刀来到相府，见董卓坐于小阁的床上，吕布侍立于侧。董卓一见曹操，便问他为何来得晚。曹操回答说："乘马羸弱，行动迟缓。"于是，董卓即让吕布从新到的西凉好马中选一匹送给曹操。吕布领命而出。曹操觉得机会来了，既想动手，但又怕董卓力大，难以制伏。正犹豫间，董卓因身体肥胖，不耐久坐而倒身卧于床上并转面向内。曹操见状急忙抽出宝刀，就要行刺。不料董卓从衣镜中看到曹操在背后拔刀，急回身问道："干什么？"此时吕布已牵马来到阁外。曹操心中不免暗暗发慌，他灵机一动，便表情镇静地双手举刀跪下说："今有宝刀一口，献给恩相。"董卓接过一看，果然是一把宝刀：七宝嵌饰，锋利无比。董卓便将宝刀递给吕布收起，曹操也将刀鞘解下交给吕布。然后，董卓带曹操出阁看马，曹操趁机要求试骑一下。董卓不假思索地命人备好鞍辔，把马交给曹操。曹操牵马出相府，加鞭往东南而去……

曹操是一个机智的刺客。宝刀既可以作为刺杀董卓的利器，亦可以作为进献的礼物。最关键一点是曹操的随机应变，在紧急关头灵活机智，使自己得以保全性命。由此可见，曹操是一个能全身而退并成事的英雄，而不是一个莽汉。

事情的成败，受到主客观等许多因素影响，只有把握住最有利的条件和机会，选择最恰当的方式，才能成功。"相机而行""见机行事"这一谋略的实质还在于，事物处在不断的变化之中，主客观条件也是不断变换的，只有随着时间、地点和机会的变化而灵活地做出不同选择的人，才能把握住成功的主线。

机敏是应变的一种基本方法。我们总是处于一个具体的、复杂的、多变的环境中，面临众多的机遇和挑战，如何在激烈的竞争中立于不败之地，机敏是一个必不可少的因素。对于个人而言，机敏是一个人智慧的象征，事变往往如急雷惊电一般，快得令人措手不及。如果不是平常就准备已久，很少有不茫然失措的，一点小事就会闹得不可收拾；只有头脑聪明，反应敏锐的人，才能发挥个人的机智，面对变故时镇定自若、履险如夷。

第三章

处世策略：方圆并用，刚柔相济

方圆有道，兼容并蓄

世界上有两种思维模式：一种以"方"为代表，好比刺猬，以不变应万变；另一种以"圆"为代表，好比狐狸，遇事灵活机智。圆，狐狸多机巧；方，刺猬仅一招。圆是天，方是地；圆多变，方稳定；圆乐观，方迷惘；圆有自由，方有信仰……二者可谓优劣参半，何不兼容并蓄，融二者之精华于一身呢？

自古以来，有圆就有方，就连钱币，也是圆中有方。做人要圆，却也不能失了方的刚正。

人的思想变幻无穷，高深莫测，难以捉摸，而人的性格却相对简单得多。一个人活在世上，如何处事做人，关键在于他是否把圆与方糅合得相互依存却又不冲突。举个例子，清朝雍正时期的田文镜，是个有名的"铁公鸡"。他办事一丝不苟，事无巨细，但他的方式实在有些让人受不了。长此以往，朝中便没有什么人与他交好。可与他同朝为官的李卫就不同，李卫办事同样是一丝不苟，事无巨细，但他懂得方圆兼并，软硬兼施，刚柔并济，这才是最好的为官之道。 方，是田文镜的处世为官之道，他只以不变应万变，好比刺猬；而李卫则兼收田文镜之刚硬，再加上他自己好比一只狐狸，这样，李卫的官路就比较顺达。

同样的，在后来的乾隆时期，纪晓岚几次被皇帝关进大牢。 而这一切仅仅是因为纪晓岚太好直言进谏。 和珅，可以用老奸巨猾来形容，处世极其微妙，四面讨好，却又不失方的威严。 尽管他也有几次差点被皇帝关进大牢，但他都能巧妙地周旋过去。 一方面是因为他在皇帝面前说好话，凸显圆的作用；另一方面是他在改正自己的错误时非常严肃，不疏忽任何一个细节，这样，方的威力又大放光彩。

因此，为人处世要学点"弯弯绕"，学会曲径通幽，要善于韬光养晦，深藏不露。

做人难，难做人。 生活在这纷繁的世界，做人真的很难，要做得人人喜欢更难。 纵观世界历史，大凡能成就伟业者，无不深谙做人之道。 他们知道何时应该进，何时应该退，何时应该发脾气，何时应该深藏不露。 那些成大事者，多是方圆通达，在危难时刻总能把做人的机智运用得淋漓尽致。 其实，做人没有什么法则可循，但做人的戒律一定不能违犯。 在为人处世中，有些人不管不顾、自私自利、刻薄尖锐，又多斤斤计较，这种人肯定是一个不受欢迎的人，也是一个失败的人。

也就是说，做人既不要过分，也不要太怀；既要懂得方圆，又要有做人的原则。

方是壮士立志平天下的思想气度，做人的脊梁；圆是处世的锦囊，是聪明者适应社会、协调乾坤的行为准则。 方是以不变应万变，圆是以万变应不变。 有圆无方则不立，有方无圆则滞泥。 做人要外圆内方，办事要刚柔相济，交友要有所选择，说话要恰到好处，沟通要讲究技巧，处世要乐观豁达。 人立于世，必得在社会上行走，少不了要和人打交道，为人处世无方，会使你到处碰壁、寸步难行；为人处世得法，会使你柳暗花明、事半功倍。

洪应明说："处治世宜方，处乱世宜圆，处叔季之世，当方圆并用；待善人宜宽，待恶人宜严，待庸众之士，当宽严并行。"意思就是说：在治世中生活，行为要保持方正；但是，处在乱世时，态度一定要圆滑；假使处于末世，就要方圆并用了。 因为在太平盛世时，大道得以通行无阻，可以放心地依道而行；但如果身逢乱世，眼见正道不再通行，做人就要圆滑一些，以免招来不幸。 方正的言行，原是无可厚非的，但在动荡不安的时候，还不懂得明哲保身而陷身于危境之中，就未免太不聪明了。

小事糊涂，大事清楚

关于郑板桥的为人为官之事，一般人知之不多，然而"难得糊涂"这四个字却广为流传，知者甚多。 从某种意义上说，郑板桥之所以出名，在很大程度上是得益于此名言。

对于此言如何解释，可以说众说纷纭。 有人可能会说这是一句反话，是因为郑板桥做人做官做事太认真吃了亏而发的牢骚；有人说郑板桥是在倡导糊涂，认为做人做官做事不要太认真，要有几分糊涂；有人说这是郑板桥自诩聪明的一句俏皮话，意即太聪明了，想要糊涂都很难。 对于这几种说法，到底哪种说法符合郑板桥的本意呢，因郑公已作古，已无法弄清，纵然在世，他八成会笑而不答，或顾左右而言他。

通常来说，糊涂表面上是一个贬义词，糊涂不是好事。既是贬义，又非好事，何言难得？郑板桥是个神志清醒、思维正常的人，何出此言？想来必有其道理。 这可以说是郑板桥的一句感言。 用康熙皇帝点评重臣李光第的话来做引子可能非常有助于我们解读此言。 康熙说："李光第呀李光第，该糊涂时你不糊涂，不该糊涂时你一塌糊涂！"此言是在李光第状告太子和宰相任用亲信心怀不轨未被采信，反被打入大牢，后康熙欲再起用李光第时对他说的。康熙帝是清朝乃至中国历史上睿智的帝王，御人御事之术达到炉火纯青的境界，其言入木三分。可见糊涂作为常态虽非好事，但是做人处世有时倒是需要一点糊涂的。

待人处世中，许多事情往往都坏在"认真"二字上。有些人对别人要求得过于严格近乎苛刻，他们希望自己所处的社会一尘不染，事事随心，不允许有任何一件鸡毛蒜皮的小事不符合自己的设想。一旦发现一点小问题，他们就怒气冲天，大动肝火，怨天尤人，摆出一副势不两立的架势。

常言道"水至清则无鱼"，强调的就是做人不能太"认真"，该糊涂时就糊涂，只要不是原则问题，睁一只眼闭一只眼也未尝不可。"水至清则无鱼"中指的不是一般的清，而是"至清"。所谓"至清"者，一点杂质都没有，这岂不是异想天开？然而，现实中更多的人往往是大事糊涂，小事反而不糊涂，特别在意小事，斤斤计较。于是，在他们眼里，社会总是一团漆黑，人与人之间只剩下尔虞我诈，普天之下，可与言者，也就只有自己了，这实际上是一种病态心理。

明代洪应明所著《菜根谭》中说："太聪明的人，小事必朦胧；太懵懂的人，小事必伺察。盖伺察乃懵懂之根，而朦胧正聪明之窟也。"意思是说，太聪明的人，对小事必模糊不清；太糊涂的人，对小事必定会仔细观察。对小事观察入微乃是糊涂的根源，而对小事模糊不清则正是"太聪明"的根本所在。

不过，能做到"小事模糊"，绝非易事，如果没有较高的涵养，是断乎不可能的。古人有"骂如不闻""看如不见"的涵养，既避免于是非，又更有利于成功。

　　小事模糊在夫妻相处上亦很重要。夫妻双方可能都会有那么点小隐私，并无伤大局。双方不要互揭对方的短处，不要捅破夫妻各有的那点"小秘密"。尤其是丈夫，心胸开阔些，宽容大度些，也就大事化小，小事化了了。如果意见不一致，争论一阵分不出高低，便不必再争论了。没有多少原则性的大是大非，何必非争个清楚明白呢？你认为自己的意见正确，对方同样认为自己正确，这时，就应当装糊涂，让争论在平和的气氛中结束。夫妻如此，朋友亦是如此。

　　由此可见，糊涂大有学问，这学问尽在一个"该"字之中，什么时候、什么情况下应该糊涂，什么时候、什么情况下不应该糊涂，郑板桥说的"难得"，其实质应该就是对这个字的把握吧。

给自己留有回旋的余地

　　《论语·先进》记载："子贡问：'师与商也孰贤？'子曰：'师也过，商也不及。'曰：'然则师愈与？'子曰：'过犹不及。'"子贡问道："子张和子夏两人谁更强一些？"孔子说："子张才高艺广，常常超过；子夏笃信谨守，常常不及。"子贡又说："那么是子张强一些喽？"孔子说："就不合乎中庸之道来说，超过和不及完全一样。"

　　子张与子夏都是孔子弟子中成绩较为突出的人。子夏长于文学，做事谨慎，曾有"学而优则仕，仕而优则学"等著名论点；子张深思好学，而思想偏激，爱走极端。孔子对学生深为了解，并且通过对学生的评价阐明了自己的"适度"原则。这就是孔子对中庸之道的具体解释。孔子从坚持中庸之道的标准来看，超过和不及，就不合乎"中"而言，完全一样。孔子认为，中庸这种道德是最高的境界。为人处世，不要过分，也不要不及，过分与不及，都是偏离目标，不能"中"的。

中庸，在孔子的思想和整个儒家学派里，既是很高深的学问，又是很高深的修养。这句话蕴含着深刻的生活哲理：凡事太过分与未达到，效果是一样的。

中庸人生是一种特别可爱、又特别有趣味的人生，在上与下、左与右、前与后之间，有很大的回旋余地。

老练的雕刻师在进行创作的时候，总是将鼻子刻大一点，将眼睛刻小一点。因为大鼻子可以改小，如果一开始把鼻子刻小了，就没有办法补救了；眼睛小了可以加大，而大了就没有办法再缩小。

为人处世，也是同样的道理。俗话说："月圆易亏，物极必反。"凡事要留有余地，留有后路。如此，即使失败还有回旋的余地，还有反败为胜的一线生机。

百货公司为什么不叫万货公司，流传着这样一则故事：

乾隆皇帝下江南的时候，看见了一家"万货商店"，就进去问老板："你这里有万种货物吗？"老板不知天高地厚地说："岂止一万种，你想要什么就有什么。"乾隆就说："那我买一把金子做的锄头，你有吗？"这下老板无话可说了。

乾隆就对他说："话不能说满，还是将这万货商店改为百货商店吧！"老板只好乖乖地将店名改成了百货商店。如果话说得太绝对，做事不留有余地，就会像这个老板一样，使自己很难堪，很被动。话不要说满，事不要做绝，这不是没有道理的。

只要细心观察，在日常生活中，留有余地的事情随处可见。

　　书画家进行创作要"留白"，画面上留有相应的空白，给观赏者、读者留下想象的空间；建造楼群，要留出一些余地给绿地、花草，让人们心情放松；铺筑路面，每到一定的距离，便要留下一条名为缩水线的"余地"，以免路面发生膨胀而破裂；高速公路每过一段路程，就要在路边留出一块"余地"，供出现问题的车辆应急停靠检修。狡兔三窟，穷寇勿追，电脑资料备份，做生意的流动资金等等，都是做事留有余地的表现。

　　李嘉诚给儿子的忠告是："做事要留有余地，不把事情做绝，有钱大家赚，利益大家分享，这样才有人愿意合作。假如拿10％的股份是公正的，拿11％也可以，但是如果只拿9％的股份，就会财源滚滚。"

　　这也是李嘉诚从商一辈子的经验总结，它让李嘉诚结交了无数商界朋友，赢得了广大股东和职员的信赖、支持，树立了崇高的形象，创造了无数的财富。

　　历史的经验和成功人士的经历都告诉世人一个道理：在待人处世中，千万不可把事做绝，要时时处处为自己留下可以回旋的余地，就像行车走马一样，你一下奔驰到山穷水尽的地方，调头就不容易，留有一些余地，调头就容易多了。俗话说的"过头饭不可吃，过头话不可讲"，很有道理。

不要站在众人的对立面

　　春秋时期，子驷掌握郑国朝政大权。大夫尉止与子驷平素不和，尉止便纠集宗族的一伙人发动叛乱。他们打进宫廷，杀死了子驷等人，并将郑简公劫持到北宫。司徒子孔因为事先听到风声，所以提前做了准备。他与子产一起平定了叛乱，杀死尉止等叛乱分子。

　　此后，子孔掌握郑国朝政。他制作盟书，规定官员各守其位，听从他的命令。有些大夫和将领不肯顺从，他准备杀掉他们。子产劝阻他，请求烧掉盟书。子孔不同意，说："制作盟书是为了安定国家，大伙发怒就烧了它，就变成大伙当政，国家不是很为难了吗？"子产说："众人的愤怒不可忽略，专权的愿望难于成功，把这两件难办的事合在一起来安定国家，这是危险的办法，不如烧掉盟书来安抚众人。这样，您得到了需要的东西，众人也能够安定，不是很好吗？要知道，专权的愿望是难实现的，触怒大伙会发生祸乱。您一定要考虑到大夫们的情绪，听从他们的意见啊！"子孔听从了子产的劝告，当众烧掉了盟书，郑国最终安定下来。

俗话说得好：多个朋友多条路，多个冤家多堵墙。 一个人在为人处世中，千万不要四面树敌。 当你成为众矢之的的时候，你离失败也就不远了。

不要站在众人的对立面，这个道理其实很简单：做生意要靠广交朋友，才能广开财路；就连寺庙里的和尚，还得靠广结善缘来化缘香火钱呢！

俗话说：有福同享，有难同当。 当你在工作和事业上干出点名堂，小有成就时千万别独占功劳，否则就会惹了众怒。如果成绩的取得确实是你个人努力的结果，当然值得高兴，而且他人也会向你祝贺。 但对于你来说，千万别高兴得过了头，扬扬得意，因为这样可能会伤害有些人的自尊心。

王彬是一家出版社的编辑，并担任下属一个杂志的主编。平时在单位里上上下下关系都不错，而且他还很有才气，工作干得很出色。一次，他主编的杂志在一次评选中获了大奖，他十分自豪，逢人便讲自己的努力与成就，同事们当然也向他表示祝贺。但过了个把月，他没了往日的笑容。他发现同事，包括他的上司和属下，似乎都在有意无意地和他过不去，并回避他。

王彬为什么会遇到这种情况？ 其实原因很简单，他犯了"独享荣耀"的错误，犯了众怒。 平心而论，这份杂志之所以得奖，他的贡献当然很大，但也有其他人的努力，他们当然也应该分享这份荣誉。 他们不会认为某个人是唯一的功臣，许多人认为自己"没有功劳也有苦劳"，这位主编"独享荣耀"，站在了大家的对立面，当然会引得众人不舒服，尤其是他的上司，更会因此而产生一种不安全感。

其实，不独享荣耀，说白了就是不要去威胁大家的生存空间，因为你的荣耀会让别人产生一种不安全感，给别人带来压力。 当你获得荣誉时，感谢他人、与他人分享、为人谦卑，他们才会心理平衡，才会心安，才会继续与你愉快地合作。

权衡轻重，明辨利害

所谓"权衡轻重"，是说要同时考虑到有利和不利两个方面。这种考虑，往往是在采取行动之前进行。考虑明白了，在心理上和物质上做好准备，接着付诸行动。只考虑到一个方面，要么是准备不足，要么是出现意外，导致行动失败。有处世经验的人是不会这么做的，他们的思维习惯总会同时考虑到两个方面，甚至很多方面，做出种种假设来预测后果以及可能出现的意外情况。

三国时期，蜀将关羽领兵进攻曹操军队，利用水淹战术大败曹军，曹操的将领于禁、庞德等人被俘获，樊城、襄阳被蜀军包围。这次战役使蜀军声威大震。

曹操被蜀军的势头吓住了，打算将都城迁往邺城，以躲避蜀军锋芒。

这时，司马懿和蒋济向曹操建议：利用孙权和刘备争夺荆州的矛盾，以分割让出江南的地盘为代价，拉拢孙权。

曹操接受了这一建议。孙权与曹操达成协议后，偷袭江陵，成功地杀了蜀将关羽。蜀军损兵折将，解除了对樊城和襄阳的包围。这年冬天，为了嘉奖孙权配合解围的功绩，曹操任命孙权为骠骑将军，并封他为南昌侯。

孙权为了进一步扩大地盘，暂不想同曹操作对。他派出校尉梁寓向曹操进贡礼物，并派人带去信件，表示愿向曹操俯首称臣。

曹操读完来信，心里明白孙权不会这么顺从，而是别有用心，他把信给左右看了，并说："孙权这是想把我放在火炉上烤！"一些大臣说："蜀汉的天下眼看就要完蛋了。丞相功高德重，人心所向，孙权在远方称臣，这是天遂人愿。您应该登基称帝，不能再犹豫了。"曹操听后回答说："如果有天命在，我就成了周文王。"曹操用周文王灭商未成功自比，感叹自己未能统一中国。他也明白，倘若接受孙权称臣，就暴露了称帝的野心。在实力还没有强大到吞并孙权和刘备的时候妄自称帝，就断了自己的退路，到时候称帝不成，又会失去号令天下的威信，所以拒绝称帝。

曹操之所以拒绝孙权称臣，是凭着对孙权及整个局势的了解，对称帝的利和弊做了充分权衡后，才做出的决定。别以为曹操不想称帝，恰恰相反，一统天下正是他梦寐以求的，只不过时机和条件暂不成熟，他才在衡量得失后做出了明智的决定。

任何行动，都有其利弊，十全十美是不存在的。权衡利弊，认为该采取行动的时候便大胆去做，这是决断。 在重大问题上，生活不允许我们有丝毫的迟疑。 当头顶有小鸟飞过时，赶快举箭而射，不必有过多的犹豫。

有几个人毕业后一起应聘到一家工厂，而这家工厂管理松懈，设备老化，产品过时，种种迹象表明在这儿干前途渺茫。 面对现状，不同的人会采取不同的策略：有的主动下岗自谋生路，有的留在厂内准备找到合适的岗位再跳槽。 后者的择业思路一直为媒体推崇，即所谓"骑驴找马"，它符合国人求稳的心态，从理论上讲的确是最佳选择。

然而实践证明，孤注一掷、自谋生路者大多走出了一条新路，骑驴找马者最终却很难找到马，虚度了人生中的黄金岁月。

某人所学专业不错，家境也可以，在单位工作的十年间他几乎没有停止过"充电"，先自修英语、计算机；又拿了驾驶执照，谁也不能说他不曾努力过，然而一次次利用业余时间匆匆参加招聘会，一次次权衡利弊，最终因为有一只"劣驴"可骑便迟迟下不了决心，怕一失足摔得很狼狈，等单位面临破产时才打算搏一下，但年龄已大，竞争力大打折扣；另一位同事则相反，他在上班第二年便毅然离职去了广东，期间也曾有半年找不到工作的时候，可几经努力最终站住了脚，现在已成为"金领"一族。

可见，利与弊都只是针对一时一地而言，作为一个善于处世的人，只不过是在当时的情况下，在分清主次、权衡利弊得失的基础上，做出有效的选择和决断而已。

忍是一种韧性的战斗

忍，是一种生存智慧。在中国历史上，有很多有智慧的人在面临危险时，都能够以忍化解险情，求得生存，然后获得机会，一举成功。

勾践还是越王的时候，吴王阖闾来攻，勾践打败了阖闾，吴王夫差继位。为了替父报仇，他经过两年的准备，倾国内全部精兵，打败越国，勾践走投无路，只得议和。

议和的条件是：勾践和他的妻子到吴国做奴仆，随行的还有大夫范蠡。吴王夫差让勾践夫妇到自己的父亲吴王阖闾的坟旁，为自己养马。那是一座破烂的石屋，冬天如冰窟，夏天似蒸笼，勾践夫妇和大夫范蠡一直在这里生活了三年。除了每天一身土、两手粪以外，夫差出门坐车时，勾践还得在前面为他拉马。每当从人群中走过的时候，就会有人叽叽喳喳地讥笑："看，那个牵马的就是越国国王！"

勾践由一国之君变成奴仆，忍了；到为人养马备受奴役，忍了；勾践最能够忍的一点就是尝吴王的粪便。吴王病了，勾践为表忠心，去探视吴王，正赶上吴王大便，待吴王出恭后，勾践尝了尝吴王的粪便后便恭喜吴王，说他的病不久将会痊愈。这件事在吴王对勾践的态度转变上起了决定性作用。或许是勾践真的懂得医道，能看出吴王的病快好了；或许是勾践有意恭维吴王；或许是吴王垂青勾践，总之，吴王的病真的好了，勾践此时已彻底取得了吴王的信任，吴王见勾践真的顺从自己就把他放了。

勾践在这件事上所表现出来的忍辱负重的确是一般人做不到的。勾践这一时期的忍，为的就是日后的崛起。

中国历史上的许多名人都是靠忍字而成大业的；世界上许多在事业上非常成功的企业家、政治家亦将忍字奉为立身处世的准则……可以毫不夸张地说，忍学是世界上成功的企业家、政治家、军事家、外交家、科学家的必修之课。

忍，是一种韧性的战斗，是战胜人生危难的有力武器。

忍能成大器。只要你在做人的准则中牢记这一条，你定能成大器。越王勾践，卧薪尝胆，甚至以一国之君的身份为人做马夫、尝粪便，终于赢得了后来的"三千越甲可吞吴"的胜利。汉朝时的韩信，若不是能忍那"胯下之辱"，怎能从一个街头小混混一跃而成淮阴侯。

当然，我们讲一个忍字，并不是劝告你怯懦，真正的忍是以退为进的手段。那些只是一味地退让，而不考虑自己真正的目标、不思进取的人，忍来忍去反而会让自己永远爬不起来。

别小看沉默的用处

　　某单位有一个女孩，平日只是默默工作，并不多话，而且和人聊天也总是面带微笑。有一年，机关里来了一个好斗的女孩，很多同事在她主动发起攻击之下，不是辞职就是请调。最后，她终于将矛头指向了那位沉默的女孩。

　　一天，这位好斗的女孩抓到了那位一贯沉默女孩的把柄，立刻点燃火药，劈里啪啦一阵猛轰，谁知那位女孩只是微笑着，一句话也没说，只偶尔问一句："啊?"最后，好斗的那个女孩败下阵来，气得满脸通红，一句话也说不出来。过了半年，这位好斗的女孩由于树敌太多，最终也自请他调。

这个故事说明了沉默的伟大力量。 因为面对沉默，所有的语言力量都消失了!

只要有人的地方，就会有江湖。 这不是新鲜事，在竞争的社会里弱肉强食本就不可避免，因此，你要有面对不怀善意的心理准备，你可以不去攻击对方，但一定要学会保护自己：与其咄咄逼人，不如装聋作哑。

　　一位师范大学的学生，在毕业前夕好不容易找到一家不错的中学实习，谁知实习时上的第一堂课就差点出错，幸亏这位实习生聪明，在突发状况时装聋作哑，从而摆脱了尴尬的境地。

　　这天，实习生刚在黑板上写了几个字，学生中突然有人叫起来："老师的字比我们李老师的字好看多了。"

　　真是一语惊四座，稚嫩的学生哪能想到：此时后座的班主任李老师是怎样的尴尬！对这位实习生来说，初上岗位，第一堂课就碰到这般让人难堪的场面，的确令人头疼，以后怎样同这位班主任共事呢，转过身来谦虚几句，行吗？绝对不行！这位实习生灵机一动，脸上看起来若无其事，装作没有听到，继续写了几个字，然后头也不回地说："不安安静静地看课文，是谁在下边大声喧哗？"此语一出，后座的李老师紧张尴尬的神情顿时轻松多了。

　　这位实习生的做法就是装聋作哑，他装作没听清学生的议论，避实就虚，即避开"称赞"这一实体，装作没有听清楚，而攻击"喧闹"这一虚像。既巧妙地告诉那位班主任"我根本没有听到"；又打击了那位学生的称赞兴致，避免了他误认为老师没有听见的可能，再称赞几句从而再次造成尴尬局面。当然，谁不愿意听好听的话？这位实习生能够得到同学们的赞扬，心里肯定很高兴，只不过脸上没有显露出来罢了。

通权达变，灵活变通

　　曾有人问孟子："依礼制，男女之间连亲手递接东西都不可以，那么，要是一个人的嫂子掉进水里，他可以用手去拉吗？"

　　孟子说："嫂子掉进水里，不去拉她，那简直就是豺狼。男女之间不亲手递接东西，这是礼制；但礼制也应根据实际情况加以变通，嫂子落水而伸手救援，这就是一种变通。"

　　百里奚在虞国时，晋人用美玉、良马向虞公借路去攻打虢国。虞国大臣纷纷劝说虞公不要应允，唯独百里奚不去劝，因为他知道虞公不会听从任何人的劝阻，劝也无用。所以他并不死守在虞国，而是去辅助秦国，因为他知道虞国无道，注定失败，而秦穆公才是一位有所作为的人。

　　孟子不但没用儒家的观点去批评百里奚的背信弃义、

投敌叛国，反而对他大加赞赏，并说像百里奚这样的人才是真正的聪明人。还说有德行的人，也不必句句都讲诚信，行动也不一定要贯彻始终，只要是与义同在，仗义而行就行了。

从上面的例子可以看出，孟子所倡导的"权变"思想，主要是为了起到"通"与"达"的作用，即对人们行为的一种取舍评判，要求人们知法度而不拘泥于法度，明事理而不淤滞于事理；知进退，善变通；允中厥，不极端；动静相宜，行止有度。所以，孟子既反对杨子的"连拔一根汗毛，而有利于天下都不肯干"的"为我"思想；也反对墨子的"过分节俭，磨秃头顶，走破脚跟，只要有利于天下什么都肯干"的"兼爱"主张。他认为即使主张"中庸"之道，也要懂得"变通"之法而不可固执于一端，因为过分执于一端而废弃其余，最终会有损于仁义。

孟子为了极力发扬孔子的"仁"学思想，为了使人们在自己的日常行为中确保允中而不执边，奉行"中庸"之道而发挥自己的本有潜能，乃至实现人生的圆满，以自己独特的"权变"发明，在立身处世方面提出了"舍生取义"的取舍原则；"穷则独善其身、达则兼善天下"的仕途原则；"当受则受，当辞则辞"的受礼原则……所有这些原则都体现了孟子的"通权达变"的实用价值。

孟子的这种"通权达变"的处世方式，实为人生道路上不可或缺的一种权巧方便。人生于世、行于世，本来就是一场非常艰巨而严峻的考验，并且世间万物纷繁而庞杂，难以一概而论，虽然从人生的进取层面来看，为人应该战战兢兢，如履薄冰，如临深渊，但在实际行动中则应遵循"权变"的原则，不应执于一端，否则东向西望难见西墙。世事的复杂，时势的多变，要求人们在不同的情况下采取不同的应对措施，唯有灵活掌握"权变"的通达，才能真正做到进退自如。

种子落在土里长成树苗后最好不要轻易移动，一动就很难成活。而人就不同了，人有脑子，遇到了问题可以灵活地处理，用这个方法不成就换另一个方法，总有一个方法是对的。做人做事要学会变通，不能太死板，要具体问题具体分析，前面已经是悬崖了，难道你还要跳下去吗？不要被经验束缚了头脑，要冲出习惯性思维的樊笼。执着很重要，但盲目的执着是不可取的。人生一直都充满着变化，即使是相同的事件，发生在不同人身上，也会有不同的感受与发现。所以，不要用所闻或所见来表露自己的感同身受，唯有亲自经历，才能得到真正的体验，才能从这样的经验中得到真正的启发，让自己更加懂得变通。

变通是生活中不可缺少的智慧。善于变通的人能够认识到什么是机会，并及时采取行动抓住机会。变通能力需要以人的洞察力和行动力为武器，要时时与自身固执的心态做斗争。成功和失败，只在一线之间，如何让自己从失败转变为成功呢？只有懂得如何变通，才能成功。在处理问题时，我们总是习惯性地按照常规思维去思考，如果我们学会灵活变通，就会发现"柳暗花明又一村"。

得意时应给自己留好退路

　　楚汉之争，张良多次计出良谋，使刘邦险中求胜。鸿门宴中，张良以过人的智慧，保护了刘邦安全，帮他脱离险境。刘邦采纳张良不分封割地的主张，阻止了天下再次分裂。与项羽划分楚河汉界后，刘邦意欲进入关中休整军队，张良劝阻，认为应不失时机地对项羽发动攻击，最后与韩信等在垓下全歼项羽楚军，打下汉室江山。

　　刘邦江山坐定后，册封功臣。萧何安邦定国，功高盖世，列侯中所享封邑最多；其次是张良，封给张良齐地3万户。张良不受，推辞说："当初我在下邳起兵，同您在留县会合，这是上天有意把我交给您使用。您对我的计策能够采纳，我感到十分荣幸，我希望封留县就够了，不敢接受齐地3万户。"张良选择的留县，最多不过万户，而且还没有齐地富饶。

　　张良回到封地留县后，潜心读书，搜集整理了大量的军事著作，为当时的军事发展做出了重要的贡献。

汉王朝的江山虽然已经得到巩固，但统治集团内部的明争暗斗仍然十分激烈复杂，稍有不慎，就会卷进残酷的政治斗争中，轻则身败名裂，重则身首异处。张良不仅在处理各种复杂问题上表现出过人的智慧，在功成名就时也不贪功，不争利，以忍让保全自身，是功成身退的一个范例。

说客出身的范雎任秦国宰相，以"远交近攻"的策略使秦国军事力量日益强大，为秦国的发展做出了很大贡献。

可是到了晚年，他却出现重大失误。他推荐的将军带领两万将士投降了敌人。投降乃是"株连九族"之罪，推荐者也难辞其咎。范雎虽深得秦王信赖而免于一死，但他心中一直忐忑不安。这时他的一位属吏蔡泽劝慰道："逸书里有'成功之下必不久处'之说，你何不趁此时辞去宰相之职呢？这样你不仅可保伯夷般清廉的名声，又可享赤松子（传说中的仙人）般长寿！若还眷恋宰相之位，日后必招致祸害！请您三思。"

范雎听完大悟，于是请奏辞职并荐蔡泽为相。

历史上那些过于贪恋权柄，集大权于一身不肯轻易放手的人，实际上是很愚蠢的人。他们不知道贪权恋权的害处，或是已经知道其害，仍执迷不悟地疯狂占有权势，败亡之祸必然降临。

文种是勾践的重臣，为打败吴国立下了汗马功劳。他功成名就后继续仕于越王。其间，范蠡曾写给他一封信：

"飞鸟尽，良弓藏；狡兔死，走狗烹。越王的长相，颈项细长如鹤，嘴唇尖突像乌鸦，这种人只可以与他共患难，却不能同享乐，你现在不离去，更待何时？"

后来文种虽称病返乡，但做得不如范蠡退隐彻底，他留在越国，其名仍威慑朝野，于是佞臣陷害于他，诬称文种欲起兵作乱。越王也有"走狗烹"之意，故而以谋反罪将文种杀死。

只知进，不知退，久居高位，遭"文种之祸"者，又何止一人？ 这种人最大的弱点是心中始终有个小聪明，误以为还能"收获名利"。 可见，能进也能退是多么重要。

权势到手，确实令人振奋，也实在可以令人风光一回，更可以光宗耀祖。 但是稍有不慎，大难临头，权力旁落，后果也就自然连普通百姓都不如。 他们由于权力达到了极点，最终给自己和家人带来了极大的灾祸。 最明智的做法是忍耐住自己对权力的渴望，在事业成功时全身而退。

第四章

交际策略：高情商交际术

不要总是显得比别人高明

孟子曾说："人之患在好为人师。"意思是人的毛病在于喜欢做别人的老师。孟子一语道破古今文人通病，大家都不喜欢向人求教，却喜欢为人师。因为向人求教，会显得自己比别人差；而为人师，就显得自己比别人高明。

问题在于，喜欢做别人的老师有什么不好吗？孔圣人不是"自行束情以上，吾未尝无诲"吗？不是"诲人不倦"吗？我们今天不也鼓励大家都去充实教师队伍，欢迎大家去做"人类灵魂的工程师"吗？

症结在于"好"为人师。而到底有没有"患"却在于是否"能"为人师。

所谓"满罐水不响，半罐水响叮当"。真正胸有雄兵百万的人并不急于露才扬己，倒是那些半瓶子醋自以为了不起，动辄喜欢做别人的老师，出言就是教训别人，结果往往是误人子弟，令人啼笑皆非。

孔子曾经说："三人行，必有我师焉。"这句话非常实在，因为人各有所长，智慧也各有高低，因此，我们应在人群中寻找可以启发自己智慧的人。对自我成长而言，孔子的这句话是相当有价值的。

不过，如果你"好为人师"却不是件好事。这里的"好为人师"指的不是"喜欢当老师"，而是喜欢指点、纠正别人，喜欢挑别人的毛病。

有一种人，喜欢在工作上指出别人的错误，并"贡献"自己的意见，也喜欢在言语上指正别人的缺点，例如，他们看不惯别人的交友方式、衣服发型、教育子女的方法……

这类人中有的纯粹是一片善心，对旁人的错误无法袖手旁观；有的则是自以为是，认为别人的观念有问题，只有他的观念才是对的。

不管基于什么心态，也不管你的意见是对是错，是好是坏，一旦你主动提出来，就犯了人性丛林里的忌讳——侵犯了人性里的"自我"。

每个人都在努力塑造一个完美的自我，以掌握对自己心灵的自主权，并通过外在的行为来检验自身完美的程度，你若不了解这点而去揭露别人的错误，他会明显地感受到"自我"受到你的侵犯，有可能不但不接受你的好意，反而还采取不友善的态度。尤其是工作中，你的热心好像就是在否定他的智慧，他甚至会认为你是在和他抢功劳，总之，他是不太领情的。

其实，你稍微留意一下就会发现，身边总有这样的人，大家都很讨厌他，他经常只顾自己发表高见，根本无心听别人说些什么；或者是还没等你说完，他的话已经接上来了，你再想插话都很难，只能硬着头皮听他讲……如果你有这样的朋友的话，那么你很幸运，因为他们就是最好的反面教材。 再想一想，最让别人喜欢的人是什么样的呢？ 十有八九都是乐意听别人倾诉的人。 为什么呢？ 因为他能耐着性子听别人说话，表明他重视别人的意见，关心别人的感受，大家当然喜欢跟这样的人做朋友。

所以，在人际交往中，千万不要好为人师，而应该安静地倾听别人的意见。 倾听在社交中有很多好处，它像魔法一样，会让更多的人喜欢你。 首先，倾听能让你得到很多有价值的信息，如果你是新员工，多听听公司前辈们的意见，省去了自己去探索的时间，当然是一大收获了；其次，倾听有利于了解和你说话的人，这也是最重要的识别人的方法之一，很多受欢迎的领导都是多听少说的人，他们不但尊重下属，也对下属了如指掌，方便安排工作；再次，倾听有利于了解更多解决问题的方法。 对待同一件事，每个人的看法可能不一样，通过倾听，你就能知道很多解决同一问题的不同方法，其中一定有值得你借鉴的东西，从而提升你解决问题的能力。为什么少说多听的人显得比一般人有头脑，办事效率高，并且很少得罪人，其原因也在于此。

巧诈不如拙诚

《韩非子》中说:"巧诈不如拙诚。"巧诈可能一时得逞,但时间一久,就露馅了;拙诚是指诚心地做事,诚心地交友,尽可能在言行中表现出真诚,时间长了就会赢得大多数人的爱戴。

在人际交往中,要想获得友谊,就必须付出你的真诚,用你的真诚打动周围的每一个人。

其实,对周围的人付出真诚,并不需要花你很多时间或是很多精力,有时你只需静静地做一名听众,倾听对方的诉说即可,这样也会给你带来好人缘。

有一位女士,定期去一家美容店做美容。店里的一名美容师向她倾诉婚姻的不幸,并问她自己是否该离婚。这位女士并不熟悉她的家庭,也不能胡乱替她拿主意,所以每次美容师问她,她就反问一句:"你看该怎么办?"美容师就认真考虑一下,然后说出自己的想法。

不久，这位女士收到了美容师的鲜花和感谢信。一年以后，又收到美容师的一封信，说她的婚姻很美满，非常感谢这位女士的好意。

　　事实上，这位女士什么主意也没替她出，只是以真诚的态度和足够的耐心感染了美容师，给她一个整理自己思绪的时间和机会，使她从非理智转变到理智中来，找到了解决问题的方法。这位女士就这样"轻而易举"地获得了对方的信任。

　　在人际交往中，真诚的心态好比水源，水源清，水流则清。你对别人真诚，别人对你也真诚，在这方面唐太宗为我们树立了典范。有一位臣子向唐太宗上奏："君王应远离佞臣。"唐太宗觉得奇怪，于是问："谁是佞臣？"臣子回答："臣并没有说是谁，但是有辨别的方法可以供陛下参考。陛下可以在群臣面前装出很生气的样子，来试一试群臣，要是能够始终坚持原则，不屈服于陛下的就是刚直之臣；如果害怕陛下盛怒，而违背自己的心愿，心不甘情不愿地遵从陛下，就可以说是佞臣。"但是唐太宗并没有采纳他的意见，说："水源清澈时，水流也会清澈。为君之人，做出欺骗的行为，又如何要求臣子正直呢？朕只是诚心诚意地想治理好天下而已。"唐太宗的意思十分明白，上任诚，下用情，这好比水一样，水源清，水流也清。在人际交往中，你对别人真诚，别人也会对你真诚。

　　真诚是人类最重要的美德，也是人与人沟通与交流的重要原则，它是基础，也是关键。我们不是生活在真空里，所以，要真诚地与人相处。

水至清则无鱼，人至察则无徒

在与人相处的时候不要用放大镜看人的缺点，如果过分地追求完美，不断指责他人的过错，就会失去朋友和合作伙伴。

我国有句古语说："天下事，何时了；有些事，不了了；一定了，不得了。"这就告诉我们，有些事是在不了了之中解决的。人与人之间发生的一些不愉快，倘若非弄个谁是谁非、谁对谁错不可，那只会适得其反，加深隔阂。如果对非原则性问题采取"不了了"的办法，双方之间的冲突就会慢慢地得到缓解。生活实践告诉我们，凡宽容待人者，通常都会赢得好人缘，而缺乏这种雅量的人，容易失人心、失朋友。因此，我们每个人都应当宽容人、理解人、谅解人。

春秋时，楚王大宴群臣，名叫太平宴。文武大小官员，宠姬妃嫔，统统出席，务要尽欢。席间奏乐歌舞，美酒佳肴，饮至黄昏，兴犹未尽。楚王命点烛继续夜宴，还特别叫最宠爱的两位美人许姬和麦姬，轮流向众人敬酒。

忽然一阵怪风吹熄了所有蜡烛，漆黑一片，席上一位官员乘机揩油，摸了许姬的玉手，许姬一甩手，扯断了他的帽带，匆匆回座，附耳对楚王说："刚才有人乘机调戏我，我扯断了他的帽带，大王赶快叫人点起烛来看着谁没有帽带，就知道是谁了。"

楚王听了，忙命不要点烛，大声向众人说："寡人今晚，务要与诸位同醉，来，大家都把帽子摘下来痛饮。"于是官员们摘掉帽子，楚王命令点烛，都不戴帽子了，也就看不出是谁的帽带断了。

席散回宫，许姬怪楚王不给她出气。楚王笑说："此次宴会，目的在狂欢，酒后失态，乃人之常情，若要追究，岂不是大煞风景，岂是宴会原意？"

这就是有名的"绝缨会"。后来楚王伐郑，有一健将独率数百人为三军开路，斩将过关，直逼郑国的首都，使楚王声威大震，这位将军后来承认他就是当年摸许姬手的那个人。

能够像楚王那样做到"睁一只眼闭一只眼"，绝非易事，如果没有很高涵养，是做不到的。古人有"骂如不闻""看如不见"的涵养，既避免了是非，又更利于成功。

通常说的"睁一只眼，闭一只眼"，是指人们的一种心理状态，意思是说，对某些现象看在眼里，记在心里；而对某些现象则闭着眼，假装看不见。不过这里说的"睁一只眼，闭一只眼"，并不是说我们应该不辨是非，什么人都去结交。结交品德低下、无情无义、极端自私的人是祸，是一种灾难，更是一种悲哀；而结交与人为善、刚正不阿、光明磊落的人是福，是一种快乐，更是一种难得的收获和享受。 不过，想一想"水至清则无鱼"的道理后，我们可以站得高一些，看得远一些，既然生活不能至清至净，那么，我们碰上了一些不如意、不愉快，又有什么好大惊小怪的呢？ 你只须驾驶好自己的小船，欢快地走自己应该走的路。

　　人人都有自尊心和好胜心。 在现实生活中，对一些非原则性问题为什么不得理也让人三分呢？ 可有些人就是不这样想，他们对一些无关痛痒的问题争得不亦乐乎，谁也不肯甘拜下风，说着就较起劲来，以至于非得决一雌雄才算罢休，结果大打出手，或者闹得不欢而散，朋友结怨，反目成仇。 假如对一些非原则性问题，给朋友一个台阶，满足一下朋友的自尊心和好胜心，不但朋友之间的友情能得到加深，而且还显示出你的胸襟之坦荡、修养之深厚。 明代洪应明在其著作《菜根谭》中说："攻人之恶，毋太严，要思其堪受；教人以善，毋过高，当使其可以。"对待朋友的错误，不应当以指责为能事，方法更不能粗暴，不能刺伤朋友的自尊心。 如果自尊心受到伤害，即使你说的和做的都是正确的，别人也不会心甘情愿地接受，又怎么能达到改过的目的呢？

在失意者面前不要太张扬

　　古时候有这样一个故事：有一位将军，在大军撤退时总是断后，回到京城后，人们都称赞他的勇敢，将军却说："并非吾勇，马不进也。"将军把自己断后的无畏行为说成是由于马跑得太慢。其实，在人们心目中，"马跑得太慢"绝对无法抵消将军的英雄形象。同时，又避免了撤退时跑在最前面的人的尴尬。

　　"木秀于林，风必摧之"，失意时敬人，得意时更要敬人。敬人者，人恒敬之。在得意时越夸耀自己，别人会越回避你，越在背后谈论你的自夸，甚至可能因此而怨恨你。

　　一次，小李约了几个朋友来家里吃饭，这些朋友彼此间都十分熟识。小李把他们聚在一块，主要是想借着热闹的气氛让一位目前正陷于低谷的朋友心情好一些。

　　这位朋友不久前因经营不善公司倒闭了，妻子也因为不堪生活的压力正与他闹离婚。内外交逼，他实在痛苦极了。

来吃饭的朋友都知道这位朋友目前的遭遇，大家都避免去谈与事业有关的事，可是其中一位朋友因为当时发了大财，赚了很多钱，酒下肚之后忍不住就开始谈他的赚钱本领和花钱功夫，那种得意的神情连小李看了都有些不舒服。而小李那位失意的朋友更是低头不语，脸色特别难看，一会儿去上厕所，一会儿去洗脸，后来借故提早离开了。

小李送他出去，走在巷口时，那位朋友气愤地对小李说："老吴有本事赚钱也不必在我面前吹嘘嘛！"

此时，小李最清楚他的心情，因为在10年前小李也经历了人生的低谷，当时正风光的亲戚在小李面前炫耀他的薪水如何如何的高，年终奖金如何如何的多，那种感受就如同把针一根根插在心上一般，要多难过就有多难过。

所以，与人相处时一定要牢记"不要在失意者面前谈论你的得意"。 一般来说，失意的人较少有攻击性，经常都是郁郁寡欢，但别以为他们只是如此，如果听你谈论了你的得意后，他们可能会产生一种心理——嫉恨。 这是一种转进到心底深处的对你不满的反击。 你说得口沫横飞，不知不觉已在失意者心中埋下了一颗炸弹。 想想看，多不值啊！

失意者对你的嫉恨多半不会立即显现出来，因为他们此时无力显现，但他们会透过各种方式来泄恨，例如说你坏话、故意与你为敌，其主要目的就是要看一看你会得意到什么时候。而最明显的做法则是疏远你，避免和你碰面，以免再听到你的得意之事，于是，你不知不觉就失去了一个朋友。不管失意者所采取的泄恨手段对你造成的损伤是大还是小，至少这是你交友上的危机，对你绝不会有好处的。

像前面提到的小李那位失意的朋友，只要一谈起那位曾在他面前谈论得意之事的朋友就闷声不语，后来小李才知道，他们再也没有来往过。

因此，当你有了得意之事，切忌在正失意的人面前谈论，如果不知道某人正在失意也就算了，如果知道，绝对不要开口。

不过，有一点你必须注意，就算在座没有正失意的人，但总有境况不如你的人，你的得意还是有可能引起他们的反感。人总是有嫉妒心的，这一点你必须承认。

有一位姓吴的女士，每天总是利用一切机会让人们知道她的存在。一位老兄在遗憾儿子差两分没被清华大学录取时，一旁的吴女士生怕没了机会，大声说道："真是的，我那儿子也不争气，要升初中了，才考了个99分。"旁人不难看出，她到底是自贬还是自夸……去年秋季，她办完调动手续，满以为会被热情欢送，岂料送行的只有一名例行公事的干部。她哭了，哭得很伤心。她把这一切都归结为"人走茶凉""人情薄如纸"。

吴女士的悲剧在于她太看重自己。 她无节制地表现、张扬，造成了他人的逆反情绪。

所以，得意时就少说话，这样既敬人又敬己。 做人要懂得谦虚。

多从对方的角度看问题

《论语·述而》中写道："子食于有丧者之侧，未尝饱也。"意思是：孔子在家有丧事的人旁边吃饭，从来没有吃饱过。

孔圣人竟然从没在别人的丧事中吃饱过，这是不是太迂腐了呢？

不是。 这是圣人的性情纯正，设身处地为他人着想：人家在丧事的哀痛中，你在这里大吃大喝，像话吗？ 另一方面，这也是圣人尊崇礼节规范的表现：遇到人家的丧事，自己要表示哀悼。 真心哀悼，难道还能大吃大喝吗？

这就是说，我们要学会换位思考，善于站在别人的立场上考虑问题，这也是在人际交往中获取成功的关键。

学会换位思考，善于站在别人的立场上为他人着想，你的身边就会聚集更多的人，人们也更加愿意同你结交，你的交际圈会越来越广，你的事业和人生也会越来越顺利。

但是，现实生活中，我们都很少设身处地地为别人想一想，很少能把自己当作对方，站在对方的角度来考虑问题。

比如：员工，他站在老板的角度，为老板想一想；反之，当老板的，他们站在员工的角度，替员工想一想，"假如我是员工，我……"家长站在孩子的角度为自己的孩子想过吗？反之，孩子想没想过，假如我是家长，我将会如何处理……

商业上有种"角色互换"的方法，让公司所有的成员都设身处地地体会一下别人的处境，理解别人的心理和行为，从而协调公司成员之间的关系。在短时间内，职员和经理换个位置，让职员来履行经理的职责，而经理来完成职员的工作，三天之后，不论是经理或职员都深有感触地说："原来当经理（职员）也不容易。""原来，当对方这么做时，我也会觉得不高兴。"以后，工作中双方便能互相体谅，更愉快且更和谐地工作。例如：上司请他的秘书打印一份资料时，说"请你帮个忙""辛苦你了，谢谢！"让秘书感受到自己的工作很得上司的重视和赏识，明知自己是受命于人，也会爽快地答应，工作的质量、效率都会得到提高。偶尔，上司说了什么不得体的话，办了一件令人费解的事，职员也能很宽容地表示理解。这样一来，公司上下的关系融洽了，工作起来总有一股使不完的劲。

站在对方的立场，使他认为你把他的事当成自己的事一样，这就是设身处地为他人着想的魅力所在。

如果你与家长闹僵了，与朋友吵架了，不妨也运用这种"角色互换"的办法，设身处地为对方想一想：如果我是对方，在当时的环境下我说不定也会这么做。设身处地地体谅、尊重对方，就可以建立一个温馨和谐的生活与工作环境。

不卑不亢，掌握分寸

　　春秋末年，齐国宰相晏子奉命出使楚国，因为他身材矮小，楚国人就在大门旁边开了狗洞，请晏子从"小门"进去。晏子不肯进，说："只有出使狗国的人，才从狗门进。我现在出使的是楚国，不该从这个门进。"司仪只好又领他改从大门进去拜见楚王。

　　楚王说："齐国难道没有人了吗？"晏子回答说："齐国的临淄有三百个居民区，所有人要是把衣袖举起来，可以组成一道围墙；大家甩一下汗水的话，就像下了一场大雨，怎么能说没有人呢？"楚王说："那为什么派你当使者呢？"晏子回答说："齐国派遣使者根据出使国的情况而定。贤能的人就派往有贤明君主的国家，那些无能的人则派往君主无能的国家。我晏婴最无能，所以出使楚国。"

　　与人交往时应该保持一种什么姿态呢？　晏子的故事告诉

我们：不卑不亢。处理人际关系，要讲究"适度"。"万物皆有其度"，待人接物，"不卑不亢，落落大方"，表现人的精神面貌，反映人的内在涵养。人不仅要正确地评价自己，自我尊重；也要正确地理解他人，尊重他人。

讲究"度"就是讲究唯物辩证法，既要看到自己的优势、长处，也要看到他人的优势、长处；既要说明自己的为难之处，也要体谅别人的为难之处。理解万岁，必须以个人修养为基础，加强个人修养，在待人接物时努力做到自信而不自傲，自谦而不自卑。处世遇事时沉着冷静，不自大，不自卑，是为不卑不亢。

当我们处于这个人来人往的世界，面对着沉浮不定人生的时候，不卑不亢就是无论遇到什么都宠辱不惊，在我们人生得意时，不骄人自得，展示给别人真正的自我；当我们失意时，不卑曲讨好，展示给别人的依然是一个真正的自我，做人光明磊落，心态如一，保持一种风度。

在与自己地位、才识相等的人交往时，人们都能从容以对，谈笑自若。然而若是换了其他场合，那"卑"与"亢"，便会因对方身份、地位的不同而露于言行。

"两面人"虽多见于官场，但在生活中也不少见。有些刚鼓起腰包的小款对穷人一副傲态，而见了巨富便露出谄相；有些居住在小城镇的人对来自山村的人常露出几分瞧不起，但见了大都市来的人又变得恭敬有加；有些知识分子在学历知识低于自己的人面前优越感十足，但见了学者名流，又显得极为自卑。所有这些，皆因几千年来等级尊卑的观念深入了许多人的骨髓，使得这些人遇到位尊而多金者会下意识地卑躬屈膝；遇到位卑而贫穷者会不由得露出轻蔑之态。

对大多数人而言，做到不卑似乎很难。因为生活的磨炼挫伤了我们原来拥有的那些锐气，而且为了生活，为了出人头地，我们往往不得不对某一群体的人毕恭毕敬。所以，我们可以不让自己有傲气，但是我们却要留有一身傲骨，有所不为，有所必为。靠自身境界的提高，达到处世平和而洒脱的境界。相对于不卑而言，做到不亢似乎更难。当我们取得一些名利地位时往往会有一种飘飘然的感觉，在和一些人交往中不自觉地表现出一种优越感，好像自己确实高人一等似的。其实这样做不但会被他人疏远，而且也会使自己止步不前。还有些人一方面对上司卑躬屈膝，另一方面对不及自己的人趾高气扬。表面上张牙舞爪，很风光的样子，实际上得不偿失。另外，如果仔细观察就会发现，我们身边还有很多人很有才华，很有学问，可惜做不到"不卑不亢"，导致他没能走得更远，没能取得应有的成绩。不卑不亢，应该是我们无论碰到怎样的形势，遇到怎样的人都应该保持的一种态度，也是我们在人际交往中的一个准则。

规劝朋友要含蓄

宋朝的张咏与宰相寇准是交情很深的朋友，他一直想找个机会劝寇准多读些书。因为他身为宰相，关系到天下的兴衰，理应学问更多一些。

恰巧时隔不久，寇准因事来到陕西，刚刚卸任的张咏也从成都来到这里。老友相会，格外高兴。临别时，寇准问张咏："何以教准？"张咏对此早有所考虑，正想趁机劝寇准多读书。可是又一琢磨，寇准已是堂堂的宰相，居一人之下，万人之上，怎么好直截了当地说他没学问呢？张咏略微沉吟了一下，慢条斯理地说了一句："《霍光传》不可不读。"

当时，寇准弄不明白张咏这话是什么意思，可是老友不愿就此多说一句。回到相府，寇准赶紧找出《霍光传》，仔细阅读，当他读到"光不学无术，暗于大理"时，恍然大悟，自言自语地说："这大概就是张咏要对我说的话啊！"

当年霍光任大司马、大将军要职，地位相当于宋朝的宰相，他辅佐汉朝立有大功，但是居功自傲，不学习，不明事理。寇准与之有相似之处，因此，寇准读了《霍光传》，很快明白了张咏的用意，从中受益匪浅。

寇准是北宋著名的政治家，为人刚毅正直，思维敏捷，张咏赞许他为当世"奇才"。所谓"学术不足"，是指寇准不注重学习，知识面不宽，这就会极大地限制寇准才能的发挥，因此，张咏劝寇准多读书加深学问，既客观又中肯。然而，说得太直，对于刚刚当上宰相的寇准来说，面子上不好看，而且传出去还影响其形象。张咏知道寇准是个聪明人，以一句"《霍光传》不可不读"的赠言让其自悟，何等婉转曲折，而"不学无术"这个连常人都难以接受的批评，通过教读《霍光传》的委婉方式，使当朝宰相也愉快地接受了。

批评他人时，如果语气强硬，被批评者就容易接受。因为对方认为你的委婉给了自己"面子"，感激之余，就会积极地改正。反之，如果批评者语气强硬，对方会因其伤了自己的"自尊"而心生反感，这样就达不到批评教育人的目的了。

《呻吟语》中说："责人贵含蓄。"这句话的意思是：指责他人的过失时，要讲究一点儿策略，最好不要一次把心中要说的话完全表达出来。指责他人之过，需要稍做保留，不要直接地攻击，最好采用委婉暗示的比喻，使对方自然地领悟，切忌露骨直接。即使是血缘关系，有时挨了亲人的骂，也会无法忍受而顶嘴，更何况是别人呢？亲人有血缘关系，无论如何不能割舍，但朋友就不一样了，过激的言辞很可能会断送友谊。因此，"你这话说得太不对了""你做的事还不如三岁小孩子"之类的话最好不要说，要说的话，必须改变语气。

《论语》中写道："忠告而善道之，不可则止。"意思是：朋友犯错，以诚意提供忠告，如果对方不听，就要中止劝告而暂时观察情况。如果过于啰唆，只会惹得对方厌烦，毫无效果。要不要接受你的忠告，终究要看对方，勉强只会伤害友情。

劝说朋友，朋友往往认为自己的建议、想法和做法是正确的，从而与你争辩。你以严密的辩论将对方驳倒固然令人高兴，但未必需要把对方驳得一无是处。因为这样不但对自己毫无好处，甚至会适得其反，得不到对方的认可，而且终有一天会自食恶果，受到对方的攻击。那如何劝说朋友改正过失呢？最好的办法是先了解对方的想法，然后在顾及对方颜面的前提下，陈述自己的意见，给对方留有余地。

帮助别人就是帮助自己

有一个偏僻的山村,村民们每天起早贪黑种植稻谷,可年年收成都很少,难以养家糊口。有一个聪明的农夫就想到山外寻找一些优质的稻种,终于如愿以偿。第一年试种,果然产量颇丰,得到一笔不薄的收入。左邻右舍就想从他那里换取一些稻种,可这位农夫想:如果产量都提高了,自己不就不能发财了?于是拒绝了乡亲们的请求。第二年,他更加辛勤劳作,期盼能有更好的收成,但始料不及的是,村民们都丰收了。原来,在稻谷受粉时,蜜蜂使他家的稻谷接种了别家稻谷的花粉。

与这位农夫形成鲜明对照的,是一位盲人宽阔的心胸。一位双目失明的老人夜间走路时,总是提着灯笼,点上蜡烛。路人不解,就问他:"你眼睛看不见,这么做不是多余吗?"这位老人正色道:"我打灯笼是为了给别人照路,这样别人就不会撞到我了。"

照亮别人等于照亮自己，为他人着想实际上亦能惠及自身，生活中的许多事情都是这个道理。 在这个世界上，个人的力量总是单薄的，一个人无力去解决生活中的所有问题，而且，要一个人走完这漫漫人生之路，是多么孤寂，又多么危险。 任何一个人都离不开他人的帮助，常言道："一个篱笆三个桩，一个好汉三个帮。"正是由于大家相互帮助，相互关怀，世界才会这般温暖，这般美好。

人与人之间的交往是一种平等互惠的关系，也就是说，你对别人怎么样，别人就会对你怎么样。 你帮助我，我就会帮助你。 正所谓"投之以桃，报之以李"，一个人只有大方而热情地帮助和关怀他人，他人才会给你以帮助。 所以，想要得到别人的帮助，自己首先应该帮助别人。

我们应该伸出热情的手，帮助和关心别人，因为我们的帮助，不仅能助人一臂之力，而且能给对方带来力量和信心，使他们有更大的勇气去战胜困难。 特别是当一个人遇到挫折，处于逆境之中时，如果我们能热情相助，那将犹如雪中送炭，别人也一定会有"滴水之恩，当涌泉相报"的感激。"危难中见真情"，很多人在受到别人真诚的帮助后，总能以更真诚的感激报答别人。

在"老北京胡同游"的三轮车队中有这样一位三轮车夫，他家境非常艰苦，妻子常年卧病在床，一对双胞胎还在上学，全家人就靠他一个人蹬三轮车来维持生计。但他从来不怨天尤人，而且更让人感动的是，当他见了比自己还困难的人时总要帮一把。比如，对那些年事高、身体弱的老人，他总是免收拉脚钱，院子里有谁病了，他的三轮车常常就是救护车，哪怕三更半夜，他都要起来送病人去医院……他经常挂在嘴边的一句话是"对别人好就是对自己好，爱心能感染人"。后来，事实证明，他的善心得到了回报。两个孩子争气，同时考上了大学，他却为孩子的学费愁白了头，家里实在拿不出那么多钱。这时，众人都伸出了援助之手。邻居、孩子的老师、同学家长，那些受过他帮助的人，纷纷解囊相助，不仅凑足了学费，而且还为孩子们送来了棉被、蚊帐、开水瓶等生活用品，让两个孩子高高兴兴地迈进了大学的校门。

为人处世，不能仅从"为己"考虑，只有多为别人着想，人们才会给你以友善的回报。但是有一些人，很少愿意帮助别人，在他们眼中，没有谁比自己更重要，他们时时事事都从自己的利益出发，从不顾及别人，有事则登三宝殿，而不求于人时，则对人没有丝毫热情，更不要说去帮助别人了。似乎人人都是为他而活着，为他服务似的。这种人最终只会使自己处于孤立无援的困境，谁会愿意帮助一个自私自利的人呢？

当然，那些懂得做人道理的人，依然拥有着一副乐于助人的热心肠。在他们眼中，帮助别人是一件非常快乐的事。看到别人因自己的帮助而摆脱困境，看到别人因自己的帮助而重新振作，看到别人因自己的帮助而高兴快乐，这难道不是一件令人高兴的事吗？这些人因为帮助他人而受到人们的喜欢，他们走到哪里，哪里就有朋友。如果他们遇到困难，也必定会得到别人的热情帮助。

第五章

说服策略：一开口就能说服任何人

以诚暖人是打动人心的关键

真诚的语言最能打动人心，真诚的话语，可以促使说者与听者产生情感共鸣，使双方的关系变得更融洽，从而营造出一种良好的沟通氛围，建立良好的人际关系，为成功创造有利的条件。

真诚，是说话成功的第一要素。曾经打败过拿破仑的库图佐夫，在给叶卡捷琳娜公主的信中说："您问我靠什么魅力凝聚着社交界如云的朋友，我的回答是'真实、真情和真诚'。"真实、真情和真诚的态度，是用语言打动人心的最佳诀窍。

白居易曾说过："动人心者莫先乎于情。"炽热真诚的情感能使"快者掀髯，愤者扼腕，悲者掩泣，羡者色飞"。

讲话如果只追求外表漂亮，缺乏真挚的感情，开出的也只能是无果之花，虽然能欺骗别人的耳朵，却永远不能欺骗别人的心。著名演说家李燕杰说："在演说和一切艺术活动中，唯有真诚，才能使人怒；唯有真诚，才能使人怜；唯有真诚，才能使人信服。"若要使人动心，就必须要先使自己动情。第二次世界大战期间，英国首相丘吉尔对秘书口授反击法西斯战争动员的讲演稿时，"哭得涕泪横流"。正因为如此，他后来的发言才更加动人心魄，极大地鼓舞了英国人民的斗志。

与人交谈，贵在真诚。有诗云："功成理定何神速，速在推心置人腹。"只要你与人交流时能捧出一颗恳切至诚的心，一颗火热滚烫的心，怎能不让人感动？怎能不动人心弦？

说话不是敲击锣鼓，而是敲击人们的"心铃"。"心铃"是最精密的乐器。因此，成功的人总是能用真挚的情感、竭诚的态度击响人们的"心铃"，刺激之、感化之、振奋之、激励之、慰藉之。对真善美，热情讴歌；对假恶丑，无情鞭挞。让喜怒哀乐，溢于言表；使黑白贬褒，泾渭分明。用自己的心去弹拨他人之心，用自己的灵魂去感染他人的灵魂，使听者闻其言，知其声，见其心。

美国总统林肯就非常注意培养自己说话的真诚情谊，他说："一滴蜂蜜要比一加仑胆汁更能吸引更多的苍蝇。人也是如此，如果你想赢得人心，首先就要让他相信你是他最真诚的朋友。那样，就会像一滴蜂蜜吸引住他的心，也就是一条坦然大道，通往他的理性彼岸。"

1858 年，林肯在一次竞选辩论中说："你能在所有的时候欺骗某些人，也能在某些时候欺骗所有的人，但你不能在所有的时候欺骗所有的人。"这句著名的格言，成为林肯的座右铭，也成为我们今天说话者应依据的座右铭。

如果你能用得体的语言表达你的真诚，你就能很容易赢得对方的信任，与对方建立起信赖关系，对方也可能因此喜欢你说的话，并因此答应你提出的要求。能够打动人心的话语，才可称得上是"金口玉言"，一字千金。

投其所好，成功说服

　　乾隆皇帝喜欢在处理政事之余品茶、论诗，对茶道颇有见地，并引以为荣。一天，宰相张廷玉精疲力尽地回到家刚想休息，乾隆忽然来访，张廷玉感到莫大的荣幸，称赞乾隆道："臣在先帝手里办了 15 年差，从没有这个礼遇，哪有皇上来看下臣的！真是折煞老臣了！"张廷玉深知乾隆好茶，命令把家里的陈年雪水弄出来煎茶给乾隆品尝。乾隆很高兴地招呼随从坐下："今儿个我们都是客，不要拘君臣之礼。生而论道品茗，不亦乐乎？"水开后，乾隆亲自给众人泡茶，还讲了一番茶经，张廷玉听后由衷地赞美道："我哪里懂得这些，只知道吃茶可以解渴提神。一样的水和茶，却从没闻过这样的香味。"另一位大臣李卫也乘机称赞道："皇上圣学渊博，真叫人佩服佩服，吃一口茶竟然有这么多的学问！"乾隆听后心花怒放，谈兴大发，从"茶乃水中君子、酒乃水中小人"开始论起"宽猛之道"，真是妙语连珠、滔滔不绝，众臣洗耳恭听。乾隆的话刚结束，张廷玉赞道："下臣在上书房办差几十年，两次丁忧都是夺情，只要不病，与圣祖、先帝算是朝夕相伴。午夜扪心自问，私心里常也有圣祖宽，世宗严，一朝天子一朝臣这个想法。我身为臣子，尽忠尽职而已。对陛下的旨意，尽力往好处办，以为这就是贤能宰相。今儿个皇上这番宏论，从孔孟仁恕之道发端，譬讲三朝政纲，虽然只是三个字'趋中庸'，却发聋振聩，令人心目一开。皇上圣学，真是到了登峰造极的地步。"其他人也都随声附和，乾隆大大满足了一把。张廷玉和李卫作为乾隆的臣下，都深知乾隆对自己的杂经和"宏论"引以为豪，便投其所好，对其大加赞美，达到了取悦皇帝的目的。

没有人不会为真心诚意地赞赏所触动的。 耶鲁大学著名的教授威廉·莱昂·弗尔帕斯经历过这样一件事：

有一年夏天又闷又热，他走进拥挤的列车餐车去吃午饭，在服务员递给他菜单的时候，他说："今天那些在炉子边烧菜的小伙子一定受够了。"那位服务员听后吃惊地看着他说："上这儿来的人不是抱怨这里的食物，便是指责这里的服务，要不就是因为车厢里闷热大发牢骚。19 年来，您是第一位对我们表示同情的人。"弗尔帕斯得出结论："人们所想要的，是一点作为人所应享有的被关注。"而人们想要别人来关注的地方往往是自己所能忍受下来的痛苦，就正如夏天里在火炉旁烧菜时所受的煎熬。

一个人到了晚年，当他回首往事的时候，更喜欢回味和谈论自己曾经历的那些大风大浪，希望得到晚辈的赞美和尊敬。

一位八十多岁的老人，一生中最大的骄傲便是独自一个人将 7 个孩子养大成人，现在眼见孩子全都成家立业，他经常自豪地对孙子们说："你奶奶死得早，我就靠这两只手把你爸他们几个养大成人，真是不容易啊。"每当这时，如果孙子能乘机美言几句，老人就会异常高兴。

抓住他人最胜过别人的、最引以为豪的东西，并将其放在突出的位置进行赞美，往往能起到出乎意料的效果。在这一点上，有一个很经典的实例。

一次，曾国藩用完晚饭后与几位幕僚闲谈，评论当今英雄。他说："彭玉麟、李鸿章都是人才，为我所不及。我可自许者，只是生平不好谀耳。"一个幕僚说："各有所长。彭公威猛，人不敢欺；李公精敏，人不能欺。"说到这里，他说不下去了。曾国藩又问："你们以为我怎样？"众人皆低头沉思。忽然一个负责抄写的后生过来插话道："曾师是仁德，人不忍欺。"众人听了齐拍手。曾国藩十分得意地说："不敢当，不敢当。"后生告退而去。曾氏问："此是何人？"幕僚告诉他："此人是扬州人。入过学，家贫，办事谨慎。"曾国藩听完后说："此人有大才，不可埋没。"不久，曾国藩升任两江总督，就派这位后生去扬州任盐运使。

人最想要的赞美一定是真诚的赞美，而不是那种公式般的赞美，千篇一律，最让人反感。

"久仰大名，如雷贯耳，您一定生意兴隆""小弟才疏学浅，一切请阁下多多指教"，这些缺乏感情的，完全公式化的恭维语，若从谈话的艺术观点来看，非加以改正不可。 而言之有物是说一切话所必备的条件，与其泛泛地说久仰大名、如雷贯耳，不如说"您上次主持的讨论会成绩之佳，真是出人意料"等话，直接提及对方的工作成绩效果会更好。 若恭维别人生意兴隆，不如赞美他推销产品的努力，或赞美他的商业手腕；泛泛地请人指教是不行的，你应该择其所长，集中某点请他指教，他一定非常高兴。 恭维赞美的话一定要切合实际，到别人家里，与其乱捧一场，不如赞美房子布置得别出心裁，或欣赏壁上的一幅好画，或惊叹一个盆栽的精巧。 若要讨主人喜欢，你要投其所好，主人爱狗， 你应该赞美他养的狗；主人养了许多金鱼，你应该谈那些鱼的美丽。 赞美别人最近的工作成绩，最心爱的宠物，最费心血的设计，这比说上许多客套话效果更佳。

有时候并不是什么伟大举动才值得让人赞美，相反，一些微乎其微的小事更值得你给予肯定和称许。

如果某天早晨，丈夫偶然一次早起为你准备好了早餐，你不妨大大赞美他一番，那他以后起床做早餐的频率将会更高；如果你的小孩，有一天非常小心地在家做好了晚饭等你回家，当你回到家中，不要吃惊孩子脸上的污渍，也不要惋惜已经摔碎的碗碟，先要将孩子赞美一番，即使孩子所炒的菜让人难以下咽，因为你的赞美可以让孩子所做的下顿或者是下下顿饭变成美味；在公司，如果某位职员，记述你口述的信件，速度比你想象的要快，不妨表扬他一下，今后他工作时一定会更加卖力。

让对方体验别人的心理

说服的最佳效果是双方达成共识，而启发对方进行换位思考，让对方设身处地体验别人的心理，主动调整自己的态度和行为方式，则是达到这一目的行之有效的方法之一。

下乡知识青年小红在农村和农民小刘结婚并有了个女儿。后来回到城里，重逢昔日的恋人，欲重修旧好，却又遭到爸爸的反对。正当她举棋不定之际，农村的丈夫小刘又被人诬告入狱。小红进退维谷，不知何去何从。她向奶奶寻求帮助。

奶奶对她说："你的事，奶奶全知道，如今你打算怎么办？"

"不知道，我……我说不出来……"

奶奶说："奶奶知道你委屈。人，谁没有委屈呀。我24岁那年，你爷爷就牺牲了，本家本村的都劝我再找个主儿。你曾爷爷跟我说：'女儿，地头还长着呢，往前去一步吧。'我不愿给孩子找个后爹,硬是咬着牙熬过来了。儿子一个个长大了,参了军,又一个个牺牲了。可我没在人前掉过一滴眼泪。人活着,就是为了别人,去受苦,去受难,天底下哪有那么多幸福?要说委屈,就先委屈一下自己吧!"

小红说:"可我以后的路该怎么走啊?"

奶奶说:"做人哪,前半夜想想自己,后半夜想想别人。你和那个小伙子倒是挺般配的,可就算你俩成了,日子过得挺舒心,你就保准一早一晚不想小刘他们父女?那时,你虽吃着蜜糖,但忘不了人家在喝苦水。你甜在嘴上,苦在心里。甜的苦的一掺和,一辈子都是块心病。我今年80岁了,什么苦都尝遍了,可就是没留下一件亏心事。俗话说,'人'字好写,一撇一捺,真正做起来就难了!"奶奶的话句句打动人心。

"奶奶,我懂了。"小红擦了擦眼泪,说,"我今天就回家带孩子,侍候公婆,等着小刘。"

奶奶的劝说语重心长,她用简单明了的语言,站在对方的立场上,设身处地为孙女分析情况,从而使孙女做出了正确的选择。

用语言做假设,可达到将心比心的目的;也可用实际的行为,现身说法,让对方体验别人的心理,进而对自己的言行进行调整,同样可达到将心比心的目的。

某商店有位营业员很会做生意,他的营业额比其他营业员都高，有人问他："是不是因为能说会道，所以生意兴隆？"他回答说："不是，我的秘密武器是当顾客是自己人。"

一天，某位顾客站在柜台前东瞧瞧，西看看，还不时用手摸摸摆在柜台上的布料，却不肯买。凭经验，营业员判断这位顾客想买块面料，于是赶忙迎上前去说："您是想买这块面料吗？这块面料很不错，但是您要看仔细，这块布料染色深浅不一，我要是您，就不买这一块，而买那一块。"

说着，营业员又从柜台里抽出一匹带隐条的布料，在灯光下展开，接着说："您像是机关里的干部，年龄和我差不多，穿这种面料的衣服会更好些，美观大方。要论价钱，这种面料比您刚才看到的那种每米多5块钱，做一套衣服才多7块多，您仔细看看，认真盘算盘算，哪种合算？"

顾客见这位营业员如此热情，居然帮自己选布料，挑毛病，于是不再犹豫，买下了营业员推荐的布料。

这位营业员之所以能成功地做成这笔生意，就是因为运用了将心比心法。站在购买者的立场上替顾客着想，精打细算，使对方的戒备心理、防范心理大大降低，而且产生了认同感，故而说服了顾客，做成了生意。

将心比心法是站在对方的角度谋划和考虑，理解对方的心理、对方的需求、对方的困难，因此，这种说服方法容易被对方接受。

先诱导，再说服

相信你一定有过这种经历：在说服别人或想拜托别人做事情时，不管怎样恳求对方，对方总是敷衍应付，漠不关心。这时，你首先要消除与对方心理上的隔阂，然后再说服诱导。在推销中，推销员为了唤起顾客的注意，并达到 80％ 的购买率，往往是先诱导，后说服。

在英国工业革命方兴未艾时，以发明发电机而闻名的法拉第，为了能够得到政府的研究资助，去拜访首相史多芬。

法拉第带着一个发电机的雏形，非常热心并滔滔不绝地讲述着这个划时代的发明，但史多芬的反应始终很冷淡，一副漠不关心的样子。

事实上，这也是无可奈何的事情，因为他只是一个政客，要他看着这种周围缠着线圈的磁石模型，心里想着这将会带给后世产业结构的大转变，实在是太困难了。

但是法拉第在说了下面这句话后，却使原本漠不关心的首相，突然变得非常关心起来，他说："首相，这个机械将来如果能普及的话，必定能增加税收。"

显而易见，首相听了法拉第所说的话后，态度突然有了巨大的转变。其原因就是：这个发动机，将来一定会获得相当大的利润，而利润增加必能使政府得到很大一笔税收，而首相关心的就在于此。

通常我们行动的目的都是"为自己"，而非"为别人"。如果能够充分理解这一点，那么，想要说服他人就如探囊取物般容易了。了解对方真正追求的利益，进而满足他的利益，便可达到目的。但是，将这个最基本的要素抛于脑后的却也大有人在。他们没有满足对方最大的利益，一心一意只是想要满足自己的私欲，结果可想而知。

某酒厂的技术负责人成功研发了一种水果酒，为求尽快让产品打进市场，他决定说服厂长进行大量生产。

"厂长，又有新的产品研发出来了。这次的产品是前所未有的新发明，绝对能畅销。连我都喜欢的东西，绝对有市场。我敢拍胸脯保证。"

"什么新产品？"

"就是这个，用梨汁酿制的白兰地。"

"什么？梨汁酿的白兰地？那种东西谁会喝？况且，喝白兰地的人本来就少，更甭说用梨汁酿的白兰地……就是我也不会去喝。不行！"

"请你再评估评估，我认为很可行。用梨汁酿酒本来就不多见，再加上梨子有独特的果香，一定很适合现代人的口味。"

"嗯，我觉得还是不行。"

"我认为绝对会畅销……请再重新考虑一下。"

"你怎么这么唠叨？不行就是不行。"

"好歹也要试试看才知道好坏，这是好不容易才研发出来的呀！"

"够了，滚吧！"

这样的劝说不仅充分显露不顾他人立场的私心，还有强迫他人赞同自己观点的倾向。

最后，厂长终于忍不住发火。这位技术负责人不仅没能说服厂长，反而自取其辱。

碰到这种自私自利、妄自尊大、不知天高地厚的家伙，别人只会感觉："瞧他那口气，根本就是个主观主义者，只会考虑自己的家伙，还想把个人意见强加于别人！"如此一来，怎么可能赢得说服对方的机会呢？因此，无论如何，你都应该考虑以对方利益为出发点的劝说方式。

摆事实，讲道理

杜坦是西晋名将杜预的后代。西晋末年，中原战火四起，民不聊生，杜家为避战乱来到河西，投靠了前凉张轨政权，后来前凉被符坚所灭，杜氏又辗转于关中一带。

417年，宋武帝刘裕灭后秦，杜坦兄弟随即渡江，来到南方。当时，南方实行士族制度，渡江较早的人，地位极高。晚来的士族，尽管其祖辈在北方是名门世家，朝廷也不给他们优厚的待遇，他们之中的杰出人才，也不可能进入上流社会。

一天，宋武帝与杜坦在一起闲谈，宋武帝说："可惜呀，现在再也找不到像金日磾那样的人才了！"

杜坦答道："金日磾生于今世，也不过是养马，怎会被委以重任呢？"

宋武帝闻听此言，马上变了脸色："卿为什么把朝廷看得如此薄仁少德？是说我不重视人才吗？"

杜坦说："那就以我为例吧。臣本来是中原的名门，世代相承。只不过因为南渡较晚，便受到冷遇，更何况那金日磾是胡人，在汉朝时只不过是一个养马的人呢？"

宋武帝一时无言以对。

唐朝的尉迟敬德依仗自己是开国重臣，骄狂放纵、盛气凌人，招致同僚的极为不满，甚至有人告他谋反。

李世民知道后，问尉迟敬德是否有此事，他回答说："臣跟随陛下讨伐四方，身经百战。如今幸存者，只有那些刀剑底下逃出来的人。天下已经平定，反而怀疑臣下会谋反吗？"

说着把衣服脱下扔在地上，露出身上的累累伤痕。李世民感动至极，只得以好言好语安慰一番。但是，尉迟敬德的骄纵狂妄却一点也没有收敛。

一天，尉迟敬德在太宗举行的宴会上与人争论谁是长者，一时火起，居然打了任城王李道宗，弄瞎了李道宗的一只眼睛。皇上见尉迟敬德如此放肆，十分不悦。

事后，李世民单独召见了尉迟敬德，语气严厉地告诫他："朕的确想和你们同享富贵，然而你却居功自傲，多次冒犯别人。你难道不知道古时韩信为何被杀吗？在朕看来，那并不是高祖的罪过！"

尉迟敬德这才害怕了，以后做事便安分了许多。

引用史实可以充分发挥历史事实、典故无可辩驳地说服力，生动形象而且引人入胜，有助于人们从中得出经验教训。

值得注意的是，所用事例要避开那些已被广泛应用的典故，那样会让人觉得平淡无味，丧失兴趣，当然也达不到预期的效果。

先抬高对方再说服

　　给人一个超乎事实的美名，就像"灰姑娘"故事里的魔法棒，点在她身上，会使她从头至脚焕然一新。

　　从孩子的天性中，我们可以发现一点：当我们称赞夸奖他们时，他们是何等高兴。其实，他们并不一定具有我们所称赞的优点，只是我们期望他们做到这点而已。这就是一种典型的"戴高帽"做法。在与人交往时，何不效仿这一做法呢？不管是大人还是小孩，他们都喜欢别人给自己一个美名，如果他们没有做到这一点，内心也会朝此目标努力，因为他们知道这样就可以得到美名，获得他人的赞许。

　　假如一个优秀的员工变得消极散漫、不负责任，你会怎么做？你可以解雇他，但这并不能解决任何问题。你可以责骂那个员工，但这只能引起怨恨。

　　亨利·汉克，是印第安纳州洛威市一家卡车经销商的服务经理，他的公司有一个工人，工作态度每况愈下。

但亨利·汉克没有责骂他，而是把他叫到办公室，跟他进行了坦诚的交谈。

他说："希尔，你是个很棒的技工。你在这里工作也有好几年了，你修的车子也都让顾客很满意，很多人都称赞你的技术好。可是最近，你完成一件工作所需的时间却加长了，而且你的工作质量也不比以前。也许我们可以一起来想个办法解决这个问题。"

希尔回答说他并不知道自己没有尽到职责，并且向他的上司保证，以后一定改进。

他做了吗？他肯定做了。他曾经是一个优秀的技工，他怎么会做些不及过去的事呢？

一位成功的商人曾说过："假如你尊重一个人，这个人是容易被诱导的，尤其是当你显示你尊重他是因为他有某种能力时。"

总之，你若想在某方面去改变一个人，就当他已经有了这种杰出的品质。莎士比亚曾说："假如他没有一种德行，就假装他有吧！"给他一个好的名声来作为他努力的方向，他就会痛改前非，努力向上，而不愿看到你对他的希望破灭。

对于那些地位显赫、有权有势的人，想要说服他们，更要运用先抬高后说服的策略。

古代，有位宰相请理发师给他修面。理发师修面修到一半时，忽然停下刮刀，两眼直愣愣地看着宰相的肚皮。

宰相见理发师傻乎乎发愣的样子，心里很纳闷：这平平板板的肚皮有什么好看的呢？就问道：

"你不修面，却看我肚皮，这是为什么呢？"

"听人们说，宰相肚里能撑船，我看大人您的肚皮并不大，怎么可以撑船呢？"

宰相一听，哈哈大笑。

"那是讲宰相的度量大，能容天容地容古今，对鸡毛蒜皮的小事从不斤斤计较。"

理发师一听这话，"扑通"一声跪倒在地，哭着说："小人该死，方才修面时不小心将大人您的眉毛刮掉了，万望大人大德大量，恕小的一罪！"

宰相听说自己的眉毛被刮了，不禁怒从心起，正想发作，转念一想：刚才自己还讲宰相的度量很大，又怎好为这小事治他罪呢？于是，只好说："不妨，用眉笔把眉添上就行了。"

聪明的理发师以曲折迂回之法，层层诱导宰相进入自己早已设定的能进难退的"布袋"，从而为自己解了围。

用打比方来说服

比喻，可谓论辩艺术之精华。比喻是用具体的、浅显的、熟知的事物去说明或描写抽象的、深奥的、生疏的事物的一种手法。说理中，比喻明显，把精辟的论述与摹形状物的描绘糅合为一体，既能给人以哲理上的启迪，又能给人以艺术上的美感。

古希腊哲学家亚里士多德说："比喻是天才的标志。"的确，善于比喻，是驾驭语言能力强的表现。说理时运用贴切、巧妙的比喻，可以生动地表情达意，增强说理的魅力。

公元前598年，南国霸主楚庄王兴兵讨伐杀死陈灵公的夏征舒。楚师风驰云卷，直逼陈都，不日即擒杀了夏征舒，随即将陈国纳入楚国版图，改为楚县。楚国的属国闻楚王灭陈而归，俱来朝贺，独有刚出使齐国归来的大夫申叔时对此不表态。楚庄王派人去批评他："夏征舒杀其君，我讨其罪而戮之，难道伐陈错了吗？"申叔时要求见楚庄王当面陈述自己的意见。申叔时问楚庄王:"您听说过'蹊田夺牛'的故事吗?有一个人牵着一头牛抄近路经过别人的田地,践踏了一些禾苗,这家田主十分气愤,就把这个人的牛给夺走了。这件事如果让大王来断,您怎么处理?"楚庄王说:"牵牛践田,固然是不对,然而所伤禾稼并不多,因这点事夺人家的牛太过分了。若我来断,就批评那个牵牛的,然后把牛还给他。"申叔时接过楚庄王的话茬儿说:"大王能明断此案,而对陈国的处理却欠推敲。夏征舒弑君固然有罪,但已立了新君,讨伐其罪就行了,今却取其国,这与夺牛的性质是一样的。"楚庄王顿时醒悟,于是恢复了陈国。

毛泽东说话好用比喻,他的比喻往往闪耀着智慧的光芒。他的许多妙喻,看似顺手拈来,实则深思熟虑。在与党外人士的谈话中,他经常是妙"喻"如珠,一语胜千言。

1941年11月,开明绅士李鼎铭先生向共产党提出了"精兵简政"的建议。党内有些同志很不理解这一建议,甚至还怀疑李先生提出这个建议的动机。毛泽东慧眼识良策,果断地采纳了这一建议,还写了一篇文章,阐述与推广这一建议。文中写道:"目前根据地的情况迫切要求我们脱掉冬衣,穿起夏服,以便轻轻快快地同敌人做斗争,我们却还是一身臃肿,头重脚轻,很不适应作战,若说,何以对付敌人的庞大机构呢?那就以孙行者对付铁扇公主为例。铁扇公主虽然厉害,孙行者却化为一个小虫钻进铁扇公主的肠胃里去把她战败了。柳宗元曾经描写过的'黔驴之技'，也是一个很好的教训……大驴子还是被老虎吃掉了。我们八路军新四军是孙行者和老虎，是很有办法对付这个日本妖精或日本驴子的……"全文虽然只有短短两百多字，却妙"喻"连珠，非常形象地说明了"精兵简政"的必要性与可行性，并对李鼎铭先生的建议给予了有力的支持和高度的赞赏。

这种比喻既有深刻而鲜明的政治性、政策性，又极富情感，是一把打开别人心扉的钥匙。

利用同步心理来说服

什么是同步心理？同步心理就是凡事跟他人同步调、同节奏，也就是"追随潮流主义"，是那种想过他人向往的生活、不愿落于潮流之后的心理。正是由于同步心理的存在，那种不顾自身财力和精力，也不管是否真心愿意而豁出去做的念头，就很容易趁势而入，支配人们的行为，促使人们盲目地做出与他人相同的举动，因而陷入生活拮据的窘境。在国内，这种同步心理相当严重。"大家都这样"等字眼的频繁使用，正是这种"从众"心理的体现。

妻子："听说小张买了房子，而且还是栋小型花园别墅。真好啊！我们的一些朋友都已经陆续有了自己的家。唉，真让人羡慕，什么时候我们也能和他们一样呢？"

丈夫："啊，小张？真是年轻有为啊！我们也得加快脚步才行，总不能在这里待上一辈子吧。可是贷款购房利息又高得惊人。"

妻子:"小张比你小 5 岁呢。为什么人家可以,你就不行呢?目前贷款购房的人比比皆是,况且我们家还负担得起。试试看嘛!不如这个星期我们去看看吧。现在正是花园别墅促销的时候呢。买不买是另一回事,看看也不错!"

于是星期天一到,夫妇俩就带着孩子去参观正在出售的房子。

妻子:"这地方真好啊!环境好还安静,孩子上学也近,而且房价也是我们负担得起的。一切都那么令人满意,我们干脆登记一户吧!"

丈夫:"嗯,是啊!的确不错。我们应该负担得起。就这么决定吧!"

这句话正中妻子的下怀。她早看准了丈夫的决心一直在动摇,而用旁敲侧击的方法让他做出决定,这正是妻子的聪明之处。

这位妻子为何能够如愿以偿呢?因为她懂得去激发丈夫的同步心理。

上述例子中的妻子成功地掌握了丈夫的同步心理,进而采取相应的说服对策。 她先举出邻居张先生的例子,继而运用"大家都买了房子""大家都不惜贷款购房"等一连串话语来激发丈夫的同步心理。 人们在受到这类刺激后很容易变得没主见,掉入盲目附和的陷阱。 所以,推销员或店员经常会搬出"大家都在用"或"有名的人也都用"等推销话语,促使人们更快地接受。

说服需要双管齐下

暴力与怀柔，二者分开来用，大部分人都可以将其发挥到极致，然而这样效果往往不好，如果将两者结合起来，双管齐下，则会取得极佳的效果。

张嘉言驻守广州时，沿海一带设有总兵、参将等官职。总兵、参将部下各有数千名士兵，每天的军粮都要平均分为两份。

参将的士兵每年汛期都要出海巡逻，而总兵所管辖的士兵都借口驻守海防，从来不远行。每过三五年要修船不出海时，参将部下的士兵只发一半的军粮，如果没有船修而不出海，就要每天减去三分之一的军粮，以贮存起来待修船时再用。只有总兵的部下军粮一点也不减，当修船时另外再从民间筹集经费。这种做法已沿袭很久，彼此都视为理所当然。

不料，有一天，巡按将此事报告了军门，请求以后将总兵部下的军粮减少一些，留待以后修船时再用。恰巧，这位军门和总兵之间有矛盾，于是就仓促同意了削减军粮。

总兵各部官兵听到消息后，愤怒不已。他们知道张嘉言在朝廷中很有威信，就径直围逼到张嘉言的大堂之下。

张嘉言神色安然自若，命令手下传五六个知情者到场，说明事情真相。士兵们蜂拥而上，张嘉言当即将他们喝下堂去，说："人多嘴杂，一片吵闹声，我怎么能听清你们说些什么。"

士兵们这才退下。当时正下大雨，士兵们的衣服都淋湿了，张嘉言也不顾惜，只是叫这几个人将情况详细说明。这几个人你一言我一语，都说过去从来没有扣减总兵官兵军粮的先例。

张嘉言说："这件事我也听说了。你们全都不出海巡逻，这也难怪上面削减你们的军粮了。你们要想不减也可以，不过那对你们并没有什么好处。从今以后上面会让你们和参将的士兵一样，每年轮换出海巡逻，你们难道能不去吗？如果去了，你们也会同他们一样，军粮会被减掉一半。你们费尽心机争取到的东西还是拿不到，这些肯定要发给那些来替换你们的士兵。如果是这样，你们为什么不听从命令，将军粮稍微减少一点呢？而你们照样还可以做你们大将军的士兵。你们再认真考虑一下吧！"

这几个人低着头，一时无法对答，只是一个劲地说：

"求老爷转告上面，多多宽大体恤。"

张嘉言问："你们叫什么名字？"

他们都面面相觑不敢回答。

张嘉言顿时骂道："你们不说姓名，如果上面问我'谁禀告你的'，让我怎么回答？"

这几个人只好报了自己的姓名，张嘉言一一记下，然后对他们说："你们回去转告各位士兵，这件事我自有处置，劝他们不要闹了。否则，你们几个人的姓名都在我这儿，上面一定会处置你们的。"

这几个人顿时吓得面容失色，连连点头称是，退了出去。

后来，总兵部下的士兵每日被扣军粮，再也没有闹事的。张嘉言的这招恩威并施堪称经典。

在说服他人的过程中，采用刚柔相济的劝诫之术，一方面能使别人体面地"退"；另一方面又坚持自己的原则，使自己的主张得到采纳。

太史公司马迁在《史记·滑稽列传》中记载：战国时期，齐威王荒淫无度，不理国政，好为长夜之饮。上行下效，僚属们也全不干正事了，眼看国家就要灭亡。可是就在这种节骨眼上却没有谁敢去进谏，最后只好由"长不满四尺"的淳于髡出面了。但是淳于髡并没有气势汹汹、单刀直入地向齐威王提出意见，而是先和他搭讪聊天。

他对齐威王说："咱们齐国有一只大鸟，落在大王的屋顶上已经 5 年了，可是它既不飞，又不叫，大王您知道是什么原因吗？"

齐威王虽然荒淫好酒，但是他本人却和夏桀、商纣那样坏进骨子里的人物有着本质上的不同，所以，听到淳于髡的隐语之后，他被刺痛并醒悟了，于是很快回答说："我知道。这只大鸟它不鸣则已，一鸣就要惊人；不飞则已，一飞即将冲天。你就等着看吧！"

说毕，立即停歌罢舞，戒酒上朝，切实清理政务，严肃吏治，接见县令共 72 人，赏有功者 1 人，杀有罪者 1 人。随后领兵出征，打退要来侵犯齐国的各路诸侯，夺回被别国侵占的所有国土，齐国很快又强盛起来。

淳于髡并没有以尖锐的语言进行劝谏，而是避开话锋，柔语细说中又带有一丝强硬与责备，这样，对方很容易主动接受建议。

软硬兼施的方法还可以以两人合作说服的形式来实施。

一位深受青年喜爱的作家的很多作品都被拍成电影，好多人都曾在影院看过经他的原著改编的影片，影院的观众席都挤满了，观众不时为故事的新颖奇妙鼓掌喝彩，就像 20 世纪 30 年代的美国人为卓别林的表演忍俊不禁一样。影片是侦探片，而最吸引人的是影片中审讯犯人的绝妙技巧：一位警员声色俱厉地威胁、恐吓犯罪嫌疑人，把他逼到绝境；这时，又一位陪审的警员出场，他态度十分温和地对犯罪嫌疑人表示信任和理解。

　　首先，由攻击型的警员来审问犯罪嫌疑人，以凌厉的攻势摧毁对方的意志，向他说明他的罪证确凿、他的同伙都招供了等信息，把他逼到进退两难的边缘。接受了这样的审讯后，有的人会屈服，而顽固的犯罪嫌疑人则会死不认罪。

　　这种情况下，再派另一位温和型的警员审问他。警员完全站到犯罪嫌疑人的立场上，真心地安慰他、鼓励他："你的兄长都希望你得到宽大处理，希望你为他们考虑……"对这种软招，犯罪嫌疑人往往会自惭形秽，坦白自己的一切犯罪行为。

无论是在影片中还是现实生活中，使用这种技巧，犯罪嫌疑人十有八九会坦白认罪。

这种方法是一种奇异的心理法则，又称"缓解交代法"。由温和型和攻击型的两个人合作，一方首先把对方逼到心理的死胡同去，令他无路可逃；这时，另一个人出来给他指点一条逃避的暗道。 这种情况下，对方会自觉地奔向那条可以脱身的暗道。

第六章

谈判策略：成为博弈中的胜利者

不给对方喘息的机会

　　一位美国商人前往日本进行商务谈判，飞机在东京着陆以后，美国商人受到了专程前来迎接他的日本职员彬彬有礼的接待。他们替他办好了一切手续后，非常礼貌地把他送上了一辆豪华轿车。这辆轿车十分宽敞，却只让他一个人坐在里面，几个日本职员宁愿挤进另一辆小车内。

　　到达公司以后，在贵宾室里，那位美国人忍不住问道："你们为什么不和我一起坐车？"日本职员还是彬彬有礼地回答："您是一位重要的客人，坐了这么长时间的飞机，我们不应当妨碍您休息。"美国人在心理上得到了极大的满足感，连声说："OK！OK！"

　　日本职员又说："看样子您的日语还可以，这样的话，我们的谈判就能非常顺利了。""哪里，哪里。"美国人谦逊地说，"日常用语还可以，复杂一点的就不行了，所以我带了一本日语字典，实在不懂就只有靠它来翻译了。"

相互之间越说越融洽，日本职员又趁机问道："您什么时候回国，我们还可以安排车辆送您到机场。""你们想得可真周到！"美国商人高兴了，把机票掏出来让他们看了看——原来他准备在日本逗留10天。

现在，日本职员已经了解了美国商人的基本情况，以及返回美国的日期。于是，日本职员用了很大精力安排美国商人四处游览，还安排他参加了一个用英语讲解"禅机"的培训班，说这样可以让他更好地了解日本的宗教。

更可怕的是，每天晚上，日本职员还让这位美国商人跪在硬地板上，接受他们殷勤的晚宴款待。往往一跪就是好几个小时，美国商人烦透了，但因为他们对自己那么热情招待，不得不再三地道谢。

就这样过了一个星期，谈判还没有开始。眼看返程的日子越来越近，这位美国商人终于忍不住问："什么时候才开始谈判呢？"日本职员却说："您在日本过得愉快吗？"美国商人只好回答说："非常愉快。"日本职员又说："我们生怕怠慢了远方来的客人，既然您要进行谈判，那么我们明天就开始吧。"

第二天上午，果然进行了谈判，可到了下午，日本职员又安排美国商人去打高尔夫球。

到了第10天，谈判才算进入了正题。正谈到紧要的关头，小轿车却开来了，原来，去机场的时间已经到了，美国商人只好在汽车开往机场的路途中同意了合同中关键的条款。

就这样，在到达机场之前，这笔交易达成了。

在紧张的谈判中，时间是一个非常重要的因素。 在特殊的情境中把握好事情进展的节奏是一种手段。 本案例中那些日本职员先以缓兵之计拖住对方，然后把重要问题留到最后时刻去解决，不给对方应对的机会，可谓张弛有度。

转移视线，声东击西

　　曾任石家庄棉纺三厂厂长张锡民作为纺织业的全权代表，奔赴香港进行设备和市场考察。随后在上海锦江宾馆同德国厂商进行了进口 rou－11 型气流纺纱机的业务谈判。

　　由于张锡民厂长事先已做过大量调查，对市场行情了如指掌，因此，当对方提出高额售价时，张锡民当即驳回，并压价 25%。这一回马枪杀得谈判对手不知所措，没想到对手对国际市场信息掌握得如此准确，摸得这么透，竟把价格压低到德国出厂价，不禁大吃一惊，看来自己是小瞧他们了。

　　即使这样，对方仍在寻找种种借口，在价格上不肯让步，双方谈判陷入僵局，连续几天，都没有任何进展。

　　眼看快要到手的猎物就要溜掉，急得张厂长饭不思、茶不想，坐卧不宁。因为目前引进的这种设备，可以说是世界上最先进的纺纱机，质量也绝对是一流的。

这样的好设备引进不了实在可惜。但是如果按对方提出的条件高价购买，又要带来额外支出。怎样才能让对方高高兴兴地以我方的出价与我们达成此项交易呢？张厂长突然眼睛一亮，为自己猛然想出的一条妙计而欢欣鼓舞。

第二天，他迫不及待地找到外商说："我承认我给的价是低了些，但话又说回来，按理说这两台设备你们应免费赠送我们才对呀。"

"此话怎讲？"对方不解其意。

"我们是中国第一家引进这种设备的厂家。现在到处讲窗口作用，贵公司不是每年都要花上百万元的广告费吗？中国这么大的市场，你们为什么不可以开个'窗口'，做做活广告呢？"

张锡民的一席话，给外商推开了一扇窗，心里顿时亮堂了许多，视野也随之开拓了，不再局限于眼前的蝇头小利，而更看重有光明发展前景、有远大前程的未来。于是，外商同意了张锡民的建议，并答应好好考虑。

最后，双方终于达成了协议。张锡民以出厂价格买回所需设备，仅此一项就节省了十几万元。

分析本次谈判成功的原因，关键在于张厂长急中生智，巧妙地运用了"声东击西"的谈判技巧，致使对方在售价上做出巨大让步，痛快地接受了我方的建议，顺利签订了合同。

在商业谈判中用好"声东击西"之计并非易事。要能准确洞察对手的动向，并尽量隐藏我方的意图，乘对方不明所以之时，发动攻击，就会收到事半功倍的谈判奇效。 否则，一旦露出了自己的意图和底牌，就会变主动为被动，被对手玩弄于股掌之间。

把自己的欲望藏起来

　　日本某公司经理山本村估与美国一家公司谈生意。美国方面已经知道该公司面临破产的威胁，就想用最低价格把该公司的全部产品买下。这个公司面临两难的抉择：如果不卖，公司的资金就无法周转；而如果以最低价格卖给美方，公司就会元气大伤，从此一蹶不振。

　　当时山本村估的内心非常矛盾，但他是一个善于隐藏内心深处想法的人。当美方在谈判中提出这些要求时，山本村估却若无其事地对随员说："你看一看飞往韩国的飞机票是否已经准备好了？如果机票已拿到，明天我们就飞往韩国，那里有一笔大生意在等待我们。"

　　山本村估这段话的言外之意是，对美方这桩生意兴趣不大，成不成对他来说无所谓。

　　山本的这种淡漠超然的态度，使美方谈判代表如同丈二和尚摸不着头脑，急忙拨电话报告美方总裁，因为当时美方也急需这些产品，总裁最后下决心还是以原价买下了这些产品。这个公司得救了，人们不得不佩服山本村估惊人的谈判艺术和掩饰自己内心深处矛盾的本领。

山本在此谈判中用这种淡漠超然的态度，暗示自己并不急于谈判，使急于从谈判中谋取利益的美方代表不得不下决心以原价买下这些产品，而山本正是运用了"欲擒故纵"术才巧妙地战胜美方代表的。

日本某航空公司要在东京建立最大的航空站，要求电力公司给予优惠电价。很明显，这场谈判的主动权掌握在电力公司方面。电力公司为提高电价，推说为航空公司提供优惠电价公共服务委员会不批准，导致谈判陷入僵局。

航空公司派专人对电力公司的经营范围及现状做了调查。调查发现，电力公司非常需要大型合作伙伴和资金，其供电量远远大于实际需要量。也就是说，他们的电力处于供大于求的阶段。此时，航空公司表示要撤回要求，并且声称自己要建发电厂。

电力公司的负责人听到这个反馈信息后非常着急，立即召开董事会，决定降低电价，保住客户。这次谈判是由电力公司发起的，他们改变了态度，表示愿意给这类新用户提供优惠价格的电力。

可见，此次谈判的主动权发生了质的转移，电力公司从主动变成被动，而航空公司则由被动变成主动。这一局面的形成完全依靠航空公司的"退"一步。最后，电力公司和航空公司达成了协议，协议的结果使航空公司非常满意，因为电价比他们预想的还要低。

　　其实，航空公司并没有建电厂的动机，他与山本村估要去韩国"谈大生意"的意图一样，都是欲擒故纵之计，目的就是为了把自己的欲望藏起来，从而在谈判中把握主动权。

顺手牵羊，积少成多

一次，我国某公司代表团出国订购商品，他们找到日本最大的厂商询价。日方开价每台 350 美元，这一报价基本接近我方所掌握的国际市场价格。

我方提出能否再优惠一点，日方思忖片刻，提出可以降为 345 美元，并声明这是最低价了，否则将很难达成协议。

为了获取更多的利益，我方坚持再降为 340 美元，谈判陷入僵局，双方争执不下。

经过一段时间的反复磋商，日方权衡利弊做出了让步，同意以 340 美元成交。我方初战告捷，但谈判并未到此结束。

我方转而又提出能否通过增加购进数量而在价格上进一步优惠。又一个难题摆在对方面前。日方反复比较成本、费用、利益，最终同意在购货数量从 1000 台增加到 1500 台的基础上以每台 338 美元的优惠价成交。

在接下来的谈判中，我方经过察言观色，发现对方倾向于用日元结算。于是，我方立即表明自己的态度，希望最好用美元结算。如果对方坚持用日元结算的话，那只能按当时的汇率折算成日元，为335美元。因为当时美元有下跌趋势，日方对此表示理解和同意。接着，我方又提出，希望能由我方负责租船订舱和办理投保业务，运输、保险费另行计算。对此，日方没有表示异议。

最后，我方表示请日方考虑把原来的即期信用证改为见票后120天付款的远期信用证。日方开始为难，表示对这个问题没有再讨价还价的余地，对此，我方开诚布公地向对方分析了我方面临的一系列困难，为使本项交易最终能顺利完成，日方又再次做出了让步，同意改为见票后60天付款的远期信用证。成交后，我方核算下来，该商品实际进口成本尚不足330美元。

本次谈判中，我方先让对方自己减价，等到对方给出最低价后，我方再还价。在价格上还得差不多时，再从运输、保险、结算货币、支付方式上下手，终于把350美元的报价还到了330美元以下。

"唯利是图"不足取，"微利是途"却宽广，积少成多，集腋成裘，这也正是"顺手牵羊"之计的灵活运用。

机遇总是光顾有准备的头脑，只有胸中有"羊"才能适时发现"顺手"之机，并能迅速抽出手来进而"牵"之。"牵羊"目的的实现，只是在于"顺手"而为之，如果不"顺手"，而与主要谈判目标发生矛盾，这个"羊"就不能"牵"，以免因小失大；"顺手"也并非容易得之，往往还得靠创造机会才行。

在对手的要害上下功夫

在商业谈判中，如果能够在对手的要害上下功夫，抓住对方的关键部位，就能轻而易举地获得最大的利益。

一次，天津制药公司和美国 S 公司，就一份总额 500 万美元的合资项目进行谈判。

美方代表说："关于投资构成问题，我方要以专利、专有技术和商标等工业产权作为合资企业的投资构成，这是符合中国法律的。"

我方主谈判人，制药公司副经理孙绍武想了想，没有立即回答。如果对方以这些作为投资构成的一部分，那他们要少花一大笔钱，而每年还要照样分红。美方代表见我方代表没有吭声，继续说道："我们的商标在国际上是有信誉的，这有助于合资公司的产品销售。而且这个商标是在中国注册的，必须受到保护，使用必须付费。"

倘若按照美方的要求，那么中方的损失就太大了。

由于这是一个涉及法律的问题，孙绍武经理就请中方法律顾问直接答复这个问题。赵光裕深知，现在，一句话可能值上百万美元。于是，他凝思片刻，采取"擒贼先擒王"策略，攻其要害。

赵光裕说："美方商标已经在中国依法注册，受到保护是理所当然的，任何人无权使用。但是，这与本合同无关。双方经理已经商定，合资企业产品的45%由美方负责出口外销，55%由中方负责内销，内销产品不用美方商标，至于外销部分用什么商标，那是美方的事，反正产品是美方负责销售。如果美方为了自己销售方便，外销部分采用自己的商标，这怎么能要求合资企业付费呢？"

说完这段话，赵光裕扫视了一下对方人员，只见他们端坐不动，全无表情，于是他继续说道："关于专利问题，你们的专利大部分都已过期了；至于专有技术的补偿，我们可以在技术合作合同中进行研究。"在这一回合的谈判中，赵光裕抓住了问题的实质，给对方有力的回击。果然，短短几句话，但语重千钧，对方只好点头称是。

美方代表杰克见这个问题捞不到好处，便又提出了另一个问题。杰克说："合同要求美方保证合资企业技术的先进性，这个美方无法保证。因为，使企业达到国际标准的因素是多方面的，美方无法单方面控制。这个条款是不是可以定为：美方努力确保技术的先进性、达到国际标准。"

杰克提出的这一条款，是一个不可靠的弹性条款，如果对方不提供先进技术，那么合作就失去了意义。再说，企业达不到标准，他们还会说责任在中方，是中方没建设好。因此这一条款绝对不能接受。

但如何击败对方，让对方放弃这一条款呢？赵光裕仍然采取攻其要害的策略，说："杰克先生的意见很有启发，但技术的先进性还是要确保的。是不是可以分成两个问题：第一，美方应保证其提供的设计和技术的先进性，根据《中华人民共和国中外合资经营企业法》，这是合作的前提；第二，双方尽最大努力来保证企业最后达到国际标准。"既有根有据，又合情合理。美方代表只好说："可以的。"

谈判进行到这里，赵光裕见火候已到，便反问了对方一个问题："关于仲裁问题，我们原订的是斯德哥尔摩商会，为什么改成了国际商会？请杰克先生解释。"

这是一个实质性的问题，因为仲裁机构关系到谁是谁非，如果请一个跟我方没有建立关系的仲裁机构，那将对我方十分不利。因此，赵光裕急切地提出了这个问题。杰克无法逃避，就说："国际商会是世界上很著名的仲裁机构，在德国，在法国，在很多地方都有分支机构。我们选择它来仲裁是合适的。"

"杰克先生，我们原已认定在斯德哥尔摩商会仲裁。"

"据我所知，斯德哥尔摩商会只仲裁国内经济纠纷。"

"不对吧？"赵光裕说。

"确实是。"

"请看看这个。"赵光裕的助手俞云鹤拿出一本英文版的《瑞典仲裁》递过去，"这是斯德哥尔摩商会编的，他们也仲裁国际间商业、企业的经济纠纷。"杰克接过书去，草草看了看，点了点头，一本正经地说道："对不起，我没有国际仲裁经验，只是在美国国内处理过一起资产的仲裁。"停了停，他又说道，"那么，可以接受你方所提的仲裁机构。"又一回合结束了，又是攻其要害策略在起作用。

谈判暂告一段落。

后来，杰克一个人来到天津。在谈判桌上，他忽然在一系列重大问题上推翻已达成的协议，全面后退，并提出了新的要求。但是，赵光裕对此已有准备。他事先已请助手与制药公司联系，根据推算，美方已经可以在合资企业中取得合理的利润。据此，他断定，只要我方能坚守住原有协议，美方就会自动退回。

因此，在此后数日的谈判中，他与对手逐条、逐句、逐字地辩论，争论非常激烈。经过持久的苦战，终于使协议基本保持了原状。而这时，赵光裕却又从容地说道："关于销售净额一条应补充几个字。销售净额指的是扣除税款后的数额。"这是要害处，杰克一听就叫起来："为什么要扣除税款？为什么你不早提出来？这样，我们专有技术的提成要少很多。"

赵光裕没有让步，解释说："销售净额的定义，在贵国就是如此，我只是使它更明确罢了。而且这一条款是你们草拟的，我一直在等你们来纠正这一疏漏，所以拖到现在才提出来。"

"这个，我回去要确认一下。"杰克狠狠地皱了皱眉头。仅此一项，赵光裕就使制药公司在合同期间避免了三十多万元的不合理负担。

双方经过持久的谈判，终于达成协议：先合资建立一个制药公司，再尽快合资续建一个原料工厂。

上例谈判，赵光裕运用了"擒贼先擒王"之计，在整个谈判中，赵光裕始终抓住对方的实质问题或薄弱环节，一针见血。整个谈判有理有据，有理有节，使对方无话可说。

让对方自己找出路

谈判学权威荷伯·科恩曾经历过这样一件事：

　　一次，荷伯·科恩的居住地遭遇台风，许多家庭遭受财产损失。荷伯·科恩的邻居——一位专职医生请求他："荷伯先生，能帮我一次忙吗？保险公司专管赔偿的人明天就要来我家谈保险赔偿金的事了，他很可能会杀价。您最能对付这种情况，代替我同他们谈判行吗？"

　　"当然可以，不过，你想要多少赔偿金？"荷伯先生问。

　　"试一下吧，看保险公司愿不愿赔 300 元，你看呢？"医生说。

　　"告诉我实话，这场台风你损失了多少？"荷伯先生问。

　　"单修理房屋我就花了 300 多元，这是实事。"医生答。

　　"我为你讨回 350 元，你看怎么样？"为了避免医生以后埋怨讨回的钱少，荷伯先生又问。

"噢，太好了，我求之不得呢！"医生回答。

第二天，保险公司专管赔偿的人员来到医生家。医生将他带到会客室，说明将由荷伯先生代他谈赔偿金的事。坐定之后，保险公司的赔偿专管员打开公文包说："荷伯先生，我知道您这样的专家一向乐意交涉大数目的，而眼下这件小事没多大数额，您不会太感兴趣，根据我们掌握的损失情况，我的第一个报价只有100元，你看怎样？"

荷伯先生默不作声，心里却凉了半截。以往，他对这种过低的第一个报价会立即反驳："你糊涂了吗？开什么玩笑？我怎么能接受！"但这次他没有这样做，他知道，"第一个"是在暗示会有第二个甚至也许还会有第三个或更多个，而且这次报价很奇怪，在第一个的后面还使用了"只有"二字，可见他连赔偿100元也不情愿。荷伯先生只是哼了一声，以示不敢相信保险公司赔偿专管员的话。

专管员见荷伯先生如此不满，只得嗫嗫嚅嚅地说："很抱歉，再多一点，你看200元怎么样？"

"就这么一点？绝对不行！"荷伯先生断然拒绝。

"那么300元怎么样？"赔偿专管员开始加码了。

"300元？呃……我不知道该怎么对医生说。"荷伯先生停顿了一会儿答道。

"好吧，那就400元。"赔偿专管员又加码。

"400元，呃……我不知道该怎么对医生说。"荷伯先生又答。

"500 元，总行了吧？"赔偿专管员再次加码。

"500 元，呃……我不知道该怎么对医生说。"荷伯先生再答。

"好吧，那就 600 元。"赔偿专管员咽了口口水说。

荷伯先生的回答还是："呃……我不知道该怎么对医生说。"

这时，他的举止不再是断然给予否定，而是跟着对方的思路，让他继续下去，所以不对保险赔偿专管员换别的什么说法。这种方法很奏效，当赔偿专管员加码到 950 元时，荷伯先生果断地答应。

荷伯先生之所以能取得如此战果，就是在对方第一次报价时坚决拒绝，但又不提出自己的希望，而是让对方自己找出路，顺着对方的意愿走下去，只是追击，但不逼迫他，等到保险赔偿专管员心理上完全失败，加码到 950 元这一高价时，一举擒之。

将计就计，以诈对诈

　　我国北方某省进出口公司谈判代表到 M 国进行引进 LC-1 生产线的谈判。

　　到达 M 国后，谈判一方 M 国 A 公司对我方谈判代表进行了热情款待。对这一切，我方代表最初认为对方是诚恳、热情的。

　　谈判的前一天晚上，我方代表在宾馆里详细地分析了谈判步骤。

　　谈判一开始，对方就对我方事先制定的谈判策略了如指掌，并且以一种不容置疑的态度阐述了自己的观点："我们所生产的 LC-1 生产线属于世界上最先进的科技产品，不论是生产工艺方面，还是产品质量方面，都是无可挑剔的，我们也知道你们急需这套生产线，在国内投产……"

　　谈判的节奏显然被对方控制着，我方代表在第一轮谈判中没能掌握主动权。谈判暂时休息后，我方代表对对方能够掌握我方的谈判意图感到很惊讶。按常识来讲，第一次谈判应该是试探性的，因为双方互相摸不清底细。但从这轮谈判来看，好像他们对我们谈判的细节都非常清楚，怎么回事呢？莫非其中有什么？

他们回想起在宾馆里曾就谈判的内容分析探讨过，那是不是房间里安装有窃听器？他们决定先试探一下。休息时，他们没有回房间讨论下一步该怎么办，而是换了一个地方，制定计策。

果然，在下一轮的谈判中，对方对我方的意图不是很清楚。他们谨慎地与我方讨价还价，不轻易进攻。这就证实了对方确实在我方代表居住的房间里安装了窃听工具。

怎么办，是当面义正词严地指出，然后放弃谈判回国，还是将计就计，利用他们的窃听手段为我所用。谈判人员经过权衡利弊，决定利用窃听器，把主动权掌握在我们手中，让对方搞不清楚真伪，最终取得胜利。

计划制定后，他们佯装不知道，休息时继续在房间谈论谈判计划，让对方掌握这些情报。在接下来的谈判中，对方自以为了解了我方意图。他们认为我方意在压低价格，所以，谈判一开始，就价格问题谈到："关于我方 LC -1 生产线，我们说过，它是一流产品，没有任何一个国家的产品能和我们的产品相比，价格相对要高，但我们本着对你方优惠的原则，已经是最低售价了，您若不信，请看我们的销售记录。"

我方代表不慌不忙地说道："我们先不讨论生产线

的价格，而是先讨论一下 LC −1 生产线的工艺情况吧。LC −1 真的如贵方所说是世界一流产品吗？据我们所知，目前真正一流产品是 P 国生产的 HB 型生产线，既然你们也称是一流产品，那么在机械性能方面谁更优呢？我这里有 HB 型生产线的质量标准备忘录，请贵方过目。"

对方万万没料到我方会提出这么一个问题，令他们措手不及。同时他们也考虑到莫非自己的行为被中方识破了，因为他们也害怕在大庭广众之下被剥去伪装。

我方代表抓住这一有利时机，乘胜追击，终于迫使对方按我方预定的目标达成了协议。

在这个案例中，对方虽然利用了现代间谍术，但我方识破之后，并没有当面指出，而是利用了它，为我方最终取得谈判的胜利铺平了道路。

明修栈道，暗度陈仓

　　某粮油贸易公司刚刚成立时，效益并不太好。为此，张经理十分焦急，四处奔波，想扩大公司的市场。

　　就在张经理四处找销路的时候，有人为他介绍了一位日本客户岛村一郎。

　　岛村是日本一家化工企业的业务经理，此次来华目的是为其公司订购一批原材料——玉米。这也正是张经理急需脱手的。

　　双方交谈后又看了样品表示愿意成交，问起价格，张经理报价每吨32美元，这个价格是当时的市场价格。岛村却显得很惊讶："这么高的要价，我看这笔买卖就不要谈了。"说罢离席而去，弄得张经理一头雾水。

　　以后几天，岛村避而不见张经理，张经理捎话给岛村说价格可以商量，岛村仍予以推辞。正在这时，张经理接到大连某粮油公司的电话："请问日本岛村先生是否与你公司商谈过进口玉米的事宜?""是的。"张经理知道这家大连的公司，却没有直接接触过。"请问，你们给的价钱是多少？""每吨32美元。""好，谢谢，我只是随便问问。"

这时张经理心想，看来岛村是另找了合作伙伴。不行，我一定要促成这笔交易。他驱车赶到岛村下榻的宾馆，表示愿意以每吨降价1美元，即以31美元一吨的价格成交。

"张经理，我这笔订货数量是很大的，你这样没有诚意，叫我怎么做呀！"岛村不屑一顾地摇头说。张经理感到进退两难：31美元一吨，低于市场价格，公司为此已经损失了一大笔利润，可岛村仍然不满意。

在随后几天里，张经理又接到了来自辽宁、黑龙江两家企业的电话，还是询问与岛村谈判玉米价格的事。

张经理心想：这笔买卖真不好做，若就此罢休，一笔数额可观的交易就要黄了，白白浪费了这么多时间和精力。不行，我一定要把这笔买卖做成！他下了决心，又去找岛村，把价格压到了每吨30美元，这已经是最低价格了，利润微乎其微。

但岛村狡猾一笑，说道："张经理，实不相瞒，我已与黑龙江、辽宁几家公司洽谈过，他们的最低报价是29.5美元一吨。"

张经理心中一惊，暗忖：29.5美元一吨，正是盈亏分界点的价格，也就是说这笔买卖做成既不赔本也不赚钱，不由得暗暗佩服岛村的精明之处。他盘算着岛村要货的数量，目前自己没有那么多库存，若此交易成交，再压低一点价格购进一些玉米，就可以有一定的盈利。

事已至此，张经理答应了岛村的要求："好吧，以29.5美元一吨的价格成交，这次你该满意了吧?"岛村的脸上露出一丝笑意，说道："好吧，张经理，看来你还是有诚意的。虽然其他公司也是同等价格，但因我们联系较早，我决定这笔买卖和你做，不过我要回去请示老板才能最后决定。这样吧，我马上与公司联系，待请示后，后天一早签协议。"

张经理如释重负般地松了一口气，这笔买卖总算做成了，虽说没有什么赚头，但毕竟在同行竞争中自己胜了。但第三天早上，岛村并没有如约来公司签合同，张经理又来到其下榻的宾馆，宾馆服务人员讲，岛村先生昨天已退房，不知去哪里了。张经理一下傻了。

事情过去了数月之后，张经理在一次洽谈会上，结识了那家大连粮油公司的经理，谈起此事，才明白原来岛村在与张经理周旋的同时，其助手正在大连粮油公司那里讨价还价。为了用最低价格购进，他还同时与数家公司联系，借助各公司之间没有什么联系来相互压价，最后坐收渔翁之利，竟以低于29.5美元一吨的价格与另一家公司签订了合同。

商场如战场，讲究战略战术。"为之以款而应之以张，将欲西而示之以东"，明里在与张某周旋，暗处与别家讨价还价。用张家价格压李家价格，抬李家价格出自己私货。面对如此复杂的商场，必须学会驾驭的本领。